城市与区域韧性
应对多风险的韧性城市

彭　翀　舒建峰　文　晨　明廷臻　等　著

国家自然科学基金项目（52378057、52278123、5220081440）、

中央高校基本科研业务费资助项目（2023WKFZZX115）资助

科 学 出 版 社

北 京

内 容 简 介

随着气候变化和人类活动加剧，城市空间面临风险的不确定性和复杂性与日俱增。在此背景下，建设韧性城市已成为贯彻生态文明建设和总体国家安全观的重要举措。当前，各领域围绕韧性城市建设所展开的理论、方法及实践探索正如火如荼。本书聚焦空间多风险及其规划应对视角，系统探讨韧性城市建设的理论、测度及应用。首先，介绍城市韧性的基础理论，提出基于多风险的城市韧性理论框架；其次，从城市、社区不同尺度和交通、灾害等不同领域重点阐述城市风险与韧性测度方法；最后，提出面向多风险的城市韧性提升路径。

本书适合城乡规划和人文地理相关领域的学者和学生阅读。

图书在版编目（CIP）数据

城市与区域韧性. 应对多风险的韧性城市 / 彭翀等著. -- 北京：科学出版社，2025. 3. -- ISBN 978-7-03-080711-3

I. TU984

中国国家版本馆 CIP 数据核字第 2024UC4749 号

责任编辑：孙寓明/责任校对：高　嵘
责任印制：彭　超/封面设计：苏　波

科学出版社 出版
北京东黄城根北街 16 号
邮政编码：100717
http://www.sciencep.com
武汉精一佳印刷有限公司印刷
科学出版社发行　各地新华书店经销
*

开本：787×1092　1/16
2025 年 3 月第 一 版　印张：16 3/4
2025 年 3 月第一次印刷　字数：398 000
定价：198.00 元
（如有印装质量问题，我社负责调换）

作者简介

彭翀（1980—），湖北武汉人，华中科技大学建筑与城市规划学院教授、博士研究生导师，国家注册城乡规划师，湖北省城镇化工程技术研究中心副主任。主要研究方向为可持续规划与设计。近年来，发表学术论文 80 余篇，著作 4 部，主编住房和城乡建设部"十三五"规划教材、高等学校城乡规划学科专业指导委员会推荐教材《城市地理学》；主持国家社会科学基金重大和重点项目、国家自然科学基金面上项目等各类纵横向项目 20 余项；获湖北省社会科学优秀成果奖三等奖、湖北省发展研究二等奖、国家级和省级规划设计奖等，入选自然资源部"科技创新工程领军人才"。

舒建峰（1996—），浙江衢州人，华中科技大学建筑与城市规划学院博士研究生，主要研究方向为城市韧性及国土空间优化研究。发表论文多篇，授权国家发明专利 1 项，参与著作 1 部，参与国家及省部级课题多项。

文晨（1988—），云南昆明人，华中科技大学建筑与城市规划学院景观学系讲师、博士。主要研究方向为景观规划设计、生态系统服务及城市社会生态计算。近年来，以第一作者或通讯作者发表论文 20 余篇，收录于 *Urban Forestry & Urban Greening*、*Sustainable Cities and Society*、中国园林等期刊；出版教材 1 部，专著 1 部；主持国家自然科学基金 1 项，湖北省自然科学基金 1 项。

明廷臻（1976—），湖北阳新人，武汉理工大学土木工程与建筑学院教授、博士研究生导师，担任国际期刊 Journal of Thermal Science 领域主编。主要研究方向为建筑环境与空气污染研究。在国际期刊上发表 SCI 论文 130 余篇，作为第一作者出版英文专著 2 部、中文专著 1 部、电力行业"十四五"规划教材《碳中和技术》；主持国家重点研发计划项目、国家自然科学基金项目、湖北省创新群体及国防预研项目等 30 余项；作为主要完成人获国家自然科学奖二等奖；连续四年入选能源学科全球 TOP2%科学家榜单。

序

进入高质量发展时期，城市面临越来越多的不确定性风险，应对灾害冲击的韧性理论及其空间规划应对成为城乡规划领域重要的探索方向。"Resilience"这个词刚传入时，还需要在许多场合发言时校对，说明这个词不是中文中的"弹性"，而是特指受冲击后的恢复能力，所以翻译成"韧性"才是本意。这几年还是有这样的场所需要矫正，但需要的频率越来越低了。所以能够有三本系列书专门写"韧性"这个关键词性，是时代的需要。

"韧性"是过去 20 年在联合国各类会议讨论的高频词，也是城市规划学界认真对待的，关乎城市百姓生命财产安全根本问题的关键词。城市韧性是指城市系统能够准备、响应各类多种冲击威胁并从中尽快恢复，并将其对公共安全健康和经济的影响降至最低的能力。

"韧性城市"这一概念历经多年发展，时至今日其内涵已超越了单个城市到多城镇群落，从微观到宏观的多空间尺度特征，从被动应对到主动提前规划设计，从硬件储备应对逐步发展到全面治理政策体系。

要实现城市与区域空间的韧性发展，首先，需要系统梳理城市与区域发展中各种可能受到的冲击，包含冲击类型的强度、频次等风险规律，以及城市与区域空间韧性的相关理论与基本规律；其次，可以汲取历史经验，总结、借鉴和转化用于现代城市的方案；第三，与人工智能和信息化方法结合，面向空间规划管理需求，探索自主感知、自我判断、自动反应的城市，实现智慧韧性。

华中科技大学彭翀教授团队十年来对韧性理论与实践工作进行持续研究与探索，取得了一些成果。"城市与区域韧性三部曲"基于团队前期研究进行梳理总结，结合城乡规划学、区域经济学、经济地理学等多学科理论，针对空间规划领域开展韧性的理论、方法与路径探索。在对象上，三本书分别围绕当前我国城市区域中三类主要的空间形态"城市群—都市圈—城市"展开了差异化分析，尝试捕捉不同尺度类型城市区域发展中的复杂性，形成了"以高质重发展为导向的韧性城市群""以网络化为目标的韧性都市圈""以多风险响应为诉求的韧性城市"有机组合的三本成果。在内容上，三本书遵循"理论—方法—实践"的组织逻辑，重点探讨不同尺度对象的韧性理论基础与框架、韧性测度与分析方法、韧性路径与实践应用，有助于为韧性理论研究和实践提供参考。

城市与区域韧性的研究仍有广阔空间，面向未来的城乡规划建设、运营中对于韧性理念、韧性手段的实践性过程仍大有可为，例如，对于韧性机制、多风险耦合等方面的探索亟待深化，案例的丰富性和多样性仍可持续拓展与迭代，大数据与人工智能方法的综合应用需要不断加强等。

期待在未来的研究中，中国的城市规划军团能够持续扎根韧性规划与实践，创造世界级的新理论、新方法、新技术和新体系，开展创新研究服务本土实践，并服务于更多全球南方发展中的城乡，不断推进世界韧性城乡空间规划发展。

我特此推荐此系列书，也期待这套书会有其他语言版本的出现。就像我突然发现我的智慧城市规划的书已经被翻成了越南文一样的惊喜。

期待。

吴志强
同济大学教授
中国工程院院士
瑞典皇家工程院院士
德国国家工程科学院院士

前　言

当今世界的城市与区域面临诸多风险与挑战，"城市与区域韧性"多卷本尝试初步探讨空间发展的韧性问题，在空间尺度上选取从宏观至微观的典型形态——城市群、都市圈和城市，形成三部曲：《城市与区域韧性：迈向高质量的韧性城市群》《城市与区域韧性：构建网络化的韧性都市圈》《城市与区域韧性：应对多风险的韧性城市》。该系列较为系统地阐述城市与区域韧性的理论框架、方法技术和实践应用。在内容上，这三本书在共同的理论来源基础上，探讨不同空间尺度下韧性理论框架、适用性、提升路径等。在结构上，三本书都遵循"理论基础与理论框架—测度与分析方法—实践应用与实施路径"的逻辑组织撰写。

本书构思源于作者团队近十年来对城市韧性的研究及工程实践思考，部分成果源自团队成员近年来发表的期刊论文、学位论文成果，并在本书中进行了拓展与完善。作为韧性城市建设实践中的关键概念，城市韧性通常强调城市系统及其组成部分在受到干扰时保持或恢复功能，适应变化并重新组织、成长的能力。当前，全球气候变暖、土地利用变化加剧给城市发展带来了新挑战。作为人类生存聚居主要载体的城市正频繁面临多重风险的冲击问题。一方面，自然灾害、疫病传播、公共卫生事件等多重空间风险极易在城市地区叠加，在经历了"高速增长—突发风险频发"后，城市将面临并将持续面对"风险常态化 3.0"的问题。另一方面，城市作为复杂巨系统，人口高密集聚，国土空间安全特别是多风险耦合防控面临严峻挑战。在此背景下，党的二十大报告、《国家适应气候变化战略 2035》多次强调"聚焦多灾种和灾害链，打造韧性城市"，标志着我国韧性城市建设已上升为国家战略。由于韧性城市的内涵范畴、重点领域、建设过程的丰富性，与宏观尺度的城市群、都市圈不同，城市尺度的韧性研究既包括城市作为复杂系统的整体性研究，如城市要素、结构、功能的韧性表征和水平提升，也涉及城市要素组件单体的韧性优化过程。因此，韧性城市既关注系统功能性问题，也强调要素建设性过程。同时，城市内部尺度层级切换和传导带来的风险类型时空差异，进一步增加了韧性城市建设的挑战性。

目前，韧性城市研究实践已在不同学科中形成了一定的研究成果，然而，作者团队在长期研究过程中也发现了一些不足。例如，尽管国内外围绕韧性城市开展的理论研究、分析框架众多，然而鲜有研究系统探讨应对多重风险视角下的韧性城市框架；进一步，适合我国特色的韧性城市理论仍亟待各领域探索推进。另外，如何科学测度韧性城市的状态水平仍然是当前研究中的重点及难点，这涉及不同城市空间对象、不同灾害风险的技术性差异与整合。此外，作为促进城市安全发展的重要手段，有效的韧性城市建设过程转化及实施路径也有待进一步深化。

基于此，本书尝试从多风险应对视角系统探讨城市韧性的理论、测度及应用，包含三篇共 11 章。第一篇（第 1~2 章）系统阐述当前城市韧性的基础理论及研究进展，在此基础上，构建一个系统应对多风险耦合的城市韧性理论框架。第二篇（第 3~6 章）基于多风险视角系统介绍城市多尺度韧性测度及多灾害风险耦合测度方法，包括城市韧性领域测度（第 3 章）、城市社区韧性测度（第 4 章）、城市交通韧性测度（第 5 章）、城市灾害韧性测度（第 6 章）。第三篇（第 7～11 章）从城市空间的不同维度及面临的不同风险提出面向多风险的城市韧性应用，包括应对突发公共卫生事件的社区韧性研究（第 7 章）、基于中断破坏的城市街道网络韧性研究（第 8 章）、面向安全风险的城市生态韧性研究（第 9 章）、应对极端降雨事件的城市流动韧性研究（第 10 章）、基于风热污染的城市设计微气候韧性研究（第 11 章），并从不同视角提出了城市韧性的优化策略。

本书的主要特色有三个方面。一是将多风险过程纳入城市韧性理论中，系统构建多风险耦合的城市韧性理论框架，通过围绕"城市空间多风险耦合理论—应对多风险的城市韧性理论—应对多风险的城市韧性规划"逐层解析，以期为提升韧性城市建设实践提供实操性强的理论方案。二是针对城市不同空间主体的多灾害风险差异提出系统化的韧性测度及多风险耦合测度方法，涵盖城市系统领域、城市社区、城市交通等多维主体及城市综合灾害、特定灾害、城市多灾害风险耦合等多维灾害过程，尝试探索单一灾害风险转向多风险耦合的韧性测度方法，为识别城市内部不同尺度和要素对象的韧性水平及问题提供科学量化支撑。三是进行面向多风险的城市韧性应用探索，将理论框架和测度方法应用于城市韧性研究的多样化实践中，围绕不同的风险类型展开涵盖城市、街道、社区等多尺度的城市韧性研究，并提出韧性提升策略和实践路径，从而为韧性城市建设提供多视角、可测度的决策建议。

本书写作具体分工如下。全书策划：彭翀。大纲撰写和主要观点：彭翀、舒建峰、文晨、明廷臻。全书统稿、校对和定稿：彭翀、舒建峰、文晨、明廷臻。前言：彭翀、舒建峰。第 1 章：舒建峰、文晨、卢宪玲、化星琳。第 2 章：彭翀、左沛文、舒建峰、李月雯、张梦洁。第 3 章：林樱子、彭翀、熊梓洋。第 4 章：左沛文、舒建峰、阳洋、丁宇辰、彭翀、郭祖源、彭仲仁。第 5 章：化星琳、张志琛、王佳琪、文晨。第 6 章：舒建峰、左沛文、文晨、卢宪玲。第 7 章：陈浩然、彭翀、林樱子、舒建峰、戈畅、王佳琪。第 8 章：张志琛、化星琳、王佳琪、彭翀、文晨、吴宇彤。第 9 章：文晨、舒建峰。第 10 章：舒建峰、彭翀、文晨。第 11 章：李月雯、石天豪、明廷臻、刘雅晨、胡益为、卢宪玲、彭翀。

本书得到国家自然科学基金项目（52378057、52278123、5220081440）、中央高校基本科研业务费资助项目（2023WKFZZX115）的支持，感谢研究和出版过程中美国佛罗里达大学彭仲仁教授、新加坡国立大学王才强教授、武汉大学詹庆明教授等多位专家的指导与无私帮助！

我国的韧性城市研究是一个需要多学科多维度不断协力深化、奋力拓展的领域。由于韧性城市建设涉及的要素、风险类型及研究领域之广，很难全面涵盖方方面面要点。本书作为多风险视角下的初步探索，仍存在一些不足，如理论方面对于多风险耦合机制的探索可进一步深化；应用方面实践案例的丰富性有待进一步拓展补充。在撰写过程中，参考了众多国内外专家学者的研究成果，在书中都尽可能进行了标注。力有不逮之处，恳请大家不吝赐教，作者团队将在未来的工作中不断改进完善。

彭　翀
2024 年中秋于武汉喻家山

目　录

第一篇　城市韧性的基础理论与框架

第二篇　城市韧性的测度方法

第三篇 面向多风险的韧性城市应用

城市韧性的基础理论与框架

本篇系统阐述城市韧性的内涵及当前研究进展，包括城市韧性的内涵特征及研究概况、多维视角下的城市韧性研究及当前城市多尺度韧性研究框架进展。在此基础上，从多风险耦合理论、应对多风险的城市韧性理论和城市韧性规划三方面构建系统应对多风险耦合的城市韧性理论框架。

第1章　城市韧性的基础理论及研究进展

生态学家霍林（Holling）在 1973 年首次将"韧性"（resilience）概念引入生态学研究中，随后这一概念经历了由早期的工程韧性发展至生态韧性，并迈向更为动态的演进韧性的认知转型过程（邵亦文 等，2015）。21 世纪以来，作为一种应对城市风险危机的新理念，城市韧性（urban resilience）引起了大量学者和机构组织的关注，近年来逐渐演变成一个持续增长的跨学科概念。本章首先阐述城市韧性的基础理论及研究概况；其次，介绍不同维度下城市韧性研究的内容差异；最后，基于规划视角的多尺度特性，选取当前一些典型的韧性分析框架展开对比讨论。

1.1　城市韧性的内涵特征及研究进展

1.1.1　内涵特征

1. 概念内涵

目前，不同学科对城市韧性提出了多种内涵表述（表 1.1）。早期，生态学领域中强调城市韧性是城市系统在应对干扰时的变化过程和保持结构稳定的能力。在工程学视角下，城市韧性被看作物质基础设施与人类社会网络间的一个可持续互动框架，其中人类社会群体在物质系统布局与规划中扮演着至关重要的角色。而在灾害学的研究范畴内，城市韧性被视为城市系统、社区等在遭遇致灾因子（如洪水、高温等自然灾害）时，所展现出的有效防御、吸收冲击、承受灾害影响，并迅速从中恢复与重建的能力，通常侧重突发性的灾害发生过程。与此同时，随着韧性研究由自然科学向社会科学迈进，社会学领域对城市韧性的概念认知经历了从应对扰动的恢复能力到治理转型能力，再到强调人口和系统作用的过程。经济学领域从区域经济应对冲击的过程出发，认为城市韧性是经济在应对冲击后快速转化恢复的能力。近年来，以地理学和城市规划学领域为代表，城市韧性的时空动态变化特点开始受到关注。Meerow（2016）在系统综述了一系列城市韧性概念后，认为城市韧性需重视时空多尺度表达，当城市系统及其跨越时间与空间的复杂网络遭遇外部干扰时，该系统应当具备维持或迅速恢复其原有功能的能力，同时灵活适应各类变化，以释放并增强当前及未来面对挑战时的自我适应与调整潜力。

表 1.1 不同视角下的城市韧性的代表性概念内涵

学科	概念内涵	来源文献
生态学	城市系统在结构进行重组和变化之前所能容纳的改变或调整能力	Alberti 等（2003） Pickett 等（2004）
工程学	物理系统和人类社区之间的可持续网络	Godschalk（2003）
社会学	为维持动态变化中的可持续性，城市治理需要建立应对不确定性变化的转型能力	Ernstson 等（2010）
经济学	区域经济在遭遇外生冲击后能快速恢复至冲击前的增长速率，并具备从低水平均衡跃升至更优均衡的能力	Hill 等（2008）
灾害学	由基础设施韧性、制度韧性、经济韧性和社会韧性 4 部分组成，同时涵盖生命线工程的畅通和城市社区的应急反应能力	Jha 等（2013）
环境学	动态和有效地应对气候变化并继续在可接受的水平上运作的能力，包括抵抗或承受冲击、恢复和重新组织、成长的能力	Brown 等（2012）
城市规划学	系统和区域通过有效的准备、缓冲及应对不确定性干扰，确保公共安全、秩序稳定和经济活动合理运转的能力	邵亦文等（2015）
地理学	当城市系统及构成的跨时空网络受到干扰时，能够维持或恢复功能，适应变化，并迅速调整，从而不削弱当前或未来稳定转换的自适应能力	Meerow（2016）

可见，由于学科理论范式的差异性、城市系统自身的复杂性和动态性，关于城市韧性的概念阐述各有侧重，但总体来说形成了几方面的共识：①作为能力，城市韧性是在扰动冲击过程中的预备、抵御、恢复、适应及成长/创新等一系列能力的集合；②作为过程，城市韧性是城市应对扰动的前、中、后各个阶段涵盖长期性适应和短期性冲击的表达；③作为系统，城市韧性强调城市作为复杂适应性系统的多要素特征；④作为对象，城市韧性应当关注多时空维度下不同主体的动态特征。因此，城市韧性可以视为城市系统在应对各种扰动冲击时，城市社会、经济、生态、工程等各组成要素系统产生作用，调动政府、组织、个体等多元主体参与，在不同空间层级上通过预防、抵御、恢复、学习适应和转化创新能力以应对不同时点冲击，从而实现当前及未来城市功能稳定、结构良好、发展健康的能力及表达过程。同时，韧性也蕴含了面向未来不确定性的目标导向。

2. 韧性特征

城市韧性特征是表征韧性系统状态的重要标准，也是评价韧性水平的重要维度。早在城市韧性概念提出之前，韧性系统研究中强调的特征通常包括：动态平衡性、兼容性、高效流动性、扁平性、缓冲性、冗余性等（Wildavsky，1988）。其中，动态平衡性强调系统各组件之间强有力的联系和反馈，兼容性描述了系统对于外部冲击的吸收和消减作用，高效流动性确保了系统资源调配和补充的及时高效，扁平性突出了系统在稳态下的灵活和适应能力，缓冲性则强调了系统应当具有一定程度的超越自身阈值的能力，冗余性指系统通过一定的功能重复以防止系统功能的全盘失效。随着韧性研究与城市空间结合，更多涵盖城市空间属性的特征与韧性本体特征结合，形成了多元化的延伸。Bruneau 等（2003）在社区韧性研究中提出了著名的"4R"框架，明确了社区韧性的 4 个特征，即鲁棒性（robustness）、效率性（rapidity）、冗余性（redundancy）、资源丰富性（resourcefulness），成为后来各领域开展城市韧性研究的基础特征。随后学者们围绕城市韧性的特征进行了拓展和深化，表 1.2 归纳了城市韧性研究中的典型特征。可见，在不同语境下对于城市韧性特征的理解也各有差别。然而，围绕城市韧性的主要特征存在一定共识，当前城市韧性的典型特征包括整合性/系统性、高效性、多样性、冗余性、连通性、适应性、创新性等。

表 1.2　城市韧性的典型特征及其内涵

特征	内涵
冗余性（redundancy）	存在几个功能相似的组件，以便当其中一个组件失效时系统不会失效
多样性（diversity）	存在几个功能不同的组件，以保护系统免受各种威胁，系统多样性越强，就越有能力适应各种不同的环境
高效性（efficiency）	静态城市系统功能与动态系统运行间的正相关关系
鲁棒性/坚固性（robustness）	抵抗攻击或其他外力的能力，健壮的设计可以预测潜在的系统故障，确保故障是可预测的、安全的
连通性（connectivity）	连接的系统组件以实现相互作用
适应性（adaptation）	从经验中学习的能力和面对变化时的灵活性
创新性（innovation）	能够在短时间内或当系统处于压力之下快速找到不同的方法来实现目标或满足需求
整合性/系统性（integration）	城市系统间的紧密协同，以强化决策效能，保障各个参与方/组件间的互助合作，共同推动实现既定综合目标

资料来源：Spaans 等（2017）；Allan 等（2011）；Bruneau 等（2003）；Wildavsky（1988）。

1.1.2　研究进展

在中国知网（China National Knowledge Infrastructure，CNKI）和 Web of Science（WOS）两个权威数据库中围绕城市韧性研究按照一定规则[①]展开搜索，筛选整理后共得到 625 篇中文文献和 12 875 篇英文文献，利用 Citespace 文献分析软件对城市韧性的研究进展进行统计分析，并基于热点关键词采用综述的形式揭示城市韧性研究热点概况及发展趋势。从整体发文量来看，国外城市韧性研究活跃度远大于国内，整体变化趋势相

---

① CNKI 以"城市韧性"或"城市弹性"或"韧性城市"或"弹性城市"限定主题词（为区分国内"弹性""韧性"研究的时间和重点差异，检索时未合并同义词），文献搜索范围限定在核心期刊、中文社会科学引文索引（Chinese Social Science Citation Index，CSSCI）、中国科学引文数据库（Chinese Science Citation Database，CSCD）、人文社会科学期刊（AMI）类期刊文章，剔除报纸、卷首语等类型文章。WOS 检索范围为 WOS 核心合集，以"（urban OR cities）AND（resilience OR resilient）"为关键词进行主题检索，文献类型限定为"article"或"review"，整理剔除非相关领域的文章。检索时间均为 2000 年 1 月 1 日～2022 年 12 月 31 日。

似，2000～2010 年研究相对较少，整体处于雏形期；2011～2016 年研究热度稳步增长；2017 年以来，城市韧性研究进入快速增长期（图 1.1）。分别来看，国外整体研究起步略早于国内，在 2017 年左右城市韧性研究开始快速增长；而国内城市韧性研究的快速增长则大致始于 2019 年，其后，城市韧性研究及韧性城市建设在国内才逐渐开始引起各界关注。

图 1.1 国内外城市韧性研究文献数量历年变化趋势

从研究内容的关键词聚类图谱看，国外城市韧性研究形成了 8 个主要关键词聚类（图 1.2）：①城市韧性（Urban Resilience）；②生态系统服务（Ecosystem Services）；③设计性能（Design Performance）；④灾害韧性（Disaster Resilience）；⑤气候变化（Climate Change）；⑥经济韧性（Economic Resilience）；⑦可持续发展（Sustainable Development）；⑧文化异质性（Culture-Specific）。2000 年以来的关注话题包括社区管理问题、社会生态系统的韧性特征研究、气候变化下的韧性应对及可持续发展目标的实现等，早期研究聚焦在可持续发展中出现的新问题和城市管理中出现的新挑战。2010 年以来，研究拓展体现在几个方面：第一，围绕城市韧性在生态领域的理论研究，如生态韧性测度、生态系统服务价值及绿色基础设施等内容的研究逐渐丰富；第二，灾害领域的韧性研究大量出现，如灾害视角下的社区韧性研究，具体包括风险评估模型方法、减缓手段、脆弱性分析方法及韧性策略等；第三，规划设计领域对于韧性提升实践作用受到重视；第四，气候领域的韧性研究关注对气候变化的影响模拟、建成环境特征及气候对能源的影响等方面；第五，经济领域的韧性研究开始兴起，以欧洲学者为代表，基于演化经济地理学视角探讨区域经济受到冲击后的变化和韧性表现。2015 年以来，城市韧性研究范畴进一步深化，理论及实践日益多元化。理论层面围绕如环境正义等问题展开讨论；实践层面探讨基于自然的解决方案、低影响开发与城市韧性提升的关系；技术层面围绕韧性评估测度，利用机器学习、网络分析等多元手段实现韧性能力测度；对象层面聚焦特定扰动事件下的韧性过程，典型如洪水、极端热浪等扰动情景正持续成为城市韧性的研究重点。可见，随着全球气候变化及不确定性加剧，城市韧性研究正处于蓬勃发展的态势。

与此同时，国内城市韧性研究经历了一个从"弹性"到"韧性"的概念辨析和理论演进的过程。文献关键词共现聚类包括 10 类（图 1.3）：①韧性城市；②城市韧性；③韧性；④弹性；⑤气候变化；⑥经济韧性；⑦区域经济；⑧弹性城市；⑨中国；⑩空间韧性。研究重点以实践为导向，集中在韧性/弹性城市建设路径、城市韧性理论研究、不同

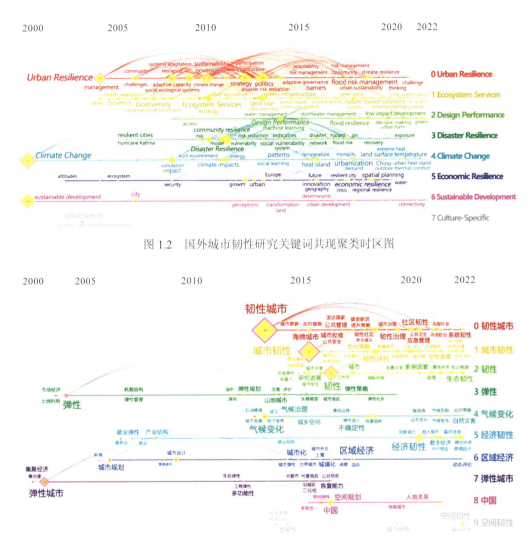

图 1.2　国外城市韧性研究关键词共现聚类时区图

图 1.3　国内城市韧性研究关键词共现聚类时区图

领域韧性/弹性策略研究、气候变化下的韧性应对、经济韧性理论研究及提升策略等。结合研究时间脉络来看，早期围绕"弹性""弹性城市"的内涵及实践开展了零碎化的探索，强调不同领域或对象的弹性冗余，如规划领域强调用地刚性管控时的弹性兼容，经济领域关于就业弹性、产业结构弹性的探讨等。2010 年之后，不同领域的城市韧性研究实践逐渐兴起。"韧性"逐渐取代"弹性"成为学界认可度较高的对"resilience"的释义。理论层面，起初以引介国外概念及理论框架为主，对韧性的相关理论（如适应性循环理论）、演进过程及城市韧性的相关框架（如洛克菲勒基金会城市韧性框架）等进行分析，研究视角囊括生态、经济、社会、工程等各个领域；技术层面，围绕韧性能力测度及韧性评估，开展了大量的方法探索，如基于性能曲线的韧性水平量化、基于网络分析的网络结构韧性测度等；实践层面围绕韧性城市建设，如通过城市更新的策略优化、就业结构完善、公共管理及制度建设、内涝防治等防灾减灾的优化过程，推进我国韧性城市建设。

2020 年以来，疫情冲击使各领域进一步反思目前城市面临的问题，围绕公共卫生事件冲击、应急管理、公共安全等领域的韧性研究快速增长，其中社区作为应对扰动的城市重要单元之一，其韧性相关研究也开始大量出现。同时在城市空间研究领域，空间韧性的相关研究也在逐渐增多。

对比国内外城市韧性研究文献高频关键词（表 1.3），在"气候变化/climate change""城市/city""韧性/弹性/resilience""城市韧性/韧性城市/urban resilience""韧性治理/management"等方面国内外研究聚焦存在一致性。在差异方面，国外围绕"resilience""脆弱性（vulnerability）""适应性（adaptation）""冒险（risk）""持续性（sustainability）"的相关理论、概念辨析、评估等展开了大量的比较及案例研究，同时逐渐强调从系统视角开展城市韧性的框架及模型研究；另外，国内研究特色关键词如"海绵城市""城市群""空间规划"等，体现出城市韧性理论在我国的演化、拓展和创新过程。综合来说，目前关于城市韧性的研究正从理论深化迈向实践应用，其中针对城市韧性的科学测度和模拟优化、与特定领域（如规划过程）的实践衔接仍是当前的主要难点挑战。

表 1.3　国内外城市韧性研究文献高频词前 10 名列表

国内高频关键词	年份	频次	国外高频关键词	年份	频次
韧性城市/弹性城市	2013	161	climate change	2000	913
城市韧性	2015	107	city	2000	873
韧性/弹性	2016	66	management	2004	486
经济韧性	2003	35	framework	2012	463
气候变化	2020	22	urban resilience	2013	460
韧性评估	2018	13	vulnerability	2011	439
韧性治理	2020	13	resilience	2008	418
城市群	2020	12	adaptation	2010	366
空间规划	2016	10	ecosystem services	2010	322
韧性社区	2018	9	impact	2008	308

1.2　多维视角下的城市韧性研究进展

城市韧性自出现以来便吸引了大量学科的关注，不同学科领域围绕城市韧性的不同维度展开了各有侧重的研究。本节将当前城市韧性的研究维度主要分为三类（图 1.4）：①关注不同领域的城市韧性研究；②关注不同扰动的城市韧性研究；③关注不同尺度的城市韧性研究。第一，从早期的工程领域、生态领域到关注城市经济和社会发展形成的各个领域，以社会学、生态学、交通运输学、政治学、经济学等为代表，对城市韧性的不同领域展开了大量研究。第二，由于城市韧性关注城市应对不确定性扰动的过程，部分学科从扰动本身出发，根据扰动的性质类型展开韧性研究，其中以灾害韧性为典型，侧重研究综合性或单一性灾害冲击下的应对过程，此类研究以灾害学、土木工程学等学科为代表，如针对综合性灾害展开的灾害韧性研究，根据特定灾害又形成了诸如针对洪涝的洪涝韧性研究、针对地震的抗震韧性研究及针对长期气候压力的气候韧性研究等。第三，以地理学和城市规划学为代表，对城市韧性研究的空间尺度关注度与日俱增。总体来看，多维视角下的城市韧性研究具有一定的交叉性，本节简要介绍三类视角的研究。

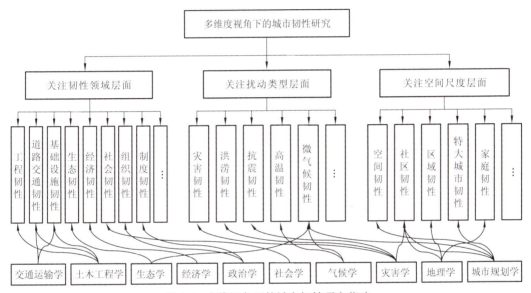

图 1.4　多维视角下的城市韧性研究范畴

1.2.1　关注领域层面

1. 工程韧性

1）工程韧性的定义

工程韧性思想最早源于工程力学，在 20 世纪 80～90 年代被视为韧性的主流观点，早期通常被认为是系统在经受扰动后反弹回到初始状态的能力，该定义并非简单地指代工程项目的韧性，而是泛指系统作为整体抵御冲击的一种属性。作为物理学的概念的一种延伸，此时的工程韧性具有十分鲜明的机械性特点，一是强调恢复到"旧"平衡状态，即特定的原有且唯一平衡状态，二是强调这个过程中系统的恢复能力，即恢复原位所需的总时长，时间越短则韧性越好。正因为工程韧性的这些特点与工程设施的自身特性与安全要求不谋而合，工程韧性通常被作为基础设施韧性能力的评估理论基础与衡量标准，此领域的韧性研究也大多围绕灾前设施配置、灾后应急重建规划为主，而研究的核心主体基础设施韧性则被定义为基础设施物理系统在各类灾害扰动下的可靠程度（Sussmann et al.，2017）。

2）工程韧性的研究内容

城市物质环境的稳固性与工程韧性紧密相连，伴随城市化进程的推进，原本分散独立的城市基础设施子系统已逐步演化为一个高度互联、错综复杂的网络体系。在此背景下，打造一个具备韧性的城市基础设施网络，成为保障城市环境持续安全与韧性发展的关键基石。从研究对象看，工程韧性广泛关注城市中的给排水、供电、能源、网络、医疗卫生等基础设施建设领域，并多集中于城市大型土木工程类项目设施。其中，交通作为重要基础设施也是主要研究对象之一，如 Freckleton 等（2012）构建交通基础设施网络韧性的量化研究框架并提出相关策略建议。此外，近年来随着研究范畴的逐步扩大，也有学者针对城市大型公共服务设施的韧性进行研究（李灵芝 等，2020）。从研究方法看，常用的方法主要有指标评估法、复杂网络评估法、情景模拟法、系统仿真法等（详见本书第 5 章），且通常同时结合使用其中两者或以上的方法，通过解析刻画基础设施系统中的物理、地理、信息等逻辑关联，定量研究不同情景下城市关键基础设施韧性演变特征，从而为提升灾害发生时各类工程设施的应急反应速度提出改善策略。此外，随着大数据预测和人工智能的发展，使用多源异构大数据（GPS、手机信令、城市路网、卫星遥感、气象观测等）与深度学习对工程受灾进行模拟是未来研究趋势之一（嵇涛 等，2023），以更准确地预估受损情况，及时做好预防措施，降低潜在灾害给城市环境带来的各种损失。

2. 景观生态韧性

1）景观生态韧性的定义

景观生态韧性（landscape ecological resilience）主要关注生态系统在受到侵扰或冲击后，能否有效抵御威胁、降低自身受到的损害，或者生态系统的形态和功能是否能有效自我修复。景观生态韧性研究是对城市生态安全及可持续发展的深化，通过强调城市生态系统通过积极预备、响应、适应学习使城市整体生态格局保持完整及功能运行，为解决城市面临的生态风险和扰动提供了一种新思路（白立敏，2019）。一般认为，景观生态韧性源于生态学多稳态研究，被认为是对生态学研究中稳态范式的一种突破和创新，是维持城市生物多样性，保持多项生态系统服务的重要研究对象。随着城市研究学者将韧性研究扩展到城市领域，城市生态韧性作为城市韧性的重要维度，应当具备多样性、生态可变性、模块结构、冗余性、关键变量、紧密反馈、生态系统服务功能等特征（Fleischhauer，2008）。在当下城市面对多种威胁，如自然灾害，气候变化、环境变化、人类侵扰的背景下，景观生态韧性具有重要研究意义和管理意义。

2）景观生态韧性的研究内容

众多学者从生态学、灾害学、环境学等学科视角围绕景观生态韧性的理论构建、评估方法、影响因素及实践路径开展了大量研究。首先，在理论构建方面，景观生态韧性内涵提供了理解生态系统如何响应扰动的基础理论框架（Adger，2003），突出韧性思维框架在生态系统管理、服务功能等领域的理论创新，并为抵御气候灾害、城市洪涝、空气污染，甚至是为城市基础设施建设和维护等挑战提供了基于自然的解决方案（nature-based solutions，NbS）。其次，景观生态学的理论、方法论，尤其是生态系统思维为理解城市韧性提供了重要的视角。例如，景观生态学中生态连通性的概念，能为提升城市生态韧性提供重要的衡量指标和空间管理指导。另外，景观生态研究中常用的景观指数、连通性指数、异质性指数、景观格局的形态学特征等技术方法，也能够为测度城市韧性的不同属性提供支持。由于景观生态韧性具有上述目标、对象、方法的复杂性，相关的研究内容也可分为多类。景观生态韧性的相关理论研究内容可以划分为稳定性与恢复力、服务与功能、适应性与管理、连通性与分布及生物多样性 5 个松散的类别（表 1.4）。这 5 类研究内容各有侧重。其中，稳定性与恢复力检视系统参数的恢复情况。服务与功能关注生态系统对人类社会的产出和服务。适应性与管理着重探讨生态系统的自我调节和自适应能力。连通性与分布更强调生态资源和蓝绿基础设施在空间中的配置作用。最后，生物多样性则从物种构成和相互关系的角度解析韧性内涵。需要指出的是，这 5 类理论内容都有跨学科特点，并在方法测度和实践应用方面存在交义之处。针对不同的问题有不同的解释性理论，不仅限于景观生态学或城市规划等单独领域，任意一种类型的环境扰动也可从多种理论视角分析并开展测度应用。

3. 经济韧性

1）经济韧性的定义

在全球化的浪潮不断深化的背景下，世界经济体系频繁遭遇多样化挑战，包括经济周期性震荡、金融风暴及科技革新的迅猛冲击等。为应对市场环境的不确定性，Reggiani 等（2002）学者开创性地将"韧性"理念融入空间经济学的讨论框架之中，标志着韧性作为一种深入剖析经济现象的重要视角，正式步入经济学研究的领域之中。简单来说，经济韧性被视为经济体（包括个人、家庭、区域和国家）应对干扰的能力，由于研究尺度、对象和经济视角的差异，经济韧性的概念在不同视角下也各有侧重。Martin（2012）等对区域经济韧性进行了界定，强调了区域经济在面对市场变动、竞争压力及环境挑战时所展现出的抵御干扰与重振增长轨迹的潜力，这依赖于经济结构与制度框架的灵活调整，旨在保持既有增长轨迹的稳定性或顺利转型至更具活力的新兴增长过程，核心要素包括 4 部分：脆弱性、抵抗性、适应性及恢复性。此外，宏观经济学视野下的经济韧性，其焦点则转移至经济体系在经历周期性波动或外部突发事件后，如何有效管理这些不确定性对增长轨迹的干扰，强调经济系统内在的稳定机制与恢复机制，确保国家经济能够迅速从冲击中恢复，并继续沿着可持续增长的道路前行。

表 1.4　景观生态韧性研究类型及重点

类别	代表理论	特征	与景观生态韧性的关系	核心测量对象和方法	在城市规划中的运用
稳定性与恢复力	生态系统稳定性理论（ecosystem stability theory）	侧重衡量生态系统在环境变化或扰动中保持其结构、功能稳定，或恢复到原始状况的能力	与城市韧性的概念高度相关，直接反映核心定义内涵	通过监测不同时点生态系统的状态、结构、功能	监测和保护关键绿色基础设施
服务与功能	生态系统服务理论（ecosystem services theory）	描述自然生态系统通过功能运转，产生各类服务并传递到人类社会的过程	景观生态韧性是维持生态系统服务稳定产出的基础，也能够通过测量生态系统服务评估生态韧性	生态系统服务主要包括四大类：生产服务、调节服务、文化服务、支持服务。另外，可测定服务从供给端（自然生态系统）到需求端（人类社会）的一系列过程	评估不同时段或规划愿景下各类生态系统服务的高中低状态，据此监测评估生态系统变化
适应性与管理	生态系统适应性理论（ecosystem adaptability theory）	研究生态系统如何对环境压力做出反应	生态系统在不同压力下的适应性是韧性研究的重要维度。生态系统内部的自组织能力和恢复能力一定程度上决定了应对外部扰动的能力	生物种组成和生境利用模式的变化；生态系统服务的变化；生态过程速率的变化	分析评估城市生态系统当下所处的压力状态和适应情况。评估规划方案对城市生态适应能力的改变和影响
连通性与分布	生态连通性（ecological connectivity）	研究生态空间或景观斑块的格局，以及物种群落在其中的交互关系	连通性既描述了生态系统中种群和个体的迁移能力、扩散能力，寻找庇护所的能力，也反映了系统应对灾害等环境扰动而产生的规避和适应行为	景观指数，如生境斑块密度、最近邻距离等。基于图论的指标，如节点度、经管连接指数等。环境模拟等	识别城市中生境网络较脆弱或存在断联风险的区域，可针对性加强生态空间和蓝绿基础设施的管理，增强整体韧性
生物多样性	生态位理论（niche theory）	不同物种在生态系统中的角色及可替代性的可能性	对于构建有韧性的城市生态系统，生态位的多样性决定了关键生态功能是否有多个提供者，能否分摊在环境扰动对生态功能损害的风险	关键物种或种群生态位的广度（资源利用和环境耐受范围）、生态位重叠性（资源利用差异）等	分析城市关键物种的生态位状况，尽可能适用不影响生物多样性的规划设计方案

2）经济韧性的研究内容

经济韧性的研究从经济危机、金融危机扩展到自然灾害、气候变化、能源危机，始终围绕国家、区域、城市等对象在经济现象及行为过程中的资源配置、抗风险能力展开经济韧性理论拓展和实证研究。在理论研究层面，发展经济学较早从经济脆弱性和经济韧性等研究出发，为经济韧性理论的延伸奠定了基础，如世界银行的"社会风险管理"项目在贫困阶层的脆弱性方面取得了一系列成果；小国经济的经济韧性与脆弱性的关系研究也受到了部分学者的关注，如 Briguglio 等（2003）以新加坡为例，证明了小国同样可以具有较强的经济韧性。在此基础上，以 2010 年 *Cambridge Journal of Regions Economy and Society*（《剑桥区域经济与社会杂志》）的"韧性区域"专题为典型，区域经济韧性的相关研究兴起并发展壮大。而在宏观经济学视角下，侧重研究经济政策对于国家经济韧性的外生性作用，如 Aiginger（2009）把韧性的概念纳入宏观经济政策框架，认为经济韧性特征包括：更有韧性的经济结构、经济增长、关注长期目标、具有抗经济危机的能力，以及促进经济稳定增长的政策措施。在经济韧性的实证研究层面，由于经济韧性测度指标体系选取与设定难度较大，经济数据的获取及可比性也存在难度，目前主要分为两种方法。一是指标体系法，常用指标包括财政赤字占国内生产总值（gross domestic product，GDP）的比重、失业率与通货膨胀、经济自由度指数等，代表性的实践机构包括地方经济战略中心、奥雅纳工程顾问等。然而，指标体系法仍然存在指标权重确定困难、经济指标的因果性混淆等问题。与此同时，在深化经济韧性量化研究的进程中，聚焦于核心变量标识的测度方式正逐步兴起，该方法强调精准识别并选定一个或几个关键指标，这些指标能够高度敏感地反映区域经济面对冲击时的波动情况，其中，GDP 与劳动就业状况（尤其是就业人数）被广泛采纳。以 Davies（2011）的研究为例，其运用了失业率的变动及 GDP 的增长数据，剖析了 2008 年全球金融危机后欧洲各国区域层面经济韧性的具体表现。国内学者也从不同视角对经济韧性测度进行了深入研究，如张岩等（2012）根据数据包络分析理论构建了应对突发事件的区域韧性评估模型。随着近年来全球不确定性加剧，各国政府对于增强经济韧性的呼声日渐高涨，经济韧性的相关研究也逐渐增加。

4. 社会韧性

1）社会韧性的定义

Adger（2000）首次将韧性概念延伸到社会系统研究中，实现了从自然生态范畴向人类社会领域的跨越性应用，其将社会韧性界定为社区或人群在面对源自社会变迁、政治动荡及环境变化等多重外部压力时，所展现出的适应、恢复与持续发展的能力，为理解人类社会在复杂多变环境中的应对机制提供了新的视角。而随着社会系统的复杂性增加，与之对应的系统内外部扰动因素也更加多样及不确定。鉴于上述背景，社会韧性的概念边界在跨学科的探讨与多元研究领域中经历了显著的拓展与深化。在管理学视角下，研究者尤其聚焦于团体层面的社会韧性构建要素，其中，道德伦理、组织制度架构及居民个体层面的社会身份认同，如责任感的培养与强化、利他行为的倡导与实践等，均被视为塑造和提升社会韧性的核心驱动力。心理学关注个人层面的社会韧性，强调积极的个人素质在应对内外部扰动过程中的重要性（Ndetei et al.，2019）。而在社会学与经济学领域内，研究者不再局限于单一视角，而是广泛探索组织机构、社区及城市等不同层面下的社会韧性特征，并从宏观层面开始关注危机扰动下国家制度、文化差异等导致的社会韧性差异（Dahlberg et al.，2015）。从广义上来说，社会韧性包含了与社会（社会体）相关的各个维度：如社会资源、机构/组织、制度，研究对象的层级涉及个体/家庭、社区、城市，直至国家，这些不同层级不同维度的对象构成了社会韧性研究的物质、非物质的社会性资源集合。从狭义上来看，社会韧性聚焦于社会组织架构与社会结构，体现了个体、群体及组织等多元主体之间紧密相连的互动关系与共同行动的基础，即这些主体如何通过共识的达成与协同的行为模式，共同应对挑战与变迁。

2）社会韧性的研究内容

社会韧性作为风险治理领域内社会机制的一个重要组成部分，其理论植根于社会风险管理的经典学说之中。鉴于当前研究对于社会韧性的深入探讨尚显不足，其具体涵盖范围及评估体系尚未形成统一标准。然而，在全面审视城市韧性这一复杂议题时，社会韧性作为不可或缺的一环，其重要性不言而喻。随着灾害扰动对居民、社区、组织机构等社会性影响日趋显著，尤其是在非典、汶川地震等之后，围绕物质文化、精神文化、社会结构等对受灾体的作用机制的社会韧性的研究逐步增多。此外，社会韧性评估在社会韧性的研究中也至关重要。国外社会韧性的评估指标研究较早，主要涉及资本、社会结构、认知视角及多视角综合（孙立 等，2023）（表1.5）。我国对社会韧性评估的研究相对较晚，多数的社会韧性评估从属于综合评估的一部分，主要集中在社区和城市层面韧性研究的一部分，仍存在缺乏实施层面的操作性问题（蔡建明 等，2012）。

表1.5　社会韧性评估的理论视角及维度

研究视角	划分维度
资本视角	社会资本、经济资本、物质资本、人力资本、自然资本
	社会支持、社会参与和社会纽带
社会结构视角	人口特质、家庭情况、社区功能、社会阶层
认知视角	人与人、人与组织之间的沟通和信任程度
多视角综合	社会、经济、社区、机构、住房/基础设施、环境
	社会结构、社会资本、社会机制/能力、社会公平、社会信仰

1.2.2　关注扰动层面

1. 灾害韧性

1）灾害韧性的定义

灾害韧性（disaster resilience）是灾害管理中的一个重要概念，是灾害学、水利工程学、管理学等多学科韧性研究的重点领域之一。自韧性理论引入城市防灾领域以来，灾害韧性的相关研究已进行了 30 多年。目前，灾害韧性的概念内涵尚未形成统一的界定。依据联合国灾害风险减灾署的定义，灾害韧性界定为系统、社区或社会在面对灾害时所展现出的迅速且有效的抵御冲击、吸纳影响、灵活适应及从灾害后果中迅速复原的能力，旨在促进可持续发展并有效削弱脆弱性，从而增强整体对灾害的抵御能力。部分研究者进一步从对象上将个人主体纳入研究范畴，并对灾害韧性与脆弱性之间的理论关系进一步阐述辨析（Manyena，2006）。总体来说，灾害韧性从扰动类型层面将韧性的对象（resilience to what）限定侧重突发性灾害（如按灾害起因可分为自然灾害、人为灾害和综合灾害等），强调不同主体（城市物质环境、城市结构、行为对象等）应对灾害的能力。

2）灾害韧性的研究内容

早期城市韧性的研究多围绕灾害韧性展开。1999 年韧性联盟（Resilience Alliance）成立，在其广泛的韧性研究中尤为强调灾害韧性研究。2005 年第二次国际减灾大会通过《兵库行动框架 2005—2015》倡导在防灾减灾的理论和实践中构建韧性。从研究对象看，其以关注自然灾害为主，根据自然灾害的类型，如飓风、地震、洪涝、海啸、气象灾害等不同研究热点开展城市灾害韧性研究，并形成了一系列灾害韧性范畴下的城市特定韧性概念及研究范式。例如，鉴于全球范围内洪涝灾害频发且影响日益加剧，学界正将焦点转向洪涝灾害韧性领域的深入研究，洪涝韧性（flood resilience）正逐渐取代洪水风险管理成为新的研究范式。同时，学者对抗震韧性（seismic resilience）、应对城市热岛的气候变化韧性（climate change resilience）等灾害语境下的韧性概念等开展了多元化的研究（Emmanuel et al.，2012；Bruneau et al.，2003）。从研究尺度看，城市灾害韧性的研究已包含全国、区域、城市群、城市、社区等多种尺度。国内灾害韧性研究以城市、区域尺度为主；与此同时，社区作为社会组织最基本的单元结构，其中沿海社区易遭受海平面上升、海啸等多种威胁，因此社区成为国外灾害韧性主体的研究热点（Angus et al.，2021；Singh-Peterson et al.，2014）。从研究方法看，城市灾害韧性主要借助于地理信息系统（geographic information system，GIS）和遥感（remote sensing，RS）技术，通过数学模型或灾害韧性评估体系对灾害韧性进行测度和模拟（详见本书第 6 章）。

2. 微气候韧性

1）微气候韧性的定义

微气候韧性（microclimate resilience）指在微气候研究基础上结合其他学科（包括城市气候学、公共卫生学、计算流体力学、城市环境物理学、城乡规划学和建筑学等）来描述一个区域内的微气候环境对于气候变化、人类活动等因素的适应能力。目前，微气候韧性是一个较为新兴的概念，对于其内涵和研究框架的研究较少。随着气候变化和人类活动对城市环境的影响日益显著，在近几年研究中逐渐将韧性理论与微气候相结合，从自然、人文、社会等多个方面综合考虑微气候韧性对改善生态环境、提高居住质量、减少自然灾害风险等方面的作用。在围绕微气候韧性理论构建及内涵阐释过程中，更注重综合性研究，将城市微气候与其他城市系统和环境要素相结合，以获得更全面的分析和解决方案。同时，随着数据收集和分析技术的不断发展，将更多地采用数据驱动的方法来推进城市微气候韧性相关课题的研究。

2）微气候韧性的研究内容

目前，微气候韧性的相关理念也逐渐得到更加深入的研究，并不断拓展至城市系统的多个方面，可以为城市的可持续发展和居民的生活质量提供重要的支持和保障。从微气候韧性对城市影响来看，微气候韧性能够提高城市基础设施的保障能力、城市居民的健康和舒适度、城市生态系统环境等方面。其中，城市微气候对室外热舒适和建筑能耗有着显著的影响，可以采取相应的措施来提高室外热舒适和建筑能效以提升城市的韧性（Ignatius et al.，2015）。从如何提高城市微气候韧性的路径来看，主要是通过改善微气候环境来提高环境综合水平，例如增加绿色基础设施、改善建筑设计、优化城市规划等措施。Sylliris 等（2023）通过微气候模拟分析得出建筑物和道路交通对于紧凑型地中海城市气候环境产生了负面影响，提出通过城市环境干预标准化来提升城市微气候韧性。此外，通过景观设计来提高微气候韧性也可以进一步提升城市的热舒适度和空气质量（Xiao et al.，2022）。从城市规划对微气候韧性的影响来看，人类活动是影响微气候环境的重要因素，合理的城市规划可以通过调整城市空间布局和设计来提高城市的微气候韧性。此外，城市聚集造成的城市高温现象也是近年来城市韧性领域的研究热点之一，与微气候结合后延伸出高温韧性等相关理论研究。例如，Stone 等（2010）通过对美国 50 多个城市高温事件的研究，检验城市形态与极端高温事件（extreme heat events，EHE）变化率相关的假设，预计城市将面临越来越多的极端高温，可以通过保护区域绿地等策略来控制极端温度。随着微气候韧性研究的不断推进，其研究方法不断创新，主要包括实地观测、数值模拟、空间分析、人体舒适度评估等。在软件应用方面主要是利用城市微气候模拟软件、城市气象数据软件、人体舒适度评估的软件等（详见本书第 6 章）。

1.2.3　关注尺度层面

1. 空间韧性

1）空间韧性的定义

韧性与空间结合，便有了尺度的概念。由于空间作为所有社会经济要素存在的支撑载体，空间的属性特征不可避免地影响着不同主体的韧性状态水平。Nyström 和 Folke（2001）引入了"空间韧性"的新颖概念，该概念基于对珊瑚礁生态系统的分析。他们认为空间韧性为系统重要的核心能力，促使受到外界干扰后的系统能够进行自我重组，进而保持其基本结构与功能不受根本性损害。同时，他们强调了空间系统（即研究的核心系统）及生态记忆在维系这一韧性过程中所扮演的关键角色。Allen 等（2016）通过对过往研究成果的综合分析，提出空间韧性被视为系统内在空间特性在激发韧性反馈机制中所参与的贡献度。此定义根植于复杂系统理论，特别是强调了系统内在的不均衡性、相互连接性及信息流通与交换的基础性作用，以共同构筑空间韧性这一概念的核心框架。鲁钰雯等（2022）初步提出的城市空间韧性概念则强调了以多元空间要素所构成的复杂空间系统主体，在遭遇风险扰动时能够确保系统核心功能不受根本动摇，并具备有效恢复与进一步适应环境变化的能力，其核心韧性特征应包括稳健性、高度适应性、灵活应变能力、丰富的多样性及连通性等。可以看出，空间韧性的定义与内涵研究早期主要集中于景观生态学领域。城市研究中的空间韧性研究则相对较少且模糊，部分研究开始强调空间要素关系如空间布局、规模、形状分异在与韧性相关的系统内、外部组分的相互作用过程。但总体来说，城市空间韧性仍存在概念模糊、界定不一等问题，仍需进一步探索丰富。

2）空间韧性的研究内容

韧性理念与城市空间研究结合的城市空间韧性研究是应对未来不确定扰动和变化的新思路之一。一些研究者致力于将韧性理论与城市空间理论相融合，深入剖析城市空间及其组成元素（涵盖密度、规模、形态、土地利用模式及多种空间参数等）对系统韧性的具体影响机制，并从宏观视角出发，探讨了与城市韧性紧密相关的形态学特征或量化指标，旨在揭示城市形态如何与韧性表现的多维特征形成交互关系（Sharifi，2019a）。同时，当前研究围绕城市空间韧性评估展开了初步归纳，大概可分成直接评估和间接评估两种（鲁钰雯等，2022）。直接评估来源于生态系统的相关研究，强调通过韧性变化阈值表征，如系统连通性和空间恢复范围；间接评估是通过构建城市空间韧性指标体系和典型空间指标集合来表征城市空间韧性。在城市空间韧性的实践方面，主要侧重于应对灾害风险的城市空间韧性研究，如日本在经历 2011 年地震灾害后，将城市防灾策略提升至全面应对高度，确立了构建高度韧性国土空间与经济社会体系的总体愿景。国内近年来对城市空间韧性的探讨逐渐增多，如唐源琦等（2020）指出防疫措施与土地空间耦合才能发挥明显的效果，因此空间规划是突发公共卫生事件防疫中的重要手段，并指出韧性城市需要考虑常态和疫时两个不同阶段。目前来看，城市空间韧性理论的研究尚处于起步阶段，对规划实践的指导仍然不足。

2. 社区韧性

1）社区韧性的定义

众多学者倾向于将社区韧性概念化为一系列特定的能力或动态过程，而另一部分学者则持不同观点，社区韧性被看作能力累积与有效适应挑战的成果表征。换言之，社区韧性不仅涵盖了多元化的能力体系，更是一个社区在增强自身实力与灵活应对灾害等不利因素的过程中所展现出的特性。本节认为，社区韧性涵盖能力、过程、目标（彭翀 等，2017），作为一系列关键能力的综合体现，不仅代表着社区在不断提升自身能力水平的过程中所积累的宝贵资源，也反映了社区在面对灾害或挑战时展现出的灵活适应与稳定发展的能力，既是社区能力建设的动态过程，也是推动社区向更高层次发展目标迈进的指引方向（彭翀 等，2017）（表 1.6）。通常来说，从能力视角出发，社区韧性可由稳定能力、恢复能力及适应能力组成，强调社区组织主体及其资源要素的应灾潜力和固有属性。从过程视角出发，部分学者将韧性视为一个动态演进的过程，特别强调其作为适应能力动态逐步增强的核心体现（Ahmed et al.，2004）。与此同时，尽管部分学者并未直接将韧性界定为一个过程，但其普遍认同，通过实施一系列具体的策略与行动，以及充分发掘和利用社区内部资源促进社区建设过程。从目标视角出发，韧性通常成为社区规划或计划中面向未来的指引目标或针对既有灾害应对后产生的结果。随着我国城市韧性研究热度的增长，社区韧性是其中最重要的研究维度之一，其内涵和理论丰度也在逐步增加。

表 1.6　社区韧性的概念

概念	释义
稳定能力	系统抵抗、吸收灾害防止状态发生改变的能力
恢复能力	遭遇灾害后，系统功能紊乱恢复正常运行的能力
适应能力	系统应对灾害适应新环境的能力
适应过程	遭遇灾害，系统在能力帮助下正常运行并成功适应灾害的过程
提升适应能力的过程	为了减少灾害影响，系统有目的地发展自身资源、提高适应能力的过程
目标（预期结果）	系统适应能力提高或成功适应灾害

2）社区韧性的研究内容

社区韧性的研究内容主要集中在社区韧性评估及社区韧性提升研究与实践方面（彭翀 等，2017）。首先，社区韧性评估体系构成了深入理解当前社区韧性状态的关键基石，它是预先规划与后续策略部署的先决条件。具体而言，主要包括以下两方面。①韧性动态追踪：构建一套韧性基线表征体系，使决策者能够清晰洞察韧性水平的波动轨迹，不仅便于即时评估韧性提升成效，更为后续策略调整提供了精准的数据支撑与参考标准。②决策优化指引：社区韧性评估不仅是决策者手中的"导航仪"，在复杂多变的社区管理中发挥着至关重要的作用。精细化的分析对比，如投资前后韧性指标的对比研究，或是不同政策干预下韧性表现的差异化评估，为决策者提供了科学的决策依据，助力其优化资源配置，确保投资决策的精准高效（Cutter et al.，2008）。在社区韧性提升的实践探索方面，大致包括三个领域的内容。第一，围绕韧性能力提升展开。可划分为两类路径：一方面，强化硬实力，涵盖经济繁荣度、工程基础设施的完善及生态系统的稳固等要素；另一方面，注重软实力的培育，涉及经验的积累与学习、决策智慧的提升，以及促进社区成员积极参与和贡献的能力。例如，在探讨社区韧性评估体系的构建与发展路径时，社区韧性评估框架研讨会提出运用社会网络分析作为增强社区韧性的策略，强调聚焦于深入剖析社会网络的内在运作机理，包括信息的生成、流通与交互模式，以此为基石，为决策者提供指导方针（Magsino，2009）。第二，围绕韧性过程提升展开。涉及直接干预韧性循环的各个环节强调对影响韧性提升的多维因素（涵盖管理水平、公众意识与教育普及、社会结构与发展、自然环境的保护与恢复、城市或建成环境的改善及经济活力的促进）进行系统性提升与改进，以期全面增强社区的韧性水平。例如，在 Wilson（2015）的研究中，"社会记忆力"被引入并深入探讨，着重阐释了仪式、传统习俗及社会学习机制如何作为关键要素，对社区韧性的塑造与强化产生深远影响。第三，围绕韧性目标提升展开。强调通过明确设定应对挑战的长远愿景或定期评估当前应对行动的实际表现，来推动韧性的持续提升。在各地的政策文件中，社区韧性逐渐被纳入目标愿景或完成指标要求中。当前，社区韧性正逐渐纳入更全面的时空尺度考量，并探索将新技术方法理念纳入研究及实践的支撑内容中。

1.3　城市多尺度韧性研究框架

2000 年以来，围绕城市韧性系统化的理论探索及实践应用，学者、机构纷纷提出各具特色的城市韧性分析框架。不同学科、不同视角下城市韧性分析的重点、要素、对象各不相同，城市韧性的分析框架也存在较大差异。从城市规划的视角来看，由于研究对象的不同，韧性主体在空间尺度上表现出鲜明差异，多尺度之间的要素差异和级联特征差异使得不同指标对城市韧性的影响过程及机制各不相同。鉴于此，本节主要关注不同空间尺度下的韧性研究框架，围绕大都市区、特大城市、城市和社区多尺度联动 4 个部分，选取一些典型框架展开介绍，并对比多尺度视角下的城市韧性分析框架的异同，希望为规划视角下城市韧性理论拓展和特色框架构建提供借鉴。

1.3.1 （特）大城市尺度

1. 特大城市韧性框架

联合国大学环境与人类安全研究所聚焦特大城市面临的风险与挑战,在 2009 年首次提出了特大城市韧性框架(the megacity resilience framework,MRF)(Butsch et al.,2009)。在 MRF 中,特大城市韧性被定义为特大城市各个系统组分的综合韧性,该框架从三个层面剖析了特大城市的脆弱性/韧性关系。①在空间层面,特大城市面临从地方到全球不同尺度复杂交织过程（政治、经济、社会等）的综合影响;②治理层面,特大城市治理取决于正式和非正式制度之间的相互作用;③系统层面,特大城市被视为一个耦合的社会生态系统。在这一框架中,人和机构的互动发生在正式和非正式领域间的交叉点,并决定了特大城市的调节阈值和韧性水平,这些都嵌入到特大城市的社会-生态耦合系统中,并受到不同层级过程的影响[图 1.5（a）]。MRF 考虑了特大城市与一般城市不同的差异化重点,围绕尺度嵌套、治理多元、系统耦合探索性提出了特大城市韧性理论框架;然而,如何衡量脆弱性和韧性、正式和非正式机构如何联系平衡等问题仍待进一步解决。

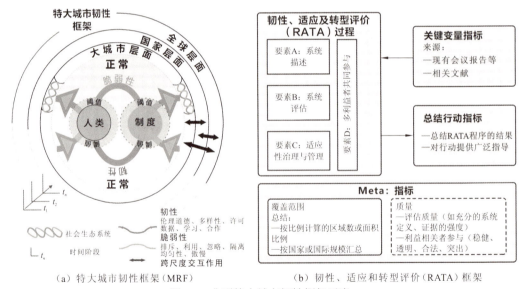

（a）特大城市韧性框架（MRF）　　　　（b）韧性、适应和转型评价（RATA）框架

图 1.5　典型特大城市韧性框架示意

资料来源:O'Connell 等（2015）;Butsch 等（2009）

2. 大都市区韧性能力指数

针对美国大都市区未来面对经济衰退、自然灾害或其他区域性冲击等问题,Foster 在 2011 年提出了大都市区韧性能力指数(resilience capacity index,RCI),重点从区域经济维度、社区连通性维度、社会人口维度选取了共 12 个指标要素进行整合,涵盖了从收入平等和商业环境到选民参与和医疗保险人口内容等,RCI 为每个地区提供了一个单

一的统计数据。该指数衡量了一个地区应对压力冲击的能力，可以帮助地区领导人确定优势和劣势，并针对相关政策变化制定目标，以提升韧性能力。

3. 沿海特大城市韧性模拟框架

Simonovic 等（2013）提出了一种基于空间系统动力学模拟的沿海特大城市韧性模拟（coastal megacity resilience simulator，CMRS）框架。该框架强调城市扰动取决于时空视角，以及扰动影响（社会、健康和经济等）与城市系统吸收扰动的适应能力之间的直接相互作用。CMRS 框架针对沿海特大城市面临的挑战，包括飓风、台风、风暴潮、海平面上升和河流洪水等自然灾害以及日益城市化和人口增长的压力，将沿海特大城市定义为三个相互依存的子系统组成的网络，包括自然、社会经济、行政和制度子系统。通过对每个特定尺度单元跨时间序列的系统韧性建构和模拟理解并表征韧性的时空过程，以识别影响城市韧性的因素，并制定气候变化适应措施。同时，CMRS 框架基于系统动力学仿真，在集成环境中进行计算，提出韧性模拟的目标是为更好实现韧性行动/策略的优先级，为沿海特大城市韧性的量化提供了一种新颖的方法，用于提高沿海特大城市管理气候变化的适应能力。

4. 韧性、适应和转型评价框架

"韧性"、"适应性"及"转型"等概念已在全球范围内引起重视，并在理论研究、政策发展、应用实践中逐渐丰富。2015 年，全球环境基金的科学技术咨询小组为应对服务农业生态系统在面对气候变化、一系列缓慢驱动因素或冲击时的韧性、适应性和转型的动态关联评估过程，提出了一个韧性、适应性和转型评价（the resilience, adaptation and transformation assessment，RATA）框架（O'Connell et al.，2015）。RATA 框架核心是RATA 过程[图 1.5（b）]，这是一种逐步迭代的评估方法，以韧性理论为基础，将利益相关者纳入迭代过程中以表征系统，识别社会生态变量及其跨尺度的相互作用，通过关注关键控制变量与阈值的接近程度以评估系统的自适应、自组织和可转换能力，主要可在农业生态子系统尺度或者国家尺度、次国家尺度（区域）的社会生态系统中应用。RATA框架的关键要素包括 4 个：①系统描述；②系统评估；③自适应治理和管理；④多方利益相关者参与。然而，由于框架的延展性和变量设置的宽容性，RATA 框架带来了较高的成本和跨系统、跨尺度之间的可比性问题。

1.3.2 城市尺度

1. 韧性联盟城市韧性研究倡议框架

韧性联盟城市韧性研究倡议（Urban Resilience Research Initiative of the Resilience Alliance，URRIRA）框架是较早提出的关于城市韧性研究的典型分析框架[图 1.6（a）]，其突出特征是从 4 个领域维度鲜明揭示了城市作为复杂适应性系统的主要属性特征及交互关系，这 4 个领域分别包括治理网络、代谢流、建成环境和社会动力机制，提供了对城市系统韧性的多层次理解。其中，代谢流是分析城市韧性的手段，强调生产链、供应链和消费链之间的关键联系和相互依赖及其面对不同扰动冲击的变化水平。建成环境是城市韧性的空间基础，强调在历时性维度上塑造具有适应和调整能力的城市空间和建成区，并探索城市空间模式及其在促进可持续性、建立韧性方面的作用。社会动力机制提供了深层次的机制解析，从社会生态景观视角探讨人口特征、人力资源、社会资本及社会不平等方面的关系及其对城市多样性及韧性的影响。治理网络则面向实施过程，强调了由机构、社会组织构成的社会网络在层级和规模方面的跨尺度效应及其对城市韧性的影响。通过4个维度相辅相成，共同促进城市系统韧性提升。

2. 韧性城市规划框架

韧性城市规划框架（the resilient city planning framework，RCPF）由 Jabareen（2013）提出[图1.6（b）]，涵盖了4个核心环节：脆弱性评估、城市预防性过程、城市治理过程及不确定性导向规划。首要环节即脆弱性评估，是构建韧性城市并精准描绘其未来可能面临的风险及脆弱性空间分布图的关键步骤。此过程可依托脆弱性分析矩阵这一工具，旨在明确界定城市环境中潜藏的风险源、自然灾害类型的影响范围、空间效应等，评估要素包括几个方面：脆弱性人口统计、非正式空间、不确定性、脆弱性空间分布。第二，城市治理侧重于韧性城市的治理文化、流程和角色定位，强调在规划、公开对话、问责制和合作领域具有更强的包容性决策过程，包括整合性方法、公平和生态经济三个维度要点。第三，城市预防强调要设法防止环境危害和气候变化的影响，由缓解、重建、应用替代能源三个主要部分组成，通过评估城市缓解政策，以减少危害；实施局部地区的空间更新重建，以便为未来环境灾害做好准备；并寻求替代清洁能源。最后，强调以不确定性为导向的规划，通过系统分析未来的不确定性挑战创新思考规划的模式方法，重点考虑规划的适应性、空间规划过程及可持续的城市形态在规划过程中的作用。

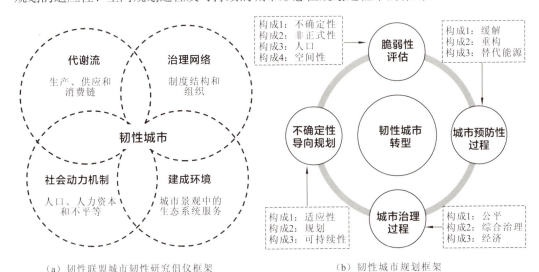

（a）韧性联盟城市韧性研究倡仪框架　　　　　（b）韧性城市规划框架

图1.6　典型韧性城市研究及规划框架

资料来源：Jabareen（2013）；Resilience Alliance（2007）

3. 设计规划管理韧性城市框架

Desouza 等（2013）基于 20 多个案例研究，提出了一个概念化城市韧性的框架——设计规划管理韧性城市框架（a framework of designing，planning，and managing resilient cities，DPMRC），考察了城市的各个组成部分、影响城市的压力源、压力的结果，以及通过网络建设韧性城市的三套干预措施（设计、规划和管理）。首先，城市的组成部分被分为物理领域和社会领域，其中，物理领域强调资源要素及建设过程，社会领域强调居民主体、机构组织及其活动，并分析了两者的相互作用。其次，城市需要应对 4 大压力源的冲击：自然压力、技术压力、经济压力和人为压力。根据压力的差异性，可能会对城市造成不同程度的损害，包括衰退、下降、中断三种主要类型，同时，由于组成成分的行为交互，压力的综合作用结果不仅包括压力源的损害程度，也包括压力作用过程中的抑制/增强因素。最后，基于压力源和结果作用对于韧性的影响下，运用规划、设计与管理三大策略，旨在调动多元利益相关者在构建城市韧性过程中的贡献。DPMRC 明确区分了城市行动主体与其所处的环境基础，进而引入了韧性综合评估与灵活适应管理的创新理念。

4. 城市韧性综合概念框架

Ribeiro 等（2019）尝试提出了一个城市韧性综合概念框架（urban resilience conceptual framework，URCF）（图 1.7）。首先，从复杂系统视角理解城市韧性，认为城市韧性应当包含社会、经济、自然、物理和制度 5 个韧性子系统。其中，社会韧性包括人力资本、社区竞争力等，物理韧性强调基础设施的韧性构成，自然韧性包括生态和环境韧性，经济韧性囊括社会和经济发展水平，制度韧性包括治理和缓解政策等。其次，城市韧性的

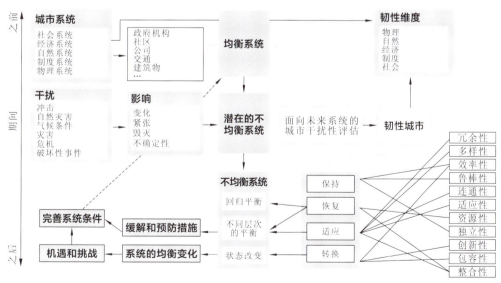

图 1.7　城市韧性综合概念框架

资料来源：Ribeiro 等（2019）

特征包括冗余性、鲁棒性、连通性、独立性、效率性、资源性、多样性、适应性、创新性、包容性和整合性 11 个特征，表现在抵抗、恢复、适应和转化 4 个主要过程阶段中。同时，还纳入了城市韧性面临的扰动（冲击、自然灾害、气候环境、灾难、颠覆性事件等）及其对子系统产生的影响，明确分析核心目标，在于通过评估系统面对未来扰动时的韧性水平，识别在冲击下失衡的子系统的变化过程和抵抗、恢复、适应及转化路径。

1.3.3 社区尺度

1. 沿海社区韧性框架

美国国际开发总署在 2004 年印度洋海啸后高度重视沿海灾害响应，在印度洋海啸预警系统项目基础上提供了一个整合社区发展、灾害管理和海岸管理的沿海社区韧性（coastal community resilience，CCR）框架，旨在通过全面的规划行动计划以促进社区韧性的提升。针对 CCR 框架的评估提出了 8 个维度的韧性要素：①治理；②社会经济；③海岸资源管理；④土地利用及结构性设计；⑤风险知识；⑥警报及疏散；⑦应急响应；⑧灾难恢复。在此基础上，从政策和规划、物质和自然资源、社会和文化、技术和财政 4 方面确定了每个韧性要素的基准期望，作为评估社区韧性的条件状态，从而帮助整合不同利益攸关方在社区发展、沿海和环境管理及灾害管理方面的贡献并确定其优先次序（USIOTWSP，2007）。CCR 框架考虑了从国家和地方两个层面提出了面向多灾害（海啸、地震、暴雨、风暴潮、洪水、山体滑坡等）的韧性实践指南，不仅较早强调要对偶发性灾害风险的应对从被动转为主动，同时也提出了常态化灾害风险的积极响应。同时，通过通用性的计划和实施安排[图 1.8（a）]推进韧性周期过程。然而，CCR 框架对于一般城市的社区韧性构建的适用性仍需进一步区分（李彤玥 等，2014）。

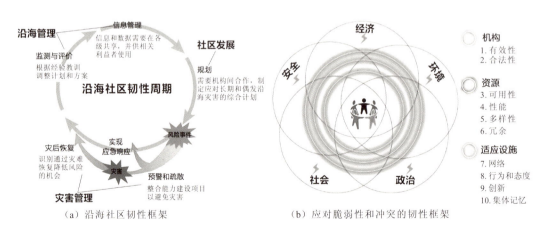

（a）沿海社区韧性框架　　　　　　　（b）应对脆弱性和冲突的韧性框架

图 1.8　社区尺度的典型韧性分析框架

资料来源：Bujones 等（2013）；USIOTWSP（2007）

2. 地方灾害韧性框架

Cutter 等（2008）为改进地方或社区灾害韧性的比较评估过程，提出了地方灾害韧性（the disaster resilience of place，DROP）框架。DROP 框架针对自然灾害构建，对其他突发性事件或慢性自然灾害也具有一定适用性，从短期和长期过程两阶段出发，框架形成的多维度体系涵盖了建成环境、自然系统、社会系统三大核心层面。DROP 框架的分析过程包括以下几方面。首先，先行条件（系统自身的脆弱性和韧性属性）与危险事件特征（如持续时间、频率等）之间相互作用，社区缓解行动和应对反应的存在与否也是先行条件作用的一部分，会减弱或放大直接影响。其次，在先行条件、危险事件及应对反应的综合作用下，短期冲击的直接结果表现为灾害综合影响，若采取积极主动的应对策略来吸纳灾害的冲击力，其负面影响将得以有效缓解乃至消除。同时，迅速有效的应急行动与持续的社会学习机制，均能成为助力社区跨越系统承受阈值、实现恢复与超越的重要力量。最后，在应对灾害的长周期过程中，自适应学习和"经验教训"尤其重要，表现为反复迭代、记忆的周期性影响过程。DROP 框架聚焦灾害风险治理，将灾害韧性视为一个长短期持续的过程，然而存在过度强调单一灾害分析过程，缺乏多重风险扰动对系统韧性的研究过程（赵瑞东 等，2020）。

3. 应对脆弱性和冲突的韧性框架

Bujones 等（2013）为美国国际开发署制订了应对脆弱性和冲突的韧性框架（a framework for analyzing resilience in fragile and conflict-affected situations，FARFCAS），作为分析脆弱和受冲突影响局势的国家或地区的韧性工具，致力于帮助政策制定者、发展从业者和政府确定加强社区抵御自然和人为冲击、压力的方法。该框架从机构因素、资源因素、适应性促进因素 3 个方面及经济、环境、政治、安全和社会 5 个子系统来考察韧性[图 1.8（b）]，冲击是影响社区的突发事件如疾病暴发、洪水、山体滑坡，压力源是破坏稳定和增加脆弱性的长期压力如自然资源退化、城市化、人口变化等。框架采用复杂系统方法分析和评估国家中社区整体的韧性水平，关键要在 3 个方面考察韧性的10 项因素。评估韧性有三个关键步骤：①情境分析；②因素分析；③韧性分析。应对脆弱性和冲突的韧性框架聚焦于制度、资源和适应性促进因素如何通过影响系统冲击引起的正反馈和负反馈循环来促进韧性，体现了韧性分析的动态过程。

4. 联合国开发计划署社区韧性分析框架

2014 年,联合国开发计划署旱地发展中心发起了社区韧性分析（the community-based resilience analysis，CoBRA）框架，旨在应对和消除干旱胁迫，并在非洲地区肯尼亚、乌干达等国家进行了试验（UNDPDDC，2014）。CoBRA 框架从社区和家庭两个角度提出了韧性分析框架，主要有 4 个目标：①确定目标社区韧性能力的优先特征；②评估社区在评估期间及上次危机或灾害期间实现这些特征的完成情况；③确定适灾（disaster-resilient）家庭的特征及策略；④确定在建设当地韧性能力方面评价最高的干预措施或服务。该框架主要采用定性研究的方法，以焦点小组讨论（focus group discussions，FGDs）和关键线人访谈（key informant interviews，KIIs）联合地方政府、居民、利益相关者展开。在根据分析框架实践的过程中，发现影响社区韧性的高度优先考虑的共性特征如教育、水资源、收入、资产、道路、市场等。CoBRA 框架围绕干旱灾害展开韧性分析，通过在地化的访谈和座谈能在较短时间内获取大量的信息；然而该方法极度依赖地方政府、非政府组织和居民的高度配合，仅适用于典型地区的分析，较难作为大规模的韧性分析应用展开。

1.3.4　多尺度联动

由 Nyström 等（2019）提出的全球生产-生态系统韧性耦合框架（the global production ecosystem resilience coupled framework，GPERCF）将人类活动-生态环境系统与韧性研究联系起来（图 1.9），从全球生物圈和人类生产活动交互的视角剖析社会-生态系统之间的互馈过程和韧性机制，认为人类生产-生态环境系统面临着新的、普遍存在的风险，其韧性过程是通过连接性、动力机制、相互反馈 3 个关键的特征来反映系统结构，由于人类生产活动以及跨区域、部门的联系进一步强化了系统的关联性，同时提出了系统的结构、功能随时间变化的演化关系。该框架显著强调了系统可持续性以实现内在驱动机制、系统所能承受与恢复的关键阈值、系统内复杂的多重反馈循环过程，以及跨越多个空间与时间尺度的特征，能够为社会-生态系统耦合视角下的城市韧性框架研究提供参考借鉴。

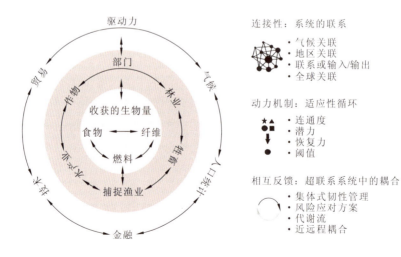

图 1.9　全球生产-生态系统韧性耦合框架

资料来源：Nyström 等（2019）

1.3.5　研究述评

根据城市多尺度韧性的分析框架来看，其差异和趋同体现在对韧性内涵的界定、对韧性主体（resilience of who）的明确、对韧性对象（resilience to what）的应对、对韧性领域的选择几个方面（表 1.7）。尽管城市韧性的相关研究在近二十年来呈指数式增长，关于城市韧性内涵仍存在相当的差异甚至冲突。目前，将城市韧性归纳成三种主要内涵：作为系统能力属性、作为发展过程、作为目标结果——已逐渐形成共识（Moser et al.，2019；彭翀 等，2017）。在列出的框架中，韧性概念界定的关键在于对韧性内涵的理解。各个尺度上呈现出的趋同点之一是多数分析框架将城市韧性理解为系统能力属性，如 RATA 中提出的韧性定义"面对未知的变化或干扰，系统维持高级别目标（如可持续性、农村生计、生态系统服务）的能力"。作为发展过程的城市韧性强调韧性行动和干预，通过构建可转化的韧性实践方式，以规划、设计、治理等措施手段推进韧性过程，如 CCR 在韧性规划过程中提出通过监测评价、信息管理、规划、应急响应实施、灾后恢复等过程实现沿海韧性周期；URCF 强调城市治理及城市预防过程。而作为目标结果的城市韧性通常处于一个相对模糊的概念，往往与"可持续"等概念类似或表征为"脆弱性"的相关术语（如MRF）。多数情况下，多种韧性内涵在不同框架中实际上是共存的。部分框架开始强调韧性的时空特征，如 CMRS 将韧性视为时间和空间位置的函数，GPERCF 强调系统的结构、功能随时间变化的演化关系，URRIRA 则通过治理网络和代谢流两个维度涵盖了城市韧性的动态性质。同时，部分框架（如 RATA、URRIRA）将韧性理论中的"一般韧性"和"特定韧性"纳入，强调了城市系统所有组分应对综合性冲击的能力（一般韧性）与城市特定系统组分应对已识别的特定干扰的能力（特定韧性）的差异性。

分析框架构建的另一个重点是韧性对象的界定，韧性对象强调"对什么的韧性"，对韧性对象的界定决定了分析框架的"一般性"和"特殊性"，对比的框架中体现出两方面差异。其一，部分框架按照扰动类型分为短期性冲击（shocks）或长期性压力（stresses），尽管一些框架强调城市韧性应当包含冲击和压力两部分（如 FARFCAS，CRF），较多框架仍强调将城市韧性与冲击联系为主。其二，部分框架的韧性对象按照扰动的维度展开，包括围绕社会经济政治类扰动（如 URRIRA）、自然灾害类扰动（如CMRS、RCPF）、气候变化扰动等单一性扰动为主的框架，也有分析框架（如 DPMRC、URCF）中系统强调了综合性扰动风险（自然、技术、经济和人为压力）的影响。韧性主体强调"是谁的韧性"，一般情况下分析框架的不同尺度即代表了韧性主体本身。从不同尺度来看，多尺度联动、宏观和中观视角下多强调应对复合型扰动及气候变化，微观视角则多以灾害扰动（尤其是自然灾害）为重点韧性对象。宏观尺度下，CMRS、MRF分别以特大城市社区、居民和机构为韧性主体以评估特大城市整体韧性水平；RATA 则强调了农业生态系统、国家或次国家等多个韧性主体。中观尺度下，大部分框架以城市系统作为韧性主体，部分框架则拓展至社区单元（RCPF），并强调了城市行动主体的作用。微观尺度下，社区是主要的韧性主体，部分框架则拓展至家庭尺度（如 CoBRA）。

表 1.7　城市多尺度韧性分析框架比较

尺度	韧性内涵	韧性对象	韧性主体	韧性领域
(特)大城市	系统能力属性（CMRS, RATA, MRF）； 发展过程（CMRS）； 一般韧性和特定韧性（RATA）	沿海自然灾害类（CMRS）； 社会公平、气候变化、环境污染、自然灾害和粮食不安全等综合扰动（MRF, RCI, RATA）	特大城市社区（CMRS）； 居民和机构（MRF）； 都市区系统（RCI）； 农业生态系统或者国家、区域尺度（RATA）	行政和制度治理（MRF, CMRS, RATA）； 自然（MRF）； 社会经济（CMRS, RCI）； 社区连通性（RCI）
城市	系统能力属性（URRIRA, URCF, DPMRC）； 发展过程（RCPF）； 目标结果（RCPF）； 多内涵综合（RCPF）； 社会生态韧性范式（DPMRC）	自然、技术、经济和人为压力等综合扰动（DPMRC, URCF）； 社会经济治政类（URRIRA）； 自然灾害类（RCPF）	城市系统（URRIRA, RCPF, DPMRC, URCF）； 社区单元（RCPF）	治理网络/制度/知识（URRIRA, RCPF, DPMRC）； 代谢流（URRIRA）； 建成环境（URRIRA, DPMRC）； 社会（URRIRA, DPMRC, URCF）； 生态/自然（URCF）； 基础设施物理（URRIRA）； 规划设计（DPMRC）； 经济（URCF）
社区	系统能力属性（CCR, DROP, FARFCAS）； 发展过程（CCR, DROP）； 目标结果（CoBRA）	极端自然灾害类（CCR, DROP）； 干旱（CoBRA）； 短期冲击和长期压力源（FARFCAS）	社区（CCR, DROP, FARFCAS, CoBRA）； 家庭（CoBRA）	政策/规划/政府服务/政治（CCR, DROP, CoBRA）； 生态系统服务/自然（CCR, FARFCAS, CoBRA）； 建成环境/物质（DROP, FARFCAS）； 社会/文化（CCR, DROP, FARFCAS）； 技术/财政（CCR）； 人口（CoBRA）； 安全（FARFCAS）
多尺度	系统能力属性、社会生态范式（GPERCF）	全球普遍性风险（GPERCF）	全球生产-生态系统（GPERCF）	生产及生态（GPERCF）

韧性领域代表了城市韧性的主要构成维度，各分析框架涉及治理或管治、自然或生态、经济、社会或文化资本、基础设施或物理要素、规划设计、社区连通性、人口、安全、技术或财政、建成环境、代谢流 12 个维度。其中，治理或管治维度是最主要维度之一，几乎所有框架均从各个视角强调了行政制度要素、政治、政府服务等对城市韧性的重要性。经济、社会、自然、基础设施等 4 个维度是作为复杂系统视角下城市韧性分析框架的主要维度（如 CMRS、DPMRC、CCR、FARFCAS）。宏观尺度下，行政和制度/治理是最主要的韧性领域，如 MRF 强调特大城市韧性治理的关键在于正式和非正式制度之间的相互作用。RCI 将社区连通性纳入主要的指数评价维度，强调选民参与、基础设施、都市区稳定等因素的作用。中观尺度下，以经济、社会、自然、基础设施等韧性领域构成城市子系统，部分框架进一步强调设计、规划、管理（如 DPMRC）及流动性要素（如 URRIRA）的作用。微观尺度下，社区层面的资产性要素、文化、财政等则被进一步关注（如 CCR、DROP、FARFCAS）。多尺度联动视角下，广义的生产-生态领域成为主要的韧性领域。

从共同点来看，无论是宏观、中观、微观还是多尺度，区域/城市/社区作为复杂系统（系统的系统）的观点基本形成共识，对韧性领域的关注呈现出较高的趋同性；不同尺度上的韧性内涵差异则显著存在，也表现出韧性主体多元化。而就韧性对象而言，随着风险的复杂性和级联效应不断加剧，探索应对多风险复合的韧性分析框架逐渐开始成为重点。从差异性来看，城市尺度和社区尺度的分析框架已经历大量探索并在理论拓展和实践应用的过程中日渐成熟。与之相比，宏观尺度韧性框架仍处于探索阶段，韧性内涵、韧性主体界定尚不清晰。近年来，超大特大城市或都市圈逐渐成为新型城镇化发展的重要空间单元，对宏观尺度的城市韧性，尤其对超大特大城市韧性的关注与日俱增（孟海星 等，2021；Aerts et al.，2014）。同时，尽管跨尺度反馈作为早期韧性理论中的重要内容之一，但尺度互馈及关联过程对城市韧性影响机制的研究仍不清晰，目前几乎没有形成相对成熟的跨尺度城市韧性分析框架。总体来说，对比不同的城市韧性分析框架有助于发现不同尺度框架研究中的韧性关键问题，明确当前及未来城市韧性研究分析的机遇和挑战，为探索提出适合我国韧性城市建设的理论及实践框架提供借鉴。

第 2 章　应对多风险耦合的城市韧性理论框架

　　近年来，城市空间面临的不确定性风险显著上升，城市系统频繁遭遇前所未有的危机考验。诸如 2021 年 "7·20" 郑州特大暴雨、2023 年涿州暴雨及 2024 年南方洪水一系列极端事件，造成了社会经济的严重损失。深入研究韧性理论要点，开展城市韧性规划，对于减轻灾难后果、保障居民生命安全和维护社会稳定具有重要的意义。本章基于团队近期的研究成果（彭翀 等，2024），构建一个应对多风险耦合的城市韧性理论框架（图 2.1）。首先，介绍城市空间多风险耦合的理论背景；其次，归纳应对多风险耦合的城市韧性理论要点；最后，提出应对多风险的城市韧性规划路径，以期为提升城市韧性规划实践提供指导。

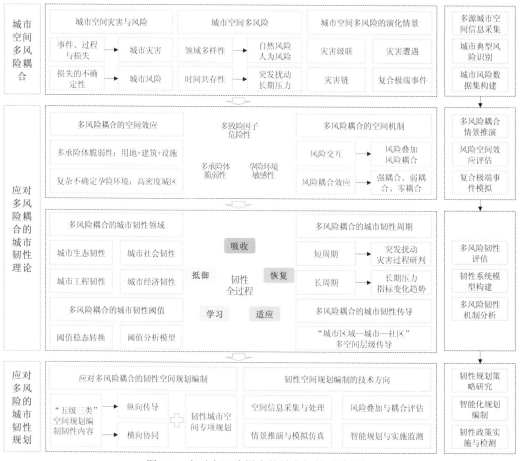

图 2.1　应对多风险耦合的城市韧性理论框架

2.1　城市空间多风险耦合的理论背景

2.1.1　风险 3.0 阶段的韧性挑战

1. 城市空间韧性建设的主要风险挑战

中国式现代化推进带来了城市空间发展的新挑战新机遇。伴随城镇化进程高速发展，城市内部人口、设施与资本集中的现象日益显著（穆光宗 等，2023），彰显了"人口规模巨大"的现代化特征；与此同时，城市化使我国城市暴露于日益增长的风险不确定性之中，韧性建设矛盾逐渐突出（明晓东 等，2013），需构建"人与自然和谐共生"的现代化。城市风险与快速城镇化相互交织，孕育了一个多风险耦合频发的环境，对中国式现代化进程中的风险管理提出了更高要求。党的二十大报告指出"加快转变超大特大城市发展方式，实施城市更新行动，加强城市基础设施建设，打造宜居、韧性、智慧城市"，《"十四五"国家综合防灾减灾规划》提出"强化全灾种全链条防范应对，聚焦多灾种和灾害链"，《"十四五"新型城镇化实施方案》提出"加强超大特大城市治理中的风险防控，健全灾害监测体系"，《国家适应气候变化战略 2035》指出"强化防范化解重大风险，提升多灾种、灾害链风险综合监测评估预警能力"等。可见，构筑能够抵御多元风险的韧性城市空间，已成为城市规划助力中国式现代化的重要课题。

当前，复杂城市空间体系在风险防范与城市的开发扩张之间存在矛盾，各种突发及长期累积的城市风险加剧了空间发展的不平衡与脆弱性。面对错综复杂的多风险挑战，增强城市韧性是确保城市安全与可持续发展的基石。长期以来，我国城市空间韧性建设的主要风险挑战可归纳为以下两个方面。

（1）多灾害风险及其耦合效应的升级。当代城市环境的多种灾害及其相互作用显著加剧，气候变化、经济波动、人口激增、疫情蔓延等不确定性因素相互叠加耦合，城市风险格局日益复杂（何继新 等，2022）。城市自然灾害与人为灾害频发，致灾因子间的联动与耦合作用加强，多数国家和地区面临的跨域性复合风险效应加剧（杨海峰 等，2021）。一方面，城市频繁遭受自然灾害侵袭。近年来，长期性的气候变化对全球的影响正越来越显著；我国郑州、涿州多地发生特大暴雨-洪涝复合灾害，导致重大损失。另一方面，经济社会风险愈加严峻。世界社会局势动荡，地方冲突与战争灾害造成严重伤亡；非洲约 5 500 万人受 COVID-19 公共卫生事件影响而陷入极端贫困，加剧了全球经济与社会的脆弱性。风险因子相互关联、共同作用，可能将单一事件催化成系统性循环危机，对城市系统构成前所未有的威胁。

（2）人口与空间集中带来持续高压。我国新型城镇化进入成熟期，城市人口和空间要素持续集聚，极易促成风险高发的孕灾环境。城市发展呈现出两个新态势，在城市区域尺度，以超大、特大城市为核心的城市群、都市圈地区呈现人口加速集聚的趋势；在城市内部尺度，城市空间系统的用地、设施等各个要素呈现出高密集聚的趋势（吴九兴等，2023）。城市区域，尤其是超大特大城市的高密度中心城区，作为城市多要素集聚的地域，正经历空间持续高密度化的过程，仍将继续面临有限空间内多要素"膨胀式"集聚的过程。这种"膨胀式"集聚不仅限于人口，还包括各种城市功能元素，从而促进多承灾体的集聚与风险高发的孕灾环境的生成，随之而来的是城市面临多重风险不确定性增加。

2. 城市风险发展的"三阶段"论

我国城市发展伴随多重风险挑战，不同阶段的风险研究重点有所差异，城市风险应对的演变过程，也是我国城市规划理念与实践不断成熟与深化的过程。根据我国不同时期应对风险的不同侧重点，可将城市韧性发展分为三阶段。

1）风险 1.0 阶段：可持续风险的长期压力应对

"灰犀牛"用以隐喻那些明显且高概率的风险，却因为种种原因被忽视或低估。长期以来，我国城市韧性建设主要聚焦于缓慢显现、可预测性较高的长期压力。城市风险"灰犀牛"往往源自城市化的无序扩张，典型如生态环境的退化、自然资源的过度开采、城市热岛效应加剧、土地利用及植被变化等。这一阶段城市韧性面临的主要挑战是可持续风险，也就是如何应对城市内部的长期压力，其韧性策略多倾向于通过生态修复、绿色基础设施建设等措施，来缓解和适应渐进式的环境变化，为城市构建起韧性屏障。风险1.0 阶段，韧性主要体现在城市风险"灾前"预防的"抵御"能力。

2）风险 2.0 阶段：应对极端与突发风险的升级

"黑天鹅"用以隐喻难以预测的突发事件，往往带来极大的影响，近年来"黑天鹅"在风险管理中的应用被广泛讨论。随着城市化的不断推进，城市越来越多地面临突发且不可预见的"黑天鹅"事件，如极端天气、地质灾害等自然灾害，以及城市火灾、危化品事故等人为灾害。在风险 2.0 阶段，城市韧性的核心在于应对突发风险，强调构建快速响应与高效恢复的能力。通过制定和优化应急预案、提升灾害预警系统及加强基础设施的抗灾设计，以减少突发事件带来的冲击。风险 2.0 阶段侧重于减少灾难造成的即时伤害，快速恢复城市功能，韧性主要体现在城市风险"灾前"预防和"灾中"应对的"抵御—吸收—恢复"过程能力。

3）风险 3.0 阶段：常态化的耦合风险治理

当前，我国城市的韧性发展已逐步进入以应对常态化风险为特征的风险 3.0 阶段。这一阶段，由于城市系统的复杂性，城市不仅要应对前两阶段的"灰犀牛"和"黑天鹅"，更要面对两者交织形成的风险耦合现象。尤其是在"后疫情"时代，自然与人为灾害相互作用，长期性风险与突发性风险并存，关联紧密，城市风险呈现出高频次、多类型、高复杂度的特征。从时间频率上看，本阶段主要特征为多风险的灾害频率常态化，城市内部长期压力与突发风险的并存与耦合而形成复合风险；从空间类型上看，体现在多风险的灾害类型耦合化，具备高强度、高频率、高复杂度的特点（图 2.2）。面对风险 3.0 阶段，城市韧性需要充分体现多风险"灾前—灾中—灾后"应对的"抵御—吸收—恢复—适应—学习"全过程能力。

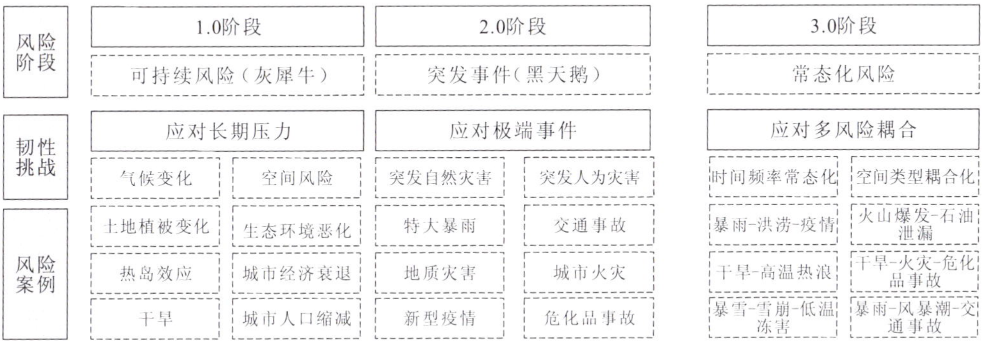

风险阶段	1.0阶段		2.0阶段		3.0阶段	
	可持续风险（灰犀牛）		突发事件（黑天鹅）		常态化风险	
韧性挑战	应对长期压力		应对极端事件		应对多风险耦合	
风险案例	气候变化	空间风险	突发自然灾害	突发人为灾害	时间频率常态化	空间类型耦合化
	土地植被变化	生态环境恶化	特大暴雨	交通事故	暴雨-洪涝-疫情	火山爆发-石油泄漏
	热岛效应	城市经济衰退	地质灾害	城市火灾	干旱-高温热浪	干旱-火灾-危化品事故
	干旱	城市人口缩减	新型疫情	危化品事故	暴雪-雪崩-低温冻害	暴雨-风暴潮-交通事故

图 2.2　城市风险"三阶段"及其韧性挑战

资料来源：彭翀等（2024）

因此，在风险耦合加剧、城市要素集聚的背景下，面向多风险的未来城市韧性发展，风险 3.0 阶段的城市规划必须超越单一风险的应对，转向综合性、系统性的风险规划与管理。在深刻理解城市风险演变规律基础上，城市规划需要具备前瞻性视野，提出综合策略，优化城市风险系统，以确保在面对未来极端风险挑战时能够保持城市韧性的持续演化与发展。

2.1.2　多风险的概念及其特征

1. 风险与灾害的概念

学术界对于"风险"与"灾害"的界定尚未达成普遍共识。通过对城市灾害与风险概念的剖析，灾害的核心概念可描述为"事件的发生、过程的演变及所带来的损失"；而风险的核心在于"损失的不可确定性"。

"灾害（hazard）"是城市空间遭受特定因素触发的结果，强调破坏的城市物理环境，同时包含对城市系统功能、社会结构、经济活动等多方面的影响或损害。在此基础上，城市灾害可以理解为一定时间和空间范畴的城市损失。因此，灾害的概念既包含自然属性，如地震、洪水等自然现象引起的直接损害；又蕴含社会属性，体现在人类活动、政策法规、社会结构等因素如何影响灾害的形成、发展及后果。灾害的核心要素是"事件—过程—损失"的统一，即灾害事件的发生、灾害及其衍生事件动态演变过程及最终导致的各种物质层面的损失和非物质层面的影响。

相较于灾害的实体性与后果导向，"风险（risk）"强调潜在的、未发生的损失可能性。城市风险是城市空间复杂巨系统之间存在复杂的耦合关联，具有产生灾害的可能概率（李永祥，2011）。风险的概念核心是"不确定性"，它衡量的是未来可能发生的负面事件的概率及其可能带来的损失程度，既包括对事件本身是否发生的不确定，也涵盖了事件一旦发生，其实际影响范围与程度的不确定（倪长健 等，2012）。风险具备不确定性本质，要求风险评估涉及对定性因素的考量，例如风险的事件链结构、典型的致险因子等，同时也要涉及定量分析的过程，包括风险发生的概率、风险造成的空间效应、风险下城市韧性的阈值等。

对比"风险"与"灾害"两者概念上的关联与区别，认为灾害是风险发生后产生的损失，是风险转化为现实后果的具体体现，而风险则是对潜在灾害可能性的一种表现。换句话说，风险描述了城市在特定条件下遭遇灾害的可能性及潜在影响的范围，是灾害的前置条件。因此，将风险理解为灾害损失的概率（周姝天 等，2020），能够为城市规划提供一种实用的思考框架，要求城市规划不仅要在灾害发生后迅速响应，更重要的是在平时识别和监控各类潜在风险源，评估潜在风险，制定相应的减缓措施和应急预案，强调在灾害未发生前，通过量化风险来指导预防措施的制定和资源的分配。

2. 多风险的概念特征

学者在深入研究城市风险的过程中，逐渐意识到在特定地理区域和特定时间段内，城市可能同时面临多种类型灾害的叠加或耦合影响（史培军，2009），即"城市多风险"。城市多风险的概念在原先灾害、风险概念的基础上，扩展了传统风险评估的边界，主要强调在复杂城市系统中，不同来源的风险如何相互作用于多个易损的城市空间要素，共同构成一个动态且复杂的威胁矩阵（Gallina et al.，2016；Carpignano et al.，2009），见表2.1。

表2.1　多风险相关概念及内涵

概念	定义	来源
灾害（hazard）	对城市经济、基础设施、居民生活、社会服务和生态环境造成损害的物理现象	Gallina 等（2016）
风险（risk）	灾害事件对城市空间的潜在后果的量化表达，可以用概率或半定量的术语来表示	Gallina 等（2016）
多灾种（multi-hazard）	威胁同一暴露元素的、因子间具有不同相互作用的危险事件，同一空间相关的灾害、同一时间或短暂跟随的灾害	Saarinen（1973） Carpignano 等（2009） Marzocchi 等（2012） Komendantova 等（2014） Terzi 等（2019）
多灾种风险（multi-hazard risk）	由多重致险因子产生的风险，通常未考虑脆弱性水平相关关系	Kappes 等（2012） Ward 等（2022）
多风险（multi-risk）	由具有时空重合性的、独立或依存的多重致险因子和多个易损要素产生的风险，一种风险导致另一风险的概率、频率和幅度改变，通常考虑脆弱性水平相关关系	Carpignano 等（2009） Kappes 等（2012） Marzocchi 等（2012） de Ruiter 等（2020） Ward 等（2022）

资料来源：彭翀等（2024）。

从领域多样性角度来看，城市多风险特征主要体现在风险类型的多维度交互。城市多风险类别广泛，每一种都可能成为城市稳定与安全的潜在威胁，其中，自然风险，例如暴雨、洪涝、地震、地质灾害，直接考验城市设施的抗灾应对能力；技术风险，例如工业事故、核泄漏、化学污染，反映了城市工业化进程中安全管理的漏洞；经济风险，例如金融危机、市场波动、产业结构失衡，可能引起就业问题、资源短缺和社会不满情绪；社会风险，如公共健康危机、社会冲突、犯罪率上升，直接关系到居民的福祉与社会稳定；政治风险，例如地方冲突、政策变动、国际关系紧张，影响城市的投资环境和国际地位。多风险类型并非孤立存在而往往相互作用，一个领域的风险爆发可能触发或加剧另一个领域的风险，形成连锁反应。

　　从时间共存性角度来看，城市多风险展现出长期压力与短期扰动共存的特点（Pendall et al.，2010）。长期压力主要涉及缓慢积累、影响深远的风险因素，例如环境污染、资源枯竭、人口老龄化等，虽然长期压力的致灾因子发展相对缓慢，但其影响范围广泛、解决难度大，能够对城市可持续发展构成持久威胁。相比之下，城市所面临的突发扰动能够在较短时间内突然爆发，瞬间造成较大的城市损失。两种时间尺度的风险相互交织，长期压力可能为突发扰动创造条件，而突发扰动又可能加剧长期压力，形成一种恶性循环。

2.1.3　多风险的耦合情景类型

1. 多风险的耦合多情景

　　城市灾害的动态演化特性揭示了风险环境的复杂性与多变性，特别是在全球化和城市化加速的风险新阶段，城市系统内部及城市系统与外部环境之间的相互作用更为密切，多风险耦合效应成为研究的焦点。多风险耦合体现在自然灾害与人为活动之间的相互触发和放大关系，能够造成风险的演化，进一步影响城市对灾害的响应和恢复能力。例如，城市 Natech 灾害，即自然灾害引发的技术灾难，极易造成二次灾害、产生连锁反应，风险间具有极强的关联性，加大了风险管理和应对的难度。

　　情景（scenarios）是对未来可能发生的一系列事件、状态或条件的设想或模拟。在一个多风险情景中，特定的时间和空间范围内的多个风险要素存在相互作用的关系，这些风险要素也被称为情景要素。近十年来，对灾害间相互关系的研究逐渐深入，灾害间的相互作用情景成为研究的重要方向，其中灾害链分析成为理解多风险耦合效应的重要途径。我国城市典型的多重风险链式反应包括"台风—暴雨—渍涝/洪水""地震—滑坡/泥石流""高温—干旱—土地退化/病虫害""寒潮—雪灾/生物冻害"等，学者通过对城市典型灾害链的研究，揭示了灾害间的非线性演化过程、时空特征及影响因素（何锦屏 等，2021；毛华松 等，2019；卢颖 等，2015a）。

　　灾害级联和灾害遭遇的概念进一步丰富了对城市多风险互动的认识。灾害级联强调了因果关系明确的风险事件序列，说明了一次灾害可以作为触发点，激活或加剧其他风险，形成一连串的负面效应，是对因果风险强连接关系的一种阐释（Zhang et al.，2015）。

而灾害遭遇则指向在特定时间内或空间内，多种无直接因果联系的灾害同时或相继发生，它们虽各自独立，但其叠加效应却远远超过单一灾害的总和，造成比单个极端灾害更大的灾害现象（孔锋，2024），充分体现了并发灾害现象的极端性和复杂性。

2. 多风险相互作用模式

学者深入研究了城市灾害复杂性背后的多种相互作用模式，如灾害链（disaster chain）、灾害遭遇（disaster compound）、灾害的级联效应（cascading effect）、诱发效应（triggering effect）及多米诺效应（domino effect）等。这些现象本质上是多风险耦合的具体体现，揭示了各类风险之间的内在关联及其动态交互机制。一次灾害事件可能触发后续一连串的风险暴发，形成连锁反应，因此，风险管理不能再孤立地看待单一风险，而应全面考虑风险间的相互作用与影响（魏玖长，2019；Pescaroli 等，2018；史培军 等，2014）。魏玖长（2019）则进一步指出，从耦合情景的灾害类型上看，尽管现有的研究大多聚焦于自然灾害之间的耦合，如地震引发的山体滑坡或洪水，但人为灾害以及自然与人为灾害之间的耦合、环境类风险和社会类风险的耦合关联度较高，成为未来研究的重点方向。

在城市复杂巨系统中，自然与人为因素交织，使得灾害风险的规划与管理更为复杂。我国快速的城市化进程虽然促进了经济发展，但也使得城市系统更加脆弱，对各类灾害的敏感性显著增加（付娉娉 等，2014；刘樑 等，2013）。随着城市人口密度的增加、基础设施的密集布局及经济活动的集中，一旦发生灾害，其影响范围和损失程度将远超以往，尤其是自然风险与社会风险相互耦合，可能导致风险显著的放大效应，加剧城市脆弱性，影响城市安全和社会稳定。因此，从跨学科视角理解多灾害耦合的必要性日益凸显，尤其自然与人为灾害导致的灾损风险不容忽视。

3. 复合极端事件

"复合极端事件"这一概念在多风险研究领域内日益受到重视，揭示了即使单个风险因子看似温和，但在特定条件下，因素通过相互作用和反馈机制，可以协同产生超出预期的极端影响，是多风险耦合的一种特殊情景。由于多风险之间的内在耦合，复合极端事件的空间效应通常会超过单个极端事件的简单叠加，可能导致更大的空间威胁（Hao，2022；Zscheischler et al.，2020；Zscheischler et al.，2018）。这种"1+1 远大于 2"的效应，挑战了传统风险评估中简单线性叠加的假设，要求从系统论的角度重新审视和理解灾害风险的生成机制。复合极端事件不仅体现在灾害强度的增加上，还表现为多个（极端）灾害事件同时发生或相继发生，致使其影响范围扩大、持续时间延长及恢复难度增加，进一步对城市生命线系统带来严重冲击，可能导致系统性崩溃或长时间功能障碍。

近年来，复合极端事件的相关研究成为多风险研究的重点领域，学界重点关注几个关键方面。其一，整合跨学科知识，识别并量化不同风险因子之间的相互作用机制，展开复杂的统计分析、模拟实验。其二，开发能够模拟复合极端事件发生概率和空间效应的复合模型，捕捉风险因子间复杂关系，探索城市空间结构、社会经济状况等因素对城市风险传播和空间承受能力的影响机制。其三，探索适应性的韧性增强策略，明确如何在城市规划和管理中融入复合极端事件要素，以通过多元化、多层次的防御措施来减轻其潜在影响。

2.2　应对多风险耦合的城市韧性理论要点

目前，城市韧性经历了概念演进、测度评估、实践探索的演进过程（见本书第 1 章），对城市复杂系统适应能力的认识进一步深化。在城市规划领域，韧性不再仅仅是一种被动的抵御或恢复策略，而是一种主动的、前瞻性的城市发展战略。增强城市系统的灵活性、多样性及可变性，使其能在遭受各种风险挑战时，不仅能够快速恢复，还能在恢复过程中学习、成长，甚至将城市危机转变为转型的契机。城市韧性发展风险 3.0 阶段面临的"持续适应"常态化风险，要求城市在面对如气候变化、自然灾害、公共卫生危机等长期压力和突发扰动时，能够展现出持续的适应性和进化能力。这些风险持续影响城市内部包括用地、建筑与设施子系统的多种承灾体，表明城市不仅要拥有强大的恢复力，还需具备预测风险、主动调整和创新的能力，确保城市关键功能和服务在各种挑战面前保持连续和稳定。

从跨学科的分析视角，结合城市规划学、灾害学、经济学、生态学等领域的知识，以期较为全面地理解风险的性质、城市系统的脆弱性和韧性潜力。通过构建多风险耦合的空间效应与机制、韧性领域与交互、周期与阈值、层级与传导的理论框架，可以更好地应对多风险耦合带来的挑战。

2.2.1　多风险耦合的韧性特征

区别于传统的防灾减灾策略，城市韧性理论更加注重风险的全生命周期管理，强调在"灾前—灾中—灾后"的各个阶段采取综合措施，以"抵御—吸收—恢复—适应—学习"的全过程能力为基础，全面提升城市系统对多风险的应对能力（彭翀 等，2017）。因此，韧性建设不仅要求减轻灾害发生时的即时损失，还要求城市在风险来临前有预见性的预防和减轻策略；灾害发生时能有效吸收冲击，保持基本运作；灾后则快速恢复，同时根据经历学习和适应，增强对将来类似事件的抵抗能力。在此背景下，城市韧性展现出了复杂而多维的特征，可以从城市多风险的三个核心系统，即致灾因子系统、孕灾环境系统和承灾体系统的相互作用中得到体现。图 2.3 展示的概念模型阐释了三个系统共同作用于城市韧性的方式。

致灾因子系统关注各风险因子的危险性，强调风险之间的相互作用，风险因子的耦合作用与风险灾害的连锁反应可能放大灾害的破坏性，风险产生的不确定性及突发性也可能给城市空间造成更大的损害。孕灾环境系统关注城市自身对风险的敏感性，例如城市的用地空间布局、基础设施配置及社会经济结构等。降低孕灾环境系统的敏感性，城

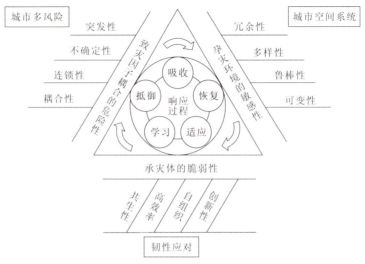

图 2.3   多风险耦合的城市韧性特征

资料来源：彭翀等（2024）

市需要发展并加强冗余性（确保关键功能的备份）、多样性（促进经济和社会结构的多元化）、鲁棒性（减少对单一系统的依赖）及可变性（允许灵活调整以适应变化）的特征。承灾体系统关注城市居民、社区和经济活动对灾害的直接反应，强调在脆弱性基础上的恢复力构建，其中，共生性强调城市各组成部分之间的相互依存与合作；高效率要求快速有效的响应机制；自组织能力强调城市、社区和个体在无外部指令下自我组织恢复的能力；创新性鼓励通过技术创新、政策创新和社会创新来提升韧性水平。

多风险耦合的韧性特征表明，多风险耦合下的城市韧性不仅是一种抵抗和恢复的能力，更是一种通过不断学习和适应，整合内外部资源，优化城市系统结构与功能，以实现可持续发展的动态过程。这种全面的韧性视角要求城市管理者、规划者和居民共同参与，通过跨学科合作、政策引导和社会动员，构建能够抵御未来多变风险挑战的韧性城市。

2.2.2 多风险耦合的空间机制

1. 风险叠加与风险耦合

多种致灾因子在城市空间中的相互作用对城市风险管理提出了挑战，风险可能通过叠加、耦合等不同的复合空间机制产生复杂影响。具备多样性的各种自然因素与人为因素，作用于城市空间本身的复杂环境，如高度集中的建筑群、错综复杂的基础设施网络和密集的人口分布，共同促成了风险的叠加与耦合现象。相对而言，风险叠加更为直观，主要适用于风险间无明显相互作用或测度时可以忽略多种灾害过程之间的关联性的情况。过往的灾害研究主要集中在风险叠加视角下，重点在于独立评估每种灾害的风险，并计算其累加效应，制定相应的防范措施。近年来，城市规划领域对多风险叠加的研究取得了显著进展，尤其是在风险识别、定量评估和空间规划方面，为城市提供了抵御多重灾害叠加冲击的基础框架。

风险耦合在灾害事件的并发累加的基础上，强调事件之间的内在联系和相互作用。风险耦合可以看作是城市系统内部元素相互依赖关系的直接反映，其中致灾因子的危险性、孕灾环境的敏感性及承灾体的脆弱性共同作用，形成了一个动态的风险链条或网络。灾害事件之间的相互影响不可忽视，可能通过直接的因果关系形成灾害链，或是间接地通过资源竞争、社会经济影响等路径相互作用于同一承灾体，加剧灾害影响。灾害链中不同风险的产生和影响范围的差异，进一步说明了风险耦合的复杂性。尽管多种灾害在时间或空间上可能存在一定的关联，但这种关联并非完全同步或重叠，也即多风险耦合虽然具有时空关联性，但并不一定在时间和空间上是完全重合的（史培军 等，2014），这为风险规划和管理带来了额外的复杂度。

2. 风险耦合的内在机理

从灾害系统的视角看，风险的耦合是一个多维度、多层次的复杂现象，涉及风险形成要素之间的相互作用，也涵盖了风险在时间序列上动态演变过程中的相互影响（孔锋，2024）。风险形成要素的耦合主要指自然灾害因素（如地震、洪水）、人为活动因素（如环境污染、城市过度开发）等不同来源的风险因子如何在特定的孕灾环境中相互作用，共同促进或抑制灾害的发生。因此，不同系统的风险因子耦合作用可能造成潜在灾损的提升、降低或抵消等不同效应（薛晔 等，2013），即产生强耦合、弱耦合和零耦合的作用（陈伟珂 等，2017）。例如，城市化进程中的土地过度开发可能会导致自然排水系统受损，进而增加洪水灾害的风险，促进风险因子的强耦合作用；相反，合理的城市规划，预留足够的绿色空间作为雨水缓冲区，则可能减少洪水风险，体现了弱耦合作用。风险演化的过程实质上是风险随时间发展的动态变化，耦合体现在不同风险事件或阶段之间的相互触发和影响。例如，一次地震可能直接导致建筑物倒塌，形成初始灾害；而随后可能因建筑废墟堵塞道路，阻碍救援行动，间接增加了人员伤亡和经济损失，这一系列连续的灾害事件便通过风险的耦合造成了风险的演化。

部分学者通过构建理论模型，如力的作用模型和风险矩阵（risk matrix，RM）模型（图 2.4），为风险耦合的分析提供了示意。前者借鉴物理学概念，将不同风险因子视为作用于系统的力，通过力的大小、方向，形象地描述风险间的相互促进或抑制作用；后者通过矩阵的形式，直观展现不同风险因子组合下潜在损失的程度和可能性，能够帮助决策者识别风险优先级，制定针对性的管理策略。

简而言之，风险耦合的内在机理，实质上是风险多因素、多维度交互作用的结果，多种致险因子、孕险环境和承险体组成的复杂系统在时间和空间上相互交织，共同驱动了灾害系统的动态演化（魏玖长，2019；Acemoglu et al.，2015）。城市作为一个典型的复杂系统，其内部的物质流、能量流和信息流在遭受外部风险冲击时，会通过各种耦合机制产生反馈，有时放大灾害效应，有时则通过韧性机制减轻损害。

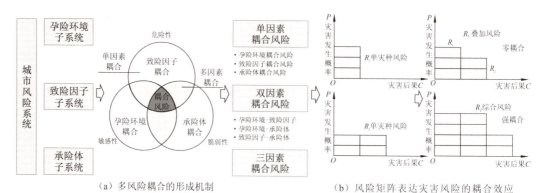

（a）多风险耦合的形成机制　　　　（b）风险矩阵表达灾害风险的耦合效应

图 2.4　城市耦合风险的内部作用

资料来源：彭翀等（2024）

2.2.3　多风险耦合的空间效应

1. "用地-建筑-设施"的空间子系统

城市承险体系统作为城市风险分析的重要组成部分，其构成的复杂性直接关联着城市整体的韧性安全。从城市规划的视角，城市承险体系统可以通过不同的空间子系统构成，主要可分为用地、建筑、设施三大空间子系统，其承载不同的城市功能，面临的风险挑战也不尽相同。用地、建筑、设施子系统直接构成了城市物理结构的基础，直接影响城市功能、风险承受能力及灾后恢复能力。其中，用地系统涉及土地利用规划和管理，是各项城市活动的空间载体，直接决定了人口分布、经济活动布局及城市生态环境的相互作用。用地系统作为各项城市活动的基础，其脆弱性主要体现在土地利用的合理性与适应性方面。不当的土地利用，如在易洪泛区域建设居住区或工业区，会显著增加涝渍风险的空间效应；又如，过度的城市硬化，若大量铺设不透水表面，可能加剧城市热岛效应，增加高温热浪风险。建筑系统的脆弱性主要体现在建筑结构的耐久性、抗震性能及对各项环境因素的适应能力方面。建筑系统作为人类居住、工作和其他社会经济活动的空间，其安全性和耐受性对保障人民生命财产安全至关重要。建筑的类型、质量、年龄等因素在不同灾害面前展现出不同的脆弱性，是城市韧性建设的重点对象。老旧住宅、商业楼宇等不同类型的建筑物因设计标准、建造材料、维护状况的差异，对灾害的抵御能力区别较大，例如：高层建筑在强风、地震等灾害风险中面临的挑战与低层住宅不同；历史建筑的保护需要特别考虑其应对多风险耦合时的结构特殊性。设施系统主要涉及城市运行不可或缺的基础设施，其正常运转是城市抵御灾害、快速恢复的关键，包括交通、能源供应、通信、给排水等关键基础设施，其脆弱性关乎城市运行的基本保障，直接关系城市在灾害发生时能否维持基本功能和服务。基础设施的互联性和依赖性使得一处受损可能迅速影响全局，例如，电力中断会影响水泵站运行，进而导致城市供水困难。因此，设施系统的韧性建设需要考虑功能冗余、快速修复和替代方案的规划。

面对多风险耦合的情景，承险体的不同子系统脆弱性间相互作用，可能放大或减轻灾害影响。例如，一场洪水若发生在城市排水设施脆弱且土地利用不合理的区域，可能会导致严重的城市内涝，进一步影响到该地区的建筑安全和基础设施运行。反之，若城市规划充分考虑了风险抵御和减缓措施，比如建设绿色基础设施以增强雨水管理能力，或确保关键设施有备份系统和快速恢复计划，就能有效减轻灾害影响。

2. 高密度城区的空间效应

如前文所述，多风险耦合效应可能超越单一灾害类型的影响，通过不同致灾因子的相互作用，共同作用于城市的脆弱承灾体，从而加剧城市面临的风险水平和潜在危害。多风险耦合所产生的有害后果不仅包括房屋倒塌、道路交通中断和基础设施损坏，还可能涉及生态系统服务功能的退化、经济活动的中断、社会秩序的混乱，甚至对居民心理健康的影响，从而形成广泛且深远的连锁反应。其中，将城市耦合灾害或潜在风险造成的空间损失称作多风险耦合的空间效应。当前对于城市灾害的研究已覆盖了多种灾害类型，对其空间效应进行了较为深入的探讨，尤其如中央商务区（central business district，CBD）、城市中心区及老旧城区等高密度城区，由于人口密集、建筑密集、基础设施负荷大，成为风险耦合效应最为显著的区域（Kondo et al.，2021；曾坚 等，2010；林展鹏，2008）。

然而，当把城市视为一个由多层级、多维度要素构成的复杂系统时，仅仅聚焦于高密度区域的灾害效应并不足够。城市作为一个整体，其各个区域之间存在着紧密的相互依赖和互动关系，风险的传递和扩散机制极为复杂。例如，一个区域的基础设施损坏可能会影响到其他区域的物资供应和服务功能，一个局部的灾害事件可能通过经济网络、人流物流而引发更大范围的社会经济动荡。因此，多风险耦合效应在城市空间的扩散与累积模式，以及对城市系统整体韧性的影响，成为亟待深入探究的新课题。

城市内部空间系统的复杂性和不确定性，为风险的诱发与扩散提供了基础条件。研究指出，城市化进程中积累的物理和社会经济特征，例如不合理的土地利用、人口的高度集中、基础设施的配置不足，都可能成为风险发生的催化剂。城市环境的特殊结构，不仅决定了风险如何在城市空间中传播，还影响着不同风险之间的耦合形态，可能导致灾害影响范围的扩大（Liu et al.，2023a；魏玖长，2019）。

复杂城市空间拥有高度混合的土地利用模式、高度互联的交通网络及多层次的社会经济活动，增加了风险事件的复杂性和相互影响的可能性，尤其可能放大风险的强耦合作用。例如，在高密度城市区域，一旦发生火灾，可能迅速蔓延至周边建筑，同时阻塞交通，影响救援效率，甚至触发停电等连锁反应，造成多米诺效应。城市系统的复杂性同样体现在其内部各子系统之间的高度依赖性上，如能源、交通、信息等基础设施的相互依赖，一旦某一环节出现问题，很容易波及其他系统，形成系统性风险。例如，地震导致电力供应中断不仅影响居民生活，还会导致水泵停运，进而影响城市供水，甚至干扰通信系统的正常运行，对经济和社会活动造成连锁打击。

传统的风险防范与应对体系往往侧重于单一灾害类型的管理，缺乏对多风险耦合的空间效应的全面理解和应对策略。通常情况下，基于历史灾害数据和经验进行风险评估和规划可能忽略了灾害间的相互作用和城市系统的动态变化，难以适应快速变化的环境和社会经济条件。因此，构建韧性城市不仅需要在风险识别和评估上采用更加综合和动态的方法，还需要在城市规划和管理实践中融入韧性原则，如提升基础设施的韧性设计、优化城市空间布局、增强社区的自我组织和恢复能力，以及开展推动跨部门、跨学科的合作，共同构建一个能够有效抵御、吸收、恢复、适应、学习的城市系统，减轻城市尤其是高密度城区的空间效应。

2.2.4　多风险耦合的城市韧性领域

1. 城市韧性的四大领域

围绕着城市韧性的共同主题，城市韧性研究的领域甚为广泛，每个领域都专注于韧性概念在城市不同方面的应用与探讨。总结以往关于城市韧性的研究，城市韧性的发展作为一个多维度、跨学科的综合性议题，涵盖城市生态、社会、工程、经济等多领域在内的韧性领域（见本书第1章）。规划视角下，韧性的研究起步于对城市生态韧性的研究。多风险耦合可能直接导致城市生态系统的规划和生态服务能力的降低，城市生态领域的韧性研究聚焦于在全球气候变化与环境风险日益严峻的背景下，如何维持和恢复城市生态系统的健康与功能，重点涉及城市绿地的规划与管理、生物多样性的保护、水资源的可持续利用、城市生态结构的建立等（Jabareen，2013；Alberti et al.，2004）。城市社会领域的研究集中在人类系统增强其应对多风险耦合的能力，更多地关注于社会结构与社区的自我组织能力，强调如何在韧性建设中实现社会公平与福祉。城市工程领域的研究强调了基础设施的韧性建设，特别是绿色基础设施的开发与应用。多风险耦合的思想应当融入城市基础设施系统的韧性评估，着重研究如何通过构筑具有强大恢复力的工程设施，如智能电网、多功能堤坝及适应性强的交通系统，来增强城市对各类灾害的抵御能力，以降低强耦合效应（Meerow et al.，2017；Lovell et al.，2013；Bruneau et al.，2003）。城市经济层面的研究则侧重于城市经济体系对各种冲击的适应性，包括金融危机、市场波动等经济风险。研究内容包括城市如何构建灵活的经济结构，以促进快速的经济复苏，以及如何通过多元化经济基础、强化地方经济循环和提升财政弹性的手段，减少外部冲击的影响（Martin et al.，2015；Pendall et al.，2010）。近年来，经济领域对产业链、供应链、创新链"三链"的韧性安全优化，以及对经济不平等的关注进一步提高。

2. 城市韧性领域间的交互

城市韧性作为衡量城市在面对自然灾害、社会变迁、经济波动等多方面挑战时恢复和适应能力的重要指标，其涉及的主要领域均与城市多风险密切相关。不同风险的叠加与耦合作用不仅直接作用于"生态-社会-工程-经济"四大领域，更在这些领域间产生了复杂的交互影响，形成了一个多维度、相互依存的网络。这种影响具体表现在直接损害和间接影响两个核心方面。

（1）在直接损害层面，多风险的直接冲击会导致相应领域的城市空间功能受损。例如，城市生态领域的洪水、热浪等诸多极端气候事件可能直接破坏城市生态系统，导致生物多样性下降和生态服务功能减弱；城市社会领域，大规模的失业潮或流行病暴发会削弱社区凝聚力，影响社会稳定和民众福祉；城市工程领域，地震或基础设施老化可能破坏交通、能源供应系统，影响城市运行；城市经济领域，全球金融危机或本地产业衰退可引发经济活动停滞，增加城市贫困率。

（2）在间接影响层面，不同类型风险的耦合效应使城市跨领域韧性受损程度加剧。例如，环境退化与经济压力的结合可能迫使居民迁移，加剧社会不平等，同时减少对公共设施的投资，进一步影响城市基础设施的维护和更新；经济危机可能限制城市对防灾减灾工程的投资，使得城市在面对自然灾害时更加脆弱。这些跨领域的相互作用，使得城市在面对风险时的韧性挑战更加复杂和艰巨。

鉴于各领域主控要素对城市韧性水平影响程度的差异，科学识别并量化这些要素间的交互关系显得尤为重要。从城市韧性跨领域的角度，空间规划策略需考量整合生态恢复、社区参与、基础设施升级和经济多元化发展等多方面，确保城市空间既能减少灾害风险，又能在风险发生后快速恢复，从而设计合适的空间规划策略和措施。

2.2.5　多风险耦合的城市韧性周期

1. 城市韧性的周期演进

当前城市韧性研究的核心观点之一，是将其视为一个动态、周期性的演进过程，这一理念在众多学术研究中得到认同（Yang et al.，2022；陈梦远，2017；Simmie et al.，2010）。城市韧性不断经历成长、成熟、衰退和再生的循环，这一过程不仅受到城市内部因素的影响，也深受外部环境变化的驱动，城市韧性的发展正是在这个不断变化的背景中逐步形成和完善。

其中，城市韧性的适应性循环模型（adaptive cycle model）将城市系统视为一个具有自我调节和自我修复能力的复杂系统，是阐释韧性周期的经典模型（Xie et al.，2023；郑艳 等，2018）。这一模型将城市韧性的演进划分成 4 个主要阶段，分别是利用阶段（exploitation phase）、保存阶段（conservation phase）、释放阶段（release phase）及重组阶段（reorganization phase）。在利用阶段，城市系统快速扩张，积累资源；在保存阶段，城市系统逐渐达到最大稳定性，开始出现僵化；在释放阶段，系统因长期累积的压力或突然的冲击而变得脆弱；在重组阶段，韧性进行创新和转型，城市通过学习和适应，重新获得生命力，进入下一个循环。这一过程不仅是对城市物理形态和功能的重塑，更是城市社会、经济、环境等多维度系统性的更新与进化。在适应性循环的韧性演进过程中，城市时刻遭受长期压力和突发扰动风险的影响，认为冲击前后同时发生城市韧性的演化。

2. 城市韧性的"双周期"

在此基础上，针对城市韧性的周期性特征，本小节提出城市韧性的"双周期"，即同时关注应对长期压力的"长周期"和应对突发扰动的"短周期"，将城市韧性的发展视为一个动态演进的双周期过程。

短周期内的城市韧性演化并不等于孤立的灾害事件所造成的演化。城市韧性的短周期是对城市在遭遇突发性多风险耦合事件时，其抵御、适应和恢复能力的动态考察，不仅聚焦于单一灾害事件的直接影响，更深层次地探究不同风险因素在短时间内相互作用下，城市系统如何调整自身状态以应对挑战。从短周期视角对城市韧性进行测度，认为在这一过程中，城市韧性经历了从"韧性收缩期"到"韧性扩张期"的转变。收缩期内，城市主要依靠其固有的抵抗力来减轻灾害带来的即时伤害，减少生命财产损失；扩张期内，城市则需展现其恢复力和适应力，通过快速修复受损设施、恢复社会秩序、调整发展规划等方式，促进城市快速恢复，还可能在某些方面实现超越，达到转型发展的目的。

可以通过限定一定的时间，观察短周期的城市韧性变化趋势，主要手段是研判灾害过程。然而，韧性的短周期视角可能将长期性的韧性演变简单分为多个部分，从而造成纳入多个短周期的长周期韧性变化遭受忽视，同时，选定的多个韧性短周期之间也可能产生城市韧性的演进，因此有必要对长周期的城市韧性演进展开测度。长周期视角下的城市韧性演化，则是对城市在长期压力下的适应与变革能力的深入剖析。长期压力对城市的影响是渐进的、累积的，因此，长周期的城市韧性演化更具备统计学属性，而对灾害过程的研判较少。长周期韧性研究更多地采用趋势分析与数理统计的方法，通过长期数据的跟踪和分析，评估城市韧性水平及其变化趋势。长周期韧性研究不仅关注韧性本身的增长或衰退，更重要的是识别出影响城市韧性变化的关键因素，以及这些因素如何随时间推移而变化，为城市长远规划提供依据。

从韧性评价与周期划定的综合视角看，短周期分析提供了城市在特定事件冲击下的即时响应和恢复能力的韧性描述，而长周期分析则描绘了城市在更广阔时空背景下，如何通过持续地适应和调整，构建和维持其韧性。两者结合，可以更全面地理解城市韧性的时间动态性和空间异质性，更好地分析城市韧性的时空演化特征，揭示韧性在不同情境下的表现差异，为制定更加精准有效的韧性提升策略提供坚实的基础。

2.2.6　多风险耦合的城市韧性阈值

1. 城市韧性阈值的概念

城市韧性的阈值（threshold）是指城市系统在面临城市多风险耦合的复合型挑战时，能够承受并适应变化的最大界限，超过这一界限，城市系统便可能失去原有的恢复力和适应性，从而陷入不可逆的城市失衡、崩溃甚至退化状态（祝锦霞 等，2022）。城市作为一个高度复杂、动态变化的巨系统，其内部的物理、社会、经济和环境等因素错综复杂地交织在一起，形成了一个互相依赖、相互作用的网络。在此网络中，任何单一因素的变化都有可能引发连锁反应，当这些变化累积到一定程度，即触及韧性阈值时，系统就可能发生突变，导致功能失衡或服务中断。

从系统动力学的视角来分析，城市系统的韧性并非恒定不变，而是在持续的反馈循环中动态调整的。这意味着，即便城市系统遭受冲击后得以恢复，其恢复后的状态也不一定等同于初始状态，而是可能稳定在新的平衡点上，这个新状态可能是比之前更好的适应性状态，也可能是更差的脆弱状态（陶骞，2021）。例如，一次大规模的洪水灾害过后，如果城市在重建过程中加强了防洪设施和生态系统服务，那么其对今后同类灾害的抵御能力可能得到增强，即实现了向更高韧性水平的跃迁；相反，如果恢复工作仅停留在简单的修补，而未从根本上解决脆弱性问题，那么下次遭遇类似风险时，城市可能更加不堪一击。

可以将城市韧性阈值的概念类比"稳态转换"（regime shift）的概念（唐海萍 等，2015；Folke et al.，2004）。稳态转换用于描述生态系统在遭受外界强烈干扰后，从一个相对稳定的状态转变为另一个截然不同的稳定状态的过程。将城市看作一个复杂的适应系统，其在面对多灾害耦合风险时，也会经历类似的稳态转换过程。当城市系统受到的风险干扰超过了其承受的阈值，原有的稳定状态，即城市在特定条件下的正常运作模式被打破，城市不再能够维持原有功能和结构，而是被迫进入一个新的稳态，新的稳态可能是更脆弱的，也可能截然相反，这取决于城市如何应对和适应这种变化。城市应对多风险影响，阈值产生变化，实际上也是一种稳态转换的过程。

因此，识别和理解城市韧性的阈值至关重要，要求城市规划不仅关注单个风险的应对措施，更要从系统层面评估多种风险的潜在交互影响，预判可能的阈值区间。具体操作上，可以通过建立多维度的风险评估模型、模拟不同情景下的系统响应，开展韧性阈值的实证研究，来明确哪些关键指标的改变最有可能触发系统的临界状态转换。在此基础上，需要制定相应的预警机制和韧性提升策略，确保城市能够在逼近阈值时及时采取行动，避免系统性崩溃，同时利用阈值的概念作为优化资源配置、推动城市转型和可持续发展的指导原则。此外，韧性阈值的研究也为城市政策制定者提供了科学依据，帮助识别哪些领域需要优先投资以增强韧性，以及如何在有限资源下实现最大效益的韧性建设。

2. 韧性阈值的分析理论模型

多风险的耦合特性可能导致韧性阈值偏离原始状态并变得不稳定，甚至可能引发城市韧性阈值的振荡（陶骞，2021）。在这种情况下，城市韧性阈值不再是一个静态不变的数值，而是一个随外部条件变化而动态调整的边界。从韧性双周期的视角来审视，这种动态性尤为显著。

在短周期视角下，突发性事件造成多风险的耦合效应，在短时间内剧烈改变城市系统的运行状态。这种快速而强烈的冲击，可能导致城市韧性系统瞬间超出阈值范围，进入一种不稳定或受损的状态，要求城市立即启动应急响应机制，以防止系统彻底崩溃。

相比之下，长周期视角下的多风险耦合作用，诸如慢性环境污染、持续的社会经济压力等长期因素，虽然其作用速率相对较慢，但随着时间的延长，会对城市系统造成累积性的影响。一旦这些长期压力导致城市系统韧性阈值被突破，城市系统状态的改变将是根本性的，可能更加难以逆转。长期风险的累积效应，要求城市在规划和发展过程中，前瞻性地考虑长期风险的潜在影响，建立长期韧性策略，防止系统缓慢滑向不可逆的脆弱状态。

因此，也可以将城市系统韧性的阈值理解为城市在长短周期中能够保持其功能正常运转的韧性指标的最低水平，或者其对应的最大风险耦合事件，特定的城市环境会通过影响城市系统韧性的阈值进一步影响多风险耦合的空间效应。基于以上认知，构建应对多风险的城市韧性阈值分析理论模型（图 2.5），将城市韧性置于长短周期的动态框架内，考虑多种风险因素的相互作用，评估城市在不同时间段内所能承受的最大风险耦合水平及城市环境如何影响这一阈值。

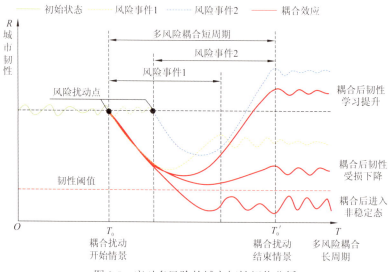

图 2.5　应对多风险的城市韧性阈值分析

资料来源：彭翀等（2024）

2.2.7　多风险耦合的城市韧性传导

1. 城市韧性的层级

城市韧性跨越从宏观的城市区域到微观的社区多个空间尺度，包含了"城市区域（城市群—都市圈）—城市—社区"的多空间层级，每个层级彼此间存在着紧密的互动与协同作用。

在城市韧性研究中，城市区域（城市群、都市圈）为最高层级，区域层级的韧性要素主要体现在区域内外资源的整合和灾害风险的区域联防联控能力上。城市区域通过优化区域内的交通网络、物流系统和信息共享平台，确保在多风险事件发生时，资源能够迅速流动，实现区域内部城市间的互助与协同。

城市层级作为承上启下的关键环节，能够独立应对城市范围内的各种风险，同时协调区域与社区的韧性建设。通过规划和建设应急管理体系、完善基础设施和公共服务设施，城市能够为社区提供直接的支持与保障。

社区层级作为城市韧性的微观基础，其韧性水平直接关乎城市居民的安全感和生活质量。社区内部的组织结构、邻里关系、资源共享机制及社区的自组织能力，是决定社区能否有效应对风险的关键。韧性强的社区，往往拥有活跃的社区组织、丰富的社区活动和良好的邻里互助关系，在灾害发生时能迅速转化为应对力量，减少损失并加快恢复。

2. 城市韧性的传导

可以发现，韧性的各个层级之间存在复杂的交互关系。例如，区域层面的政策支持和资源调配能够为城市层级提供韧性发展的动力；城市通过完善的服务体系和基础设施建设，为社区建立起抵御多风险耦合的保障；而社区层面自主性的韧性实践，能够有效地反哺给城市乃至更广泛的区域，形成了一个向上支持、向下辐射的韧性网络。城市韧性层级之间自上而下、自下而上的双向作用，构成立体化的城市韧性体系，使城市能够更加灵活、有效地应对各种挑战，保障社会经济的持续健康发展，成为城市系统的整体韧性的基础。

韧性具有跨层级和多方向的传导关系，展现出系统性和联动性。城市韧性的传导指的是韧性如何在同一层级或不同层级之间进行传递和扩散，涉及韧性在"城市区域（城市群—都市圈）—城市—社区"的不同层级之间的垂直传递，以及水平方向上的韧性合作。韧性传导机制的复杂性源于城市系统内部各部分的高度互联性与相互依赖，任何一处韧性增强或减弱都可能对整个系统产生连锁反应。区域层级的韧性传导，通过政策协同、资源互补，为下层城市和社区提供更为广阔的支持网络，增强了整个区域的抗逆力；城市层级的韧性传导能够直接影响社区的韧性水平，或通过资源调度、技术支持等途径，对上支持区域韧性建设，形成跨层级的韧性传导链；社区层级作为城市韧性的基石，当社区韧性得到强化，能够更有效地吸收和缓解风险冲击，减少对城市区域和城市层级的依赖，形成自下而上的反馈作用。

面对多风险耦合，韧性传导机制保证了不同层级之间的支持与缓冲。当一个层级受到冲击时，其他层级能够提供必要的资源和援助，帮助受影响层级迅速恢复。城市韧性传导涵盖了从宏观到微观多个空间尺度，需要综合考虑各层级的韧性特征及其相互关系，分析层级之间如何协同作用以增强城市系统的整体韧性。系统性识别和增强各层级的韧性特征，促进不同层级间的要素流动过程、资源共享与协同行动机制，可以显著提升城市系统的整体韧性。这将使城市在面对未来不确定性挑战时，展现出更强的适应能力和恢复力。在实际操作层面，空间规划需要综合考虑各层级的特性与相互作用，通过构建韧性节点、完善韧性网络，形成韧性传导的实际载体和路径。

2.3　应对多风险耦合的韧性空间规划路径

应对多风险耦合的城市韧性理论为韧性空间规划编制奠定了重要的理论基础，并提供了实践导向，强调在规划过程中综合考虑各种潜在风险因素，将韧性作为核心要素融入"五级三类"的国土空间规划体系，以确保城市在面对复杂多变的风险环境时能够保持功能稳定，快速恢复并持续发展，见图2.6。将应对多风险的韧性理念融入"五级三类"的国土空间规划体系，需要各级规划之间形成上下衔接、左右协同的工作机制，确保从宏观战略到微观实施的全方位、多层次考虑，构建既能适应日常需求，又能在极端条件下保障城市安全运行的韧性空间规划体系。

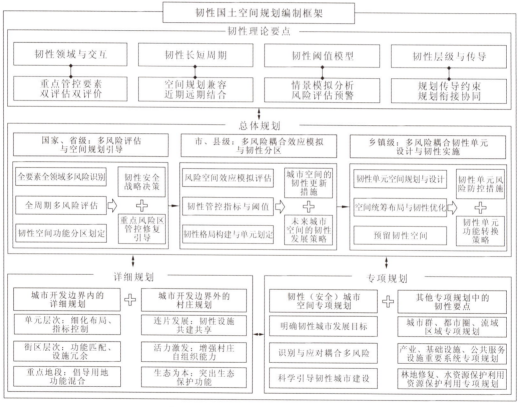

图 2.6　韧性国土空间规划编制框架

资料来源：彭翀等（2024）

2.3.1　总体规划的韧性要点

传统工程学视角下，以被动防御为主要思路的灾害防控，逐渐难以适应高突发性、强隐蔽性、强破坏性的风险 3.0 阶段耦合多风险。构建韧性国土空间，为新阶段的风险应对提供了更为宽泛的综合治理模式（吕悦风 等，2021），尤其是在面向常态化与耦合风险的背景下，逐渐成为规划的一项重要理念。在风险应对的新阶段，各级国土空间总体规划对韧性国土空间建设提出了要求，韧性安全建设成为统筹国土空间的保护、开发、利用、修复的重点。

从上至下看，国家层面的总体规划作为国土空间总体规划的顶层设计，起到统领与导向作用，明确韧性空间发展的战略方向，为下级规划确定了明确的韧性目标。在省（自治区、直辖市）级层面，可以通过空间风险识别和"双评价"方法，初步建立省域韧性安全区域空间格局。通过对潜在风险的科学识别，结合区域发展条件和资源环境承载力，省级规划能够更精确地划定不同类型的韧性安全功能区，为后续风险管理、生态修复和空间布局提供清晰依据。

市、县级和乡镇级规划则是将韧性理念具体化、落地化的关键环节。市、县级总体规划通过全面的风险识别与韧性评价，绘制出多风险耦合的城市安全地图，为城市空间的规划布局设定了科学依据。在此基础上，规划应着重于韧性空间的塑造，通过多中心和网络化布局，促进生态、生产、生活"三生"空间的均衡发展，提升城市系统的整体韧性和生态调节能力；针对各类基础设施进行适灾性改造和智能化升级，确保在灾害发生时能维持基本服务功能，加速灾后恢复；对于既有空间，规划应提出韧性更新策略；而对于新增发展空间，则需预先考虑韧性标准，确保新开发区域具备更高的抗灾与恢复能力。

乡镇级规划的侧重点则在于将韧性理念融入微观的实施层面，通过韧性单元的规划和划分，细化空间利用与风险管理的具体措施。例如，优化资源配置，促进生产、生活、生态空间和谐共存，同时为灾害应急准备预留空间，确保在灾害来临时能够迅速转换功能，提供避难场所或应急服务。乡镇级规划还应重视社区层面的韧性建设，通过提升居民的灾害意识和自救互救能力，形成自下而上的韧性力量。

韧性国土空间总体规划的编制是一项系统工程，需要国家、省（自治区、直辖市）、市、县、乡镇等多层级规划的紧密衔接与协同作业，通过自上而下的战略指导和自下而上的实施反馈，形成一个由宏观到微观、由总体到局部的多层次、网络化的韧性空间体系。

2.3.2　详细规划的韧性要点

详细规划是总体规划的具体深化，重点是对城市内部各个地块的开发和建设做出指引（颜文涛 等，2022），其直接决定了土地利用方式和城市设施的空间布局，是将韧性城市理念落实到城市空间系统的关键途径。详细规划在城镇开发边界内外的实施策略需综合考虑空间特性、风险分布及发展需求，通过精细化的设计和管理，确保城市空间系统的整体韧性得以有效提升。

在城镇开发边界内，详细规划的实施需聚焦于空间单元、街区及重点地段三个层次的韧性建设。单元层次的规划需依托多风险耦合评估的结果，识别并标注风险高发区和潜在风险耦合点，确保韧性设施的布局能够精准对接风险地图；韧性城市建设控制指标的制定应兼顾安全性与实用性，确保新建或改造的建筑和基础设施能够承受预期的风险冲击。街区层次的规划则更侧重于微观空间的合理布局，通过科学规划人口密度、建设强度与开放空间，保障基础设施和公共设施的分布均衡，特别是要提高韧性设施的冗余度，确保在紧急情况下能够满足居民的基本需求；对于重点地段，可考虑增强城市空间的多样性与可变性，规划策略应鼓励多功能混合用地，以提高空间使用的灵活性和多样性，特别是在城市更新区域、公共活动中心及自然敏感地带。

城镇开发边界外，乡村地区的韧性规划可以采用多村连片规划的方式，有效整合资源，提升乡村韧性设施的共建共享效率，促进不同村庄之间的相互支持与协作。对于集聚提升类和城郊融合类村庄，规划应着眼于通过产业转型升级和环境品质提升，激发村庄自身的发展潜力和自组织能力，同时预留一定的弹性空间，为未来的不确定性留出调整余地。对于特色保护类和搬迁撤并类村庄，规划的侧重点在于生态保护与人居环境的改善，保护自然遗产，提升村民生活质量。此外，对于生态保护区和农业用地等重要区域，详细规划的编制应当严格排查并规避潜在风险，如火灾、地质灾害等，确保生态系统服务功能不受损害，为城市提供重要的生态屏障或资源供给。

2.3.3　专项规划的韧性要点

专项规划是国土空间规划中落实总体规划意图、指导专项布局、强化专项管控的重要组成部分。随着韧性观念融入国土空间规划，专项规划成为韧性传导和空间管控的重点，确保韧性理念在各个专业领域得到贯彻与强化（曾穗平 等，2023）。目前，我国韧性城市相关专项规划的表现形式较为零散，韧性观念主要体现在海绵城市建设、灾害预防与应对措施等规划策略中，通常分布于城市综合防灾减灾规划、公共服务设施规划、道路交通规划、绿地系统规划等多个专项规划里。分散式的规划虽在一定程度上能够提高城市的灾害抵抗能力，但缺乏一个统一的、系统性的韧性视角来整合和优化各类资源与策略。

进入韧性发展的新阶段，城市韧性理念的深化和应用显得尤为重要。可以考虑构建专门的韧性（安全）城市空间专项规划，整合并深化韧性理念，实现全过程韧性融入、多领域韧性协同、跨层级韧性管理，结合北京等一些城市开展的韧性空间规划相关探索，形成如图 2.7 所示的初步框架。

图 2.7　韧性（安全）城市空间专项规划内容框架

资料来源：彭翀等（2024）

应对 3.0 阶段城市风险的共性问题，韧性（安全）城市空间专项规划旨在解决韧性发展目标的设定、常态化耦合多风险的有效应对方式等核心议题，科学引导韧性城市空间布局。其重点规划步骤包括：①系统识别空间耦合风险，展开风险数据整合与评估；②设定前瞻性的韧性城市发展目标，考虑长时间尺度的城市韧性发展趋势和安全需求；③完善韧性城市空间结构与布局，统筹考虑城乡空间，合理布局平急两用的多功能综合服务设施；④针对城市生态、社会、工程、经济等不同领域，提出分领域精细化的韧性措施；⑤确保规划有效执行，明确实施时间表、责任主体，完善监督评估机制。此外，还应当根据地理环境和城市规模的差异，综合考虑城市的具体特征，编制适应性规划模块，采取针对性的策略，确保在面对多样化风险时城市能够保持其基本功能，快速恢复并持续发展。

城市韧性的测度方法

第二篇聚焦多风险视角下的城市韧性所涵盖的主体及对象特征，系统介绍城市多尺度韧性测度及灾害韧性测度方法。其中，针对城市系统、社区单元及道路交通系统三类主要的城市空间主体，分别阐述当前主流的测度方法。进一步，针对城市空间面临的各类灾害风险，从城市综合灾害、特定灾害及多灾害风险耦合三方面提出了韧性测度方法。

第 3 章　韧性领域测度

城市韧性是融合多维度、多层次、多因素的复杂系统，城市韧性的测度将城市韧性理论工具化，为城市空间调控和优化提供量化支撑。其中，定性评估主要通过问卷调查、深度访谈等手段，对特定情景进行回顾性分析，识别关键要素；而定量测度是将城市韧性的要素指标进行数值化处理，进而综合评估城市的韧性水平。由于研究范围、对象和所面临的干扰类型不同，对城市韧性的内涵理解及其衡量指标各有侧重。其中，将城市韧性理解为经济韧性、社会韧性、工程韧性和生态韧性多维高度融合的综合系统（Heinimann and Hatfield，2017；Pickett et al.，2014；Adger，2000），是当前开展城市韧性评估的主流观点。鉴于此，本章从城市韧性构成的四个主要子系统出发，以长江经济带各城市为例，介绍城市韧性领域综合测度的主要方法及分析结果。首先，介绍城市韧性领域的综合测度思路，包括研究地域范围及概况、评估指标、数据来源和评估方法；其次，从韧性水平特征和空间特征两方面开展长江经济带城市韧性能力评估；最后，从资源投入成本与韧性属性的关系探讨并识别长江经济带城市韧性的影响因素，以期为系统视角下开展城市韧性领域综合测度提供应用借鉴。

3.1　韧性领域测度思路

3.1.1　研究地域范围及概况

长江经济带横跨我国东部、中部和西部三大区域，覆盖 11 个省市，区域面积约 205 万 km^2，以 21%的国土面积承载了我国 46%的经济总量，综合实力突出、战略支撑作用显著，同时具有流域资源的天然优势及潜力。根据 2016 年 9 月正式印发的《长江经济带发展规划纲要》地区划分，本章选取长江经济带地级市与自治州为研究对象，共计 126 个城市。具体如表 3.1 所示。

表 3.1　长江经济带涵盖的省份及具体城市

地区	省（直辖市）	市（自治州）	城市数量/个
上游地区	四川省	成都、自贡、攀枝花、泸州、德阳、绵阳、广元、遂宁、内江、乐山、南充、眉山、宜宾、广安、达州、雅安、巴中、资阳、阿坝藏族羌族自治州、甘孜藏族自治州、凉山彝族自治州	22
	云南省	昆明、曲靖、玉溪、保山、昭通、丽江、普洱、临沧、楚雄彝族自治州、红河哈尼族彝族自治州、文山壮族苗族自治州、西双版纳傣族自治州、大理白族自治州、德宏傣族景颇族自治州、怒江傈僳族自治州、迪庆藏族自治州	16

地区	省（直辖市）	市（自治州）	城市数量/个
上游地区	贵州省	贵阳、六盘水、遵义、安顺、毕节、铜仁、黔西南布依族苗族自治州、黔东南苗族侗族自治州、黔南布依族苗族自治州	9
	重庆市	重庆市	1
中游地区	湖北省	武汉、黄石、十堰、宜昌、襄阳、鄂州、荆门、孝感、荆州、黄冈、咸宁、随州	12
	湖南省	长沙、株洲、湘潭、衡阳、邵阳、岳阳、常德、张家界、益阳、郴州、永州、怀化、娄底、湘西土家族苗族自治州	14
	江西省	南昌、景德镇、萍乡、九江、新余、鹰潭、赣州、吉安、宜春、抚州、上饶	11
下游地区	上海市	上海市	1
	江苏省	南京、无锡、徐州、常州、苏州、南通、连云港、淮安、盐城、扬州、镇江、泰州、宿迁	13
	浙江省	杭州、宁波、温州、嘉兴、湖州、绍兴、金华、衢州、舟山、台州、丽水	11
	安徽省	合肥、芜湖、蚌埠、淮南、马鞍山、淮北、铜陵、安庆、黄山、滁州、阜阳、宿州、六安、亳州、池州、宣城	16

3.1.2　评估指标

韧性能力是城市在遭受外界扰动时，能够抵御冲击、保持运转和实现进化的能力（彭翀 等，2021）。目前，城市经济韧性、社会韧性、工程韧性、生态韧性被视为城市韧性领域和能力评估的主流维度，相关理论内涵详见本书 1.2 节、2.2 节。基于此，本章将四个子系统韧性所形成的综合能力定义为城市韧性能力。

评估指标的选取主要考虑以下几个方面。第一是突出城市韧性的内涵理解。所选指标参考并融合城市韧性评估相关文献中的普适性指标，结合长江水利委员会长江流域水资源保护局的相关研究成果（卓海华 等，2019；倪盼盼 等，2017）进行综合考虑。在此基础上，紧扣韧性子系统的理论内涵与属性特征，对指标进行丰富和完善。第二是将不同风险与灾害（如经济风险、洪水内涝、气候变化等）的类型差异纳入考虑，体现城市的综合应对能力。第三是体现指标选取的系统性、相关性、科学性和可获取性。经过数据处理与指标筛选，最终构建一个涵盖四大领域、细分为 29 项具体指标的城市韧性能力综合评估指标体系（表 3.2）。指标选择的具体理论依据如下。

表 3.2 韧性评估指标体系

领域层	一级指标	二级指标	单位	属性
经济韧性	经济运行	A1 城市 GDP	万元	正向
		A2 人均 GDP	元/人	正向
		A3 财政收入占 GDP 的比重	%	正向
	经济结构	A4 第二产业增加值占 GDP 的比重	%	正向
		A5 第三产业增加值占 GDP 的比重	%	正向
		A6 外贸依存度	%	正向
	经济潜力	A7 专利授权数	件	正向
		A8 失业率	%	逆向
		A9 城镇居民可支配收入	元	正向
社会韧性	社会服务	B1 万人拥有医生数	人/万人	正向
		B2 百人公共图书馆藏书	册（件）/百人	正向
		B3 普通高等学校在校学生数	人	正向
	社会保障	B4 城乡居民收入差距指数	—	逆向
		B5 城镇职工基本医疗保险参保人员	万人	正向
		B6 城镇职工基本养老保险参保人员	万人	正向
		B7 失业保险参保人员	万人	正向
		B8 人口自然增长率	‰	正向
工程韧性	防灾承灾	C1 人均城市道路面积	km/人	正向
		C2 建成区供水管道密度	km/km²	正向
		C3 建成区排水管道密度	km/km²	正向
	信息救援	C4 人均移动电话数	个/人	正向
		C5 每万人拥有互联网用户数	户	正向
生态韧性	生态修复	D1 建成区绿化覆盖率	%	正向
		D2 人均公园绿地面积	m²/人	正向
	环境污染	D3 亿元 GDP 工业废水排放量	t/亿元	逆向
		D4 亿元 GDP 工业废气排放量	m³/亿元	逆向
	生态基底	D5 全市森林覆盖率	%	正向
		D6 全年空气质量达标占比	%	正向
		D7 人均水资源拥有量	m³/人	正向

资料来源：彭翀等（2021）。

1. 经济韧性

经济韧性强调通过强大的经济规模、多元的经济结构和创新驱动的经济模式来增强城市应对外部经济动荡的能力（Spaans et al.，2017；Simmie et al.，2010）。因此，指标选取主要从三方面进行考虑：经济增长、经济结构和经济活力。①经济增长反映了城市的经济实力和稳定性，为抵御和吸收经济危机带来的冲击提供了基本支撑。选取城市GDP、人均GDP、财政收入占GDP的比重作为其具体指标（李亚 等，2017；周利敏，2016）。②经济结构强调多元而非单一结构。多元结构促使城市形成多样化的经济主体与要素，有助于保持经济要素的不同功能以适应各种不同类型，甚至是不可预测的风险。在指标方面，选择第二产业增加值占GDP的比重、第三产业增加值占GDP的比重、外贸依存度作为具体指标（周利敏，2016；龙少波 等，2014）。③经济活力表征经济发展的潜在动力，主要聚焦经济创新功能。在经济危机来临时，创新能力能够提升城市从经验中学习并灵活改变的能力，增强城市抵御冲击的适应性，促使城市经济积极拥抱变化并做出及时反馈。选取专利授权数、失业率和城镇居民可支配收入作为经济活力的主要表征指标（李亚 等，2017）。

2. 社会韧性

社会韧性旨在提高城市应对因人口、环境和政治变化所致的不确定性风险的能力（Allan et al.，2011；Adger，2000）。在评估社会韧性能力时，本章主要从社会服务与社会保障进行量化。①社会服务聚焦适应性，侧重考虑社会中的人对于教育、医疗、知识等需求的可达性或可获取性。服务水平越高，社会群体的平均受教育程度越高，医疗、文化、娱乐等设施也更为完善，促使社会群体在面对人口老龄化、环境恶化、疫情传播等慢性压力或突发扰动能够具有更强的适应与学习能力。在指标上，选取万人拥有医生数、百人公共图书馆藏书、普通高等学校在校学生数三个指标来对服务能力进行表征（白立敏 等，2019；李亚 等，2017）。②社会保障则关注脆弱性，体现社会韧性子系统吸收扰动和承受变化的薄弱环节，如社会保险参保比例（安士伟 等，2017）、城乡二元差异和人口增长情况。具体指标包括城乡居民收入差距指数、城镇职工基本医疗保险参保人员、城镇职工基本养老保险参保人员、失业保险参保人员和人口自然增长率。

3. 工程韧性

长江流域是自然灾害多发地区，沿线城市受洪水和内涝的影响较大。而工程韧性的目的是通过科学合理的规划建设与空间布局，使城市基础设施呈现出充足、多元和冗余的特征，降低基础设施对突发灾害的脆弱性（Heinimann and Hatfield，2017；McDaniels et al.，2008）。因此，考虑长江经济带的流域特性，这一子系统的评估主要从防灾承载和信息预警两个维度着手，以衡量城市内部关键基础设施的稳健性和冗余度。①在防灾减灾方面，城市道路、管网、通信等基础设施的稳健性越高，其应对灾害的承受阈值越高，在灾时的运输、救援、通信能力则越强，有利于降低灾害影响。冗余度直接影响基础设施的运行效率，当城市中的某类基础设施受灾害影响而发生故障时，具有相似功能的其他设施能够立即展开工作。设施的冗余能够有效保障城市安全，提高城市应急能力建设。在指标方面，选择人均城市道路面积（周利敏，2016）、建成区供水管道密度、建成区排水管道密度（白立敏 等，2019）作为代表性指标。②在信息救援方面，灾害的预警预报、信息发布与信息传播是城市应对灾害的第一道防线。信息救援手段和渠道的多样化能够增加信息覆盖、健全预警机制和提高防御能力，是影响工程韧性的重要因素。选择人均移动电话数、每万人拥有互联网用户数来进行测度（白立敏 等，2019）。

4. 生态韧性

生态韧性与城市生态系统的质量和能力有关，同时受环境污染、资源匮乏和气候变化的影响。主要从生态修复、环境污染和生态基底三方面进行考量。①生态修复和生态基底关注城市的绿色基础设施，主要是各类开敞空间和自然区域，如公园、绿地、植被等。这些相互联结的绿色空间网络在减少雨洪灾害、改善城市环境和缓解热岛效应等方面发挥着重要作用，有助于降低城市面对如洪水、火灾等突发灾害的敏感性。另外，在疫情期间，城市内的开敞与自然空间能够对疫情传播起到一定的阻隔作用，同时可结合其他设施灵活地置换为临时避难或隔离空间。结合数据的可获取性，生态修复维度选择建成区绿化覆盖率和人均公园绿地面积指标（孙鸿鹄 等，2019），生态基底维度选择全市森林覆盖率（孙鸿鹄 等，2019）、全年空气质量达标（安士伟 等，2017）、人均水资源拥有量等指标进行测度。②环境污染关注城市排废对韧性的负面影响，主要选取亿元GDP工业废水排放量、亿元 GDP 工业废气排放量指标进行表征（方创琳 等，2011）。

3.1.3　数据来源

评估指标数据主要来源于《中国城市统计年鉴 2020》（实际收录 2019 年全国各级城市的主要统计数据）和《中国城市建设统计年鉴 2019》，需要说明的是，指标 A6（外贸依存度）、A8（失业率）、A9（城镇居民可支配收入）、B4（城乡居民收入差距指数）、D5（全市森林覆盖率）、D6（全年空气质量达标占比）来源于各省统计年鉴、州统计年鉴和各州市国民经济和社会发展统计公报；指标 D7（人均水资源拥有量）来源于各省水资源公报。鉴于数据的可获取性，评估计算中排除了湖北省天门市、仙桃市、潜江市和神农架林区。

3.1.4　评估方法

1. 基于熵权的 TOPSIS 法

基于熵权的逼近理想解排序（technique for order preference by similarity to ideal solution，TOPSIS）法是一种被广泛应用于评估研究中的多目标决策方法，其本质是利用熵权法对传统 TOPSIS 法中的权重进行改进。一方面，熵权法是根据评估指标提供的信息进行客观确权，能够有效消除主观因素带来的影响；另一方面，TOPSIS 法计算简便，对样本量无严格要求，且数据的信息丢失较少（Wang et al.，2019）。鉴于此，本章采用该方法评估韧性能力指数。该模型的主要计算步骤如下。

构建评估指标体系矩阵：

$$X = (x_{ij})_{m \times n}, \quad i = 1, 2, \cdots, m; \quad j = 1, 2, \cdots, n \tag{3.1}$$

式中：i 为被评估对象；j 为评估指标；m 和 n 分别为评估对象和指标的总数。

采用极值法对指标矩阵进行标准化：

$$r_{ij}(x) = \frac{x_{ij} - \min(x_j)}{\max(x_j) - \min(x_j)}, \quad i = 1, 2, \cdots, m; \quad j = 1, 2, \cdots, n \quad （正向指标） \tag{3.2}$$

$$r_{ij}(x) = \frac{\max(x_j) - x_{ij}}{\max(x_j) - \min(x_j)}, \quad i = 1, 2, \cdots, m; \quad j = 1, 2, \cdots, n \quad （逆向指标） \tag{3.3}$$

计算信息熵：

$$e_j = -k \sum_{i=1}^{m} p_{ij} \ln p_{ij} \tag{3.4}$$

式中：$p_{ij} = \dfrac{x_{ij}}{\sum\limits_{i=1}^{m} x_{ij}}$；$k = \dfrac{1}{\ln m}$。

定义指标 j 的权重：

$$w_j = \frac{1 - e_j}{\sum\limits_{j=1}^{n} (1 - e_j)} \tag{3.5}$$

建立归一化的加权矩阵：

$$Z = (z_{ij})_{m \times n}, \quad z_{ij} = w_{ij} \times r_{ij}, \quad i = 1, 2, \cdots, m; \quad j = 1, 2, \cdots, n \tag{3.6}$$

确定最优解 z_i^+ 和最劣解 z_i^-：

$$\begin{cases} z_i^+ = \max_j(z_{ij}) & (i = 1, 2, \cdots, m; j = 1, 2, \cdots, n) \\ z_i^- = \min_j(z_{ij}) & (i = 1, 2, \cdots, m; j = 1, 2, \cdots, n) \end{cases} \tag{3.7}$$

计算各方案与最优解/最劣解的欧几里得距离：

$$Q_i^+ = \sqrt{\sum_{i=1}^{m} (z_i^+ - z_{ij})^2}, \quad Q_i^- = \sqrt{\sum_{i=1}^{m} (z_i^- - z_{ij})^2} \tag{3.8}$$

计算综合评估指数：

$$C_i = \frac{Q_i^-}{Q_i^+ + Q_i^-} \tag{3.9}$$

式中：C_i 的值越大，表明评估对象越优。

2. 空间自相关分析

空间自相关分析常用于分析研究数据的空间特征，揭示空间分布模式。本章将利用全局空间自相关和局部空间自相关的分析方法对长江经济带的城市韧性能力进行空间特征评估。

（1）全局空间自相关。全局空间自相关描述的是研究范围内所有属性单元的整体空间关系和平均关联程度。其中，常用 Moran I 统计量［式（3.10）］为

$$I = \frac{n\sum\limits_{i=1}^{n}\sum\limits_{j=1}^{n}w_{ij}(x_i-\bar{x})(x_j-\bar{x})}{\left(\sum\limits_{i=1}^{n}\sum\limits_{j=1}^{n}w_{ij}\right)\sum\limits_{i=1}^{n}(x_i-\bar{x})^2} \tag{3.10}$$

式中：$\bar{x}=\dfrac{1}{n}\sum\limits_{i=1}^{n}x_i$，$x_i$ 和 x_j 表示 i 城市和 j 城市的属性值，n 为城市数量，w_{ij} 为空间权重矩阵要素。本小节采用基于邻接关系的矩阵，当 i 城市与 j 城市相邻时，w_{ij} 取值为 1，否则为 0。

（2）局域空间自相关。局域空间自相关用以识别每个属性单元与其邻近属性单元间的相关性，以识别空间局部异质性。局域 Moran I 的计算公式［式（3.11）］为

$$I_i = \sum w_{ij}z_i z_j \tag{3.11}$$

式中：z_i 和 z_j 为标准化后的属性值；w_{ij} 为行标准化后的空间权重矩阵元素；I_i 为城市 i 的属性值与其邻近城市属性值的加权平均之间的乘积。

3. GWR 模型

地理加权回归（geographically weighted regression，GWR）模型是对传统空间线性回归模型的一种优化，特别针对空间非平稳数据做了适应性改进。在分析非平稳空间参数时，GWR 模型可以根据每个地理位置的函数变量系数给出局部模型的拟合系数，并对影响因素进行参数估计（Wu，2020；Li et al.，2010）。因此，该模型被广泛应用于空间异质性的相关研究中，本章将利用 GWR 模型对长江经济带城市韧性的影响因素进行识别与评估。其拟合过程如下：

$$y_i = \beta_0(u_i,v_i) + \sum_{i=1}^{k}\beta_k(u_i,v_i)x_{ik} + \theta_i \tag{3.12}$$

式中：y_i 为观测值；(u_i,v_i) 为第 i 个样点的坐标；$\beta_0(u_i,v_i)$ 为 i 样点的回归常数；$\beta_k(u_i,v_i)$ 为 i 样点上变量 k 的回归系数；k 为独立变量个数；x_{ik} 为独立变量 x_k 在 i 点的值；θ_i 为随机误差。

$\beta_k(u_i,v_i)$ 通过权重矩阵加权最小二乘法来估计，估计参数的公式如下：

$$\tilde{\beta}(u_i,v_i) = [X^{\mathrm{T}}W(u_i,v_i)X]^{-1}X^{\mathrm{T}}W(u_i,v_i)Y \tag{3.13}$$

式中：$\tilde{\beta}$ 为 β 的估计值；W 为空间权重矩阵。空间权重函数的确定是 GWR 模型的关键步骤，其选取对于模型参数估计具有显著影响。其中，最常用的权重函数为高斯函数，其函数表达式为

$$W_{ij} = \exp\left(-\frac{d_{ij}^2}{b^2}\right) \tag{3.14}$$

式中：d_{ij} 为空间单元 i 与 j 之间的欧几里得距离；b 为带宽。

3.1.5　评估思路

第一，评估长江经济带的城市综合韧性。根据前文所构建的韧性评估指标体系（表 3.2），采用基于熵权的 TOPSIS 模型，从水平和空间两个维度评估韧性能力的现状特征；第二，基于 2008 年、2012 年、2017 年和 2019 年 4 个时间断面的数据，进一步跟踪长江经济带城市韧性的时空演化特征。第三，揭示长江经济带城市韧性的影响因素。采用地理加权回归（GWR）模型，挖掘影响城市韧性的主要影响因素，揭示资源投入与韧性属性的关系。

3.2　长江经济带城市韧性能力评估

3.2.1　韧性能力现状特征

1. 韧性能力水平评估

运用基于熵权的 TOPSIS 法计算 2019 年长江经济带 126 个城市的韧性能力指数，结果如表 3.3 所示。在此基础上，采用自然间断点分级法对计算结果进行 5 个层级的划分，层级的划分标准及各层级所包含的城市数量信息如表 3.4 所示。

表 3.3　2019 年长江经济带城市韧性能力指数计算结果

城市（自治州）	韧性能力指数	城市（自治州）	韧性能力指数	城市（自治州）	韧性能力指数
重庆	0.46	宜宾	0.09	毕节	0.09
四川省		广安	0.10	铜仁	0.10
成都	0.49	达州	0.09	黔西南布依族苗族自治州	0.12
自贡	0.09	雅安	0.13	黔东南苗族侗族自治州	0.11
攀枝花	0.12	巴中	0.09	黔南布依族苗族自治州	0.13
泸州	0.10	资阳	0.09	**云南省**	
德阳	0.11	阿坝藏族羌族自治州	0.27	昆明	0.27
绵阳	0.14	甘孜藏族自治州	0.29	曲靖	0.09
广元	0.10	凉山彝族自治州	0.09	玉溪	0.12
遂宁	0.09	**贵州省**		保山	0.10
内江	0.09	贵阳	0.26	昭通	0.08
乐山	0.11	六盘水	0.10	丽江	0.13
南充	0.10	遵义	0.12	普洱	0.12
眉山	0.09	安顺	0.10	临沧	0.10

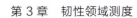

续表

城市（自治州）	韧性能力指数	城市（自治州）	韧性能力指数	城市（自治州）	韧性能力指数
楚雄彝族自治州	0.10	益阳	0.09	泰州	0.16
红河哈尼族彝族自治州	0.10	郴州	0.12	宿迁	0.10
文山壮族苗族自治州	0.09	永州	0.11	浙江省	
西双版纳傣族自治州	0.12	怀化	0.10	杭州	0.45
大理白族自治州	0.10	娄底	0.09	宁波	0.36
德宏傣族景颇族自治州	0.21	湘西土家族苗族自治州	0.11	温州	0.24
怒江傈僳族自治州	0.21	江西省		嘉兴	0.25
迪庆藏族自治州	0.18	南昌	0.25	湖州	0.19
湖北省		景德镇	0.12	绍兴	0.24
武汉	0.41	萍乡	0.13	金华	0.29
黄石	0.11	九江	0.12	衢州	0.19
十堰	0.11	新余	0.12	舟山	0.28
宜昌	0.14	鹰潭	0.13	台州	0.22
襄阳	0.11	赣州	0.14	丽水	0.18
鄂州	0.11	吉安	0.13	安徽省	
荆门	0.09	宜春	0.11	合肥	0.28
孝感	0.08	抚州	0.12	芜湖	0.14
荆州	0.09	上饶	0.12	蚌埠	0.09
黄冈	0.08	上海	0.67	淮南	0.08
咸宁	0.10	江苏省		马鞍山	0.13
随州	0.08	南京	0.44	淮北	0.09
恩施土家族苗族自治州	0.13	无锡	0.31	铜陵	0.17
湖南省		徐州	0.14	安庆	0.09
长沙	0.32	常州	0.23	黄山	0.15
株洲	0.13	苏州	0.51	滁州	0.12
湘潭	0.12	南通	0.21	阜阳	0.08
衡阳	0.11	连云港	0.12	宿州	0.08
邵阳	0.10	淮安	0.13	六安	0.09
岳阳	0.10	盐城	0.14	亳州	0.09
常德	0.11	扬州	0.18	池州	0.11
张家界	0.11	镇江	0.17	宣城	0.13

表 3.4　城市韧性能力的层级划分

层级划分	第一层级（高）	第二层级（较高）	第三层级（中等）	第四层级（较低）	第五层级（低）
划分标准	0.37~1.00	0.24~0.36	0.16~0.23	0.12~0.15	0.00~0.11
城市数量	7	14	13	33	59

从区域水平看，韧性能力均值较低，地区水平差异较小。长江经济带韧性能力指数均值为 0.156 4，整体的城市韧性能力不高。从地区层面来看，下游韧性能力指数均值领先，上游居中，中游随后。上游、中游和下游的指数均值分别为 0.139 3、0.128 2、0.202 1，可以看到，三个地区的指数均值差距不大，上游与中游韧性能力均值接近。进一步来看，上游重庆市的韧性能力指数为 0.46，四川省的韧性能力指数均值为 0.136 3，贵州省为 0.124 9，云南省为 0.131 5。在中游地区，湖北省为 0.126 6，湖南省为 0.123 5，江西省为 0.136 0。在下游地区，上海市的韧性能力指数为 0.668 9，江苏省为 0.217 9，浙江省为 0.261 7，安徽省为 0.119 2。从省际差异来看，上游和中游地区的省份较为平衡，下游的江苏省和浙江省呈现出较高的韧性能力，但安徽省均值落后，与下游其余省份的差距较大。

从层级水平看，核心城市韧性指数显著领先，城市间层级差异较小。高韧性能力的第一层级城市包括上海、苏州、成都、重庆、杭州、南京和武汉，占城市总体数量的 5.56%。主要为省会城市、直辖市或省域内核心城市，其中以上海的韧性能力指数居首，其能力指数值为 0.67。第二层级（较高能力）为宁波、长沙、无锡、金华、甘孜藏族自治州、合肥、舟山、阿坝藏族羌族自治州、昆明等 14 个城市（自治州），占城市（自治州）总体数量的 11.11%，第二层级城市主要由高值城市的周边邻近城市构成。第三层级（中等能力）包括常州、台州、怒江傈僳族自治州、德宏傣族景颇族自治州、南通、湖州、衢州、迪庆藏族自治州、丽水等 13 个城市（自治州），占城市（自治州）总体数量的 10.32%。其中，东部地区的城市（自治州）居多，涵盖少量西部地区城市（自治州）。第四层级（较低能力）共计 33 个城市（自治州），占城市（自治州）总体数量的 26.19%，包括黄山、徐州、芜湖、盐城、赣州、宜昌、绵阳、吉安和株洲等；韧性能力最低的第五层级城市主要包括黄石、宜春、鄂州、德阳、常德、池州、黔东南苗族侗族自治州、湘西土家族苗族自治州等，共 59 个城市（自治州）。从图 3.1 所示的位序规模分布的双对数拟合图来看，曲线斜率较为平坦，绝对值为 0.502 6，表明城市间的韧性能力差异性不大。

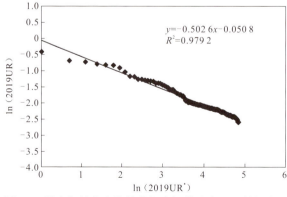

图 3.1　城市韧性能力指数的位序规模分布双对数拟合图

2019UR*指 2019 年各城市韧性能力指数的位序排名

2. 韧性能力空间评估

1）空间格局特征

从整体的角度来看，韧性能力从东部、西部城市向中部逐渐降低，地区非均衡分布显著。上游、中游和下游的韧性能力指数均值分别为 0.139 3、0.128 2、0.202 1，韧性能力从东部沿海城市、西部山地城市向中部内陆城市逐渐降低，形成长江经济带"首尾高、腰部低"的空间格局。此外，无论是长江经济带整体还是局部，韧性能力指数的非均衡分布明显。根据计算结果，高值和较高值城市分别为上海、苏州、成都、重庆、杭州、南京、武汉、宁波、长沙、无锡、金华、甘孜藏族自治州、合肥、舟山、阿坝藏族羌族自治州、昆明、贵阳、嘉兴、南昌、温州和绍兴，主要分布于下游地区浙江省和江苏省东部、上游地区四川省西部。中低韧性能力城市主要位于下游地区江苏省北部、浙江省西部，中部地区江西省、湖南省南部、湖北省西部，上游地区重庆、成都、昆明、贵阳周边。

从地区的角度来看，上游地区和中游地区的指数分布主要表现为"点状引领"。①上游地区中高值城市环形廊道分布，主要是以重庆、成都、昆明和贵阳四个城市为核心，与其周边城市形成能力值较高的廊道状集聚区域，并共同形成上游地区高值城市集聚的环形分布。这些城市（自治州）包括四川省德阳、绵阳、攀枝花、阿坝藏族羌族自治州、甘孜藏族自治州，云南省玉溪、普洱、丽江、西双版纳傣族自治州、德宏傣族景颇族自治州、怒江傈僳族自治州、迪庆藏族自治州，贵州省遵义、黔东南苗族侗族自治州、黔南布依族苗族自治州和黔西南布依族苗族自治州。②中游地区空间分布表现为"北低南高"。以武汉、长沙、南昌为核心形成高值三角形，其中，主要围绕长沙和南昌两个省会，与湖南省湘潭、株洲、衡阳、永州、郴州和江西省的大部分城市在中游地区南部形成较低值城市集聚的连绵区。反观中游地区北部，武汉的韧性能力指数一极独大，除湖北宜昌、湖北恩施土家族苗族自治州、湖南常德和湖南湘西土家族苗族自治州外，中游北部均为连片的韧性低值区域。③下游地区的空间形态则突出表现为"面状引领"，指数分布"东南高西北低"。上海、苏州、南京、无锡、南通、镇江、常州、泰州、合肥、嘉兴、湖州、杭州、金华、绍兴、宁波、泰州、丽水、衢州和温州等第一层级至第三层级的城市形成中高值能力密集区，继而以此密集区向浙江省西部、江苏省北部和安徽省西北部三个方面扩散形成能力较高的连绵区。

2）空间关联特征

在分析空间格局特征的基础上，为进而探究其空间异质性，对长江经济带 126 个城市（自治州）韧性能力指数的全局和局部空间自相关进行计算。结果显示，能力指数的全局 Moran I 指数为 0.273，且通过 5% 的显著性水平检验，表明长江经济带城市韧性表现出较强的空间正相关性，城市趋于与自身相近或类似的城市聚集。

韧性能力集聚分布均衡，上游中游相似、中游类型单一。其中，呈现出低-低集聚的城市（自治州）数量共计 67 个，位于四种集聚类型之首，占城市（自治州）总量的 53.17%，表明长江经济带城市的韧性能力以低值与低值的空间集聚为主导。其次是属于高-低集聚类型、高-高集聚类型的城市（自治州），其数量分别占城市（自治州）总量的 20.63%和18.25%，即从整体来看，高-低集聚和高-高集聚的空间异质现象较为明显。然后是属于低-高集聚类型的城市，数量占城市（自治州）总量的 7.94%，表明自身指数低而周边区域高值的抱团集聚区域较少。进而，上游地区和中游地区的集聚类型极为相似，主要以低-低集聚和高-低集聚为主导，另有少量低-高集聚区域。其中中游地区类型相对单一；而下游地区的空间集聚主要为高-高集聚，伴有低-低集聚和少量的低-高集聚，总体来看空间集聚类型多元。

3.2.2　韧性能力演化特征

为进一步跟踪长江经济带城市综合韧性的演化情况，本章基于 2008 年、2012 年、2017 年和 2019 年四个时间断面的数据，探究 126 个城市韧性能力的时空分异特征。为了统一计算结果的分级标准以便观察时空演化规律，采用研究期末（即 2019 年）的层级划分结果作为标准（表 3.4）处理其他三个年份的计算结果。

1. 时间演化：急速增长之后缓慢回落，城市层级差异逐渐缩小

四个代表年份的韧性能力指数分别为 0.131 6（2008 年）、0.135 8（2012 年）、0.162 3（2017 年）和 0.156 4（2019 年），表明长江经济带的韧性能力整体处于较低水平，呈现出急速增长后缓慢降低的趋势。可以看到，2008~2012 年城市韧性指数的增幅仅为3.19%，2012~2017 年的增幅达到了 19.51%，而 2017~2019 年的增幅为-3.64%。这意味着在研究期间内，长江经济带的韧性能力先增后降，在经历快速增长后于近年逐渐回落。进一步来看，上游地区四个时期的均值分别为 0.106 1、0.108 9、0.144 7 和 0.139 3，中游地区为 0.107 8、0.113 4、0.121 5 和 0.128 2，下游地区为 0.183 1、0.187 2、0.220 3 和 0.202 1。上游和下游地区表现为先增后降，中游地区则呈现出逐渐增长的趋势。三个地区横向比较来看，下游地区的指数均值持续领先，上游地区持续追赶中游并实现超越。

从四个时期韧性能力指数的层级划分来看，①第一层级（高韧性）的城市数量分别为 7、7、8、8，占城市（自治州）总数的 5.56%、5.56%、6.35%和 6.35%，无明显变化幅度。②第二层级（较高韧性）的城市数量分别为 7、6、10、13，占城市（自治州）总数的 5.56%、4.76%、7.94%和 10.32%，变化幅度较小。虽然该层级内的城市（自治州）数量较少，但呈现出稳定增加的态势，研究期末的城市（自治州）数量约为期初的两倍。③第三层级（中等韧性）的城市（自治州）数量分别为 16、17、31、13，占城市（自治州）总量的 12.70%、13.49%、24.60%、10.32%，变化幅度较大且有波动性特征。④第四层级（较低韧性）的城市（自治州）数量分别为 18、17、32 和 33，占城市（自治州）总量的 14.29%、13.49%、25.40%和 26.19%，变化幅度较大。⑤第五层级（低韧性）的城市（自治州）数量分别为 78、79、45、59，占城市（自治州）总量的 61.90%、62.70%、35.71%和 46.83%，变化幅度巨大。数据表明，层级变化主要聚焦于低韧性、较低韧性和

较高韧性三者之间，表现为低韧性城市数量的快速减少和较低韧性、较高韧性城市的小幅增加。结合韧性能力指数的位序规模结果来看，2008 年、2012 年、2017 年和 2019 年位序规模曲线斜率的绝对值分别为 0.577 6、0.558 8、0.484 6、0.502 6，表明城市之间的韧性差距逐渐缩小，韧性能力分布趋向扁平均衡而非垂直极化。

2. 空间演化：从东向西降低趋势变弱，上游攀升形成中部塌陷

在空间方面，长江经济带韧性能力指数的分布模式发生明显变化，初期呈现出由东部向西部逐渐降低的空间格局，随着上游韧性能力逐渐赶超中游地区，空间格局转变为由东部、西部两端向中部地区降低的态势。2007～2012 年的空间格局变化较小，主要以省会、直辖市和东部沿海城市等高值城市的点状分布为主导。空间变化聚焦于省会城市的韧性层级提升及周边邻近城市韧性指数的上升；2012～2017 年的空间格局变化巨大，韧性高值城市推动其腹地城市的韧性指数持续提升，形成明显的中高值集聚区。2017～2019 年的空间格局变化不大，主要是上游地区和下游地区部分城市韧性逐渐下降，如云南省西部、贵州省西部和安徽省。同时中游地区一些城市的韧性能力逐渐增强，主要分布于鄂西、湘南和赣东。

从不同韧性层级的城市分布来看，①高韧性城市的空间分布保持稳定，在 2008 年，该层级内的城市包括上海、苏州、南京、杭州、武汉、宁波和成都 7 个城市；2019 年主要为上海、苏州、成都、重庆、杭州、南京、武汉和宁波 8 个城市。研究期初和期末的成员无明显变化，均由省会城市、直辖市和省域内核心城市构成，呈散点式均衡分布于上中下游各地区。②较高韧性的城市，2008 年由无锡、重庆、绍兴、甘孜藏族自治州、昆明、长沙和南昌 7 个城市构成；至 2019 年，该层级内的城市数量至 13 个，包括长沙、无锡、金华、甘孜藏族自治州、合肥、舟山、阿坝藏族羌族自治州、昆明、贵阳、嘉兴、南昌、温州和绍兴。可以看到，主要由省会城市、西部一般城市和东部次级核心城市构成，在空间上零星散点分布于上游和中游地区，并呈小组团聚集于东部核心城市周边。③中等韧性城市的空间分布形态变化不大，主要依附于高值城市组群集中分布于上游地区西部、下游浙江省南部和江苏省南部。④较低韧性城市的空间格局变化显著。2008 年主要零星分布于上游和中游地区，并呈条带状聚集于下游地区中高值城市周边。随时间推移，2012 年、2017 年较低韧性城市的数量快速增加。至 2019 年，该类城市已于核心城市周边形成明显的连绵面状组群。⑤低韧性城市的数量急剧下降，研究期初由上游和中游地区的多数一般城市、下游安徽省和浙江省西部城市构成；至 2019 年，该类城市主要聚集于上游和中游地区，如四川省东部、云南省西部和东部、湖南省西部和湖北省中东部。

在空间异质性方面，2008 年、2012 年、2017 年和 2019 年韧性能力指数的全局 Moran I 指数分别为 0.297、0.297、0.260 和 0.273，韧性能力的空间关联表现为较为显著的空间正相关关系，但相关性在波动中稍有下降。四个时期属于低-低集聚类型的城市数量分别为 70、65、63 和 67，占城市总数的 55.56%、51.59%、50.00% 和 53.17%，表明韧性能力低值城市与低值城市趋于相邻，该类空间集聚是长江经济带主要的空间集聚类型。具体而言，空间关联呈现出如下演化特征：一是空间集聚变化具有明显的地区差异。上游

变化最小，主要是位于重庆的低-高集聚及其周边环绕的低-低集聚；中游变化显著，其低-低集聚规模逐渐增加，集聚类型由 2008 年的低-低集聚转变为 2019 年低-低集聚与高-低集聚并存。下游以高-高集聚为主导，其集聚规模逐渐缩小，且小部分低-高集聚空间逐渐消失。二是低-低集聚区域的空间分布由上游集中走向整体均衡，其规模也在趋于均衡中得以增加。

3.3 长江经济带城市韧性影响因素

结合关于韧性评估的相关文献，能源、水资源、土地、资本、劳动力通常被视为城市发展过程中的投入要素（Ren et al.，2018；Chiu et al.，2012；Oh，2010）。科技与教育是影响城市经济与创新发展的重要因素（彭翀 等，2021；Mou et al.，2021）。分别采用全社会用电量、水资源消耗量、建成区面积、固定资产投资、城镇非私营单位就业人口、科技支出和教育支出作为具体指标分别对上述 7 个要素进行表征（Huang et al.，2018；Zhou et al.，2018），并将其归纳为影响韧性能力的成本指标（详见《城市与区域韧性：迈向高质量的韧性城市群》第 3 章 3.1.1 小节）。

基于此，以长江经济带 126 个城市 2008 年、2012 年、2017 年和 2019 年的韧性成本指标作为自变量，韧性能力指数为因变量，采用 GWR4.0.9 软件对其进行地理加权回归分析得到如下结果（表 3.5～表 3.8）。可以看到，2008 年、2012 年、2017 年和 2019 年 GWR 模型的 R^2 值分别为 0.922 6、0.918 5、0.896 8 和 0.860 7，高于相应的 OLS 模型，模型整体表现出更高的拟合优度。

表 3.5 2008 年 GWR 模型回归系数的描述性统计分析

变量	显著性/%	回归系数区间	回归系数平均值
截距	100.00	0.063 2～0.104 5	0.083 2
全社会用电量	35.71	−0.552 6～1.031 1	0.373 3
水资源消耗量	53.17	−0.543 3～3.008 6	1.685 5
建成区面积	3.97	0.223 8～0.272 1	0.250 6
固定资产投资	48.41	0.254 5～0.545 8	0.364 8
城镇非私营单位就业人口	34.92	−0.566 2～0.484 7	0.318 0
科技支出	48.41	0.474 3～3.055 0	1.621 2
教育支出	77.78	−1.267 9～−0.521 8	−0.859 9
局部 R^2	0.810 8～0.948 2		
R^2	0.922 6		
调整 R^2	0.889 0		
AICc	−464.294 4		

注：AICc 为修正的赤池信息量准则（Akaike information criterion corrected）。

表 3.6 2012 年 GWR 模型回归系数的描述性统计分析

变量	显著性/%	回归系数区间	回归系数平均值
截距	100.00	0.066 2～0.122 0	0.088 0
全社会用电量	37.30	0.579 6～0.996 3	0.780 7
水资源消耗量	37.30	0.644 8～2.758 4	1.857 7
建成区面积	13.49	−0.415 8～−0.329 6	−0.371 8
固定资产投资	48.41	−0.600 0～0.639 4	0.295 8
城镇非私营单位就业人口	34.13	0.336 5～0.539 1	0.437 1
科技支出	28.57	1.034 1～1.965 5	1.403 4
教育支出	51.59	−0.844 6～−0.442 7	−0.708 7
局部 R^2		0.797 4～0.959 9	
R^2		0.918 5	
调整 R^2		0.883 8	
AICc		−464.987 4	

表 3.7 2017 年 GWR 模型回归系数的描述性统计分析

变量	显著性/%	回归系数区间	回归系数平均值
截距	100.00	0.081 7～0.143 4	0.113 2
全社会用电量	41.27	0.279 7～0.429 2	0.308 7
水资源消耗量	30.16	1.608 5～4.583 4	3.102 7
建成区面积	50.00	−1.546 7～1.024 4	−0.116 0
固定资产投资	12.70	−0.692 2～−0.371 5	−0.551 9
城镇非私营单位就业人口	31.75	−0.665 4～0.186 5	−0.436 1
科技支出	32.54	1.409 8～2.990 7	2.499 8
教育支出	28.57	−0.461 4～0.448 4	−0.286 0
局部 R^2		0.705 6～0.951 5	
R^2		0.896 8	
调整 R^2		0.861 7	
AICc		−457.143 8	

表 3.8 2019 年 GWR 模型回归系数的描述性统计分析

变量	显著性/%	回归系数区间	回归系数平均值
截距	100.00	0.086 1～0.119 5	0.099 5
全社会用电量	57.94	0.278 7～0.418 0	0.389 7
水资源消耗量	76.19	0.361 2～1.127 2	0.720 9

续表

变量	显著性/%	回归系数区间	回归系数平均值
建成区面积	0.00	—	—
固定资产投资	19.84	−0.353 1～−0.272 5	−0.315 7
城镇非私营单位就业人口	35.71	0.168 4～0.206 0	0.187 9
科技支出	0.00	—	—
教育支出	41.27	−0.340 7～−0.241 3	−0.286 3
局部 R^2	0.741 4～0.911 9		
R^2	0.860 7		
调整 R^2	0.838 6		
AICc	−430.546 3		

注：回归系数均通过 5%显著性水平检验。

3.3.1　整体影响因素的时空演化

对 GWR 模型计算结果中的回归系数显著性进行 T 检验，将显著性单元（通过 5%显著性水平检验的城市）占比超过 40%的指标视为具有一定解释力的影响因素。

2008 年，全社会用电量、建成区面积、城镇非私营单位就业人口三项指标的显著单元占比分别为 35.71%、3.97%和 34.92%，对城市韧性能力的解释力较弱。显著单元占比大于 40%的成本指标为水资源消耗量、固定资产投资、科技支出和教育支出，其回归系数均值分别为 1.685 5、0.364 8、1.621 2 和-0.859 9。表明，教育支出与韧性能力呈现出一定的负相关关系；水资源消耗量、固定资产投资、科技支出和教育支出是影响城市韧性的主要因素。其中，水资源消耗量、固定资产投资和科技支出与城市韧性呈现出较为明显的正相关关系。从回归系数的平均值来看，水资源消耗量、科技支出的影响力较强，固定资产投资次之。

2012 年，全社会用电量、建成区面积、城镇非私营单位就业人口三项指标的显著单元占比分别为 37.30%、13.49%和 34.13%，与 2008 年的情况类似，这三项指标对城市韧性能力的解释力不足。与 2008 年的结果对比来看，水资源消耗量的显著性占比从 53.17%下降到 37.30%，科技支出从 48.41%降至 28.57%，均滑落至 40%以下。在 126 个城市单元中，显著单元占比超过 40%的成本指标为固定资产投资和教育支出。其中，教育支出表现出负相关关系，其回归系数均值由 2008 年的-0.859 9 转变为 2012 年的-0.708 7，负相关关系逐渐降低。影响城市韧性的主要成本驱动因素为固定资产投资，其回归系数均值由 2008 年的 0.364 8 下降至 2012 年的 0.295 8，意味着固定资产投资对城市韧性能力表现为正向促进作用，但其正相关关系呈现出逐渐减弱的趋势。

2017 年，水资源消耗量、固定资产投资、城镇非私营单位就业人口、科技支出和教育支出的显著单元占比分别为 30.16%、12.70%、31.75%、32.54% 和 28.57%，显著性占比均小于 40%，对于韧性能力的解释性较差。全社会用电量、建成区面积对城市韧性的发展具有显著影响。其中，全社会用电量的显著单元占比从 2012 年的 37.30% 上升至 2017 年的 41.27%，回归系数均值为 0.308 7，表明其对城市韧性逐渐表现为正向的促进作用；建成区面积的显著单元占比由 2012 年的 13.49% 上升至 2017 年的 50%，其回归系数均值为 -0.116 0，表明建成区面积与城市韧性呈现出负相关关系。

2019 年，建成区面积、固定资产投资、城镇非私营单位就业人口和科技支出的显著单元占比分别为 0.00%、19.84%、35.71% 和 0.00%，这意味着建成区面积和科技支出两项指标对城市韧性能力而言无显著性；虽然固定资产投资和城镇非私营单位就业人口的显著单元占比相较于 2017 年有所提高，但仍低于 40%，对韧性能力的解释力不足。具有显著性的指标为全社会用电量、水资源消耗量和教育支出。其中，教育支出与韧性能力表现出负相关关系，其回归系数均值为 -0.286 3；与 2017 年的计算结果相比，全社会用电量的显著性占比由 41.27% 提高至 57.94%，其回归系数均值则从 0.308 7 提高至 0.389 7，表明该要素对城市韧性能力的正向驱动逐渐增强。水资源消耗量对城市韧性具有正向促进作用，其显著性占比从 30.16% 增至 76.19%，回归系数均值为 0.720 9，从不显著要素逐渐转变为显著要素。

总体来看，驱动长江经济带韧性能力的主控成本因素由 2008 年的水资源消耗、固定资产投资、科技支出转变为 2019 年的全社会用电量、水资源消耗量，呈现出由资源和资金因素多重主导转变为资源因素主导的趋势。对于长江经济带整体而言，资源的高效利用对于提升城市韧性、缩减韧性成本，并进而优化韧性效率具有显著影响。

3.3.2 地区影响因素的时空演化

根据上游、中游和下游的地区分类，探讨不同地区的韧性影响因素。从表 3.9 和表 3.10 的统计结果来看，长江经济带城市韧性能力的影响因素表现出显著的地域分异特征。

表 3.9 影响因素回归系数均值分地区统计（2008 年和 2012 年）

影响因素	2008 年			2012 年		
	上游	中游	下游	上游	中游	下游
全社会用电量	—		0.753 3	—		0.767 2
水资源消耗量	2.333 2		—	1.910 7		—
建成区面积						-0.371 8
固定资产投资	—	0.462 3	0.313 7			0.503 0
城镇非私营单位就业人口			0.429 2			0.441 8
科技支出	2.307 9		0.576 1	1.401 1		
教育支出	-0.721 5	-0.787 0	-1.020 5	-0.688 7		-0.739 0

表 3.10 影响因素回归系数均值分地区统计（2017 年和 2019 年）

影响因素	2017 年			2019 年		
	上游	中游	下游	上游	中游	下游
全社会用电量	—		0.291 9		0.381 9	0.395 8
水资源消耗量	3.102 7	—	—	1.006 4	0.466 6	—
建成区面积	-1.131 1	0.724 4				
固定资产投资				-0.315 7		
城镇非私营单位就业人口	-0.434 4			0.187 9		
科技支出	2.499 8					
教育支出			-0.384 7			-0.288 3

　　上游地区持续受水资源消耗的影响，就业人口的作用逐渐凸显。上游地区的城市多位于山区，经济规模普遍较低，产业结构以农业为主导，工业生产与第三产业发展相对薄弱。但其自然资源禀赋独特，是长江经济带重要的水源保护地和生态涵养地。2008 年、2012 年和 2017 年上游地区城市韧性的主要影响因素均为水资源消耗量和科技支出，呈现出高度正相关关系，且回归系数均值呈现逐渐增大的趋势，而教育支出、建成区面积呈现出微弱的负相关关系。至 2019 年，主控成本要素转变为水资源消耗量和城镇非私营单位就业人口，上游地区水资源消耗量的回归系数均值由 2008 年的 2.333 2 降低至 2019 年的 1.006 4，对韧性能力的影响力减弱。城镇非私营单位就业人口的回归系数为 0.185 7，虽然该要素的回归系数均值较低，但已呈现出从非显著因素转为显著因素的趋势。

　　中游地区的主控成本因素持续变化，影响因素较为单一。中游地区是装备制造、石油化工、航空、冶金等产业的集聚区，快速的城镇化与工业化促使资源与劳动力仍然集中于武汉、长沙、南昌等核心城市。城市韧性的持续发展依赖于建设用地的快速扩张和资源消耗带来的收益。2008 年，固定资产投资对韧性能力表现出正向驱动作用，其回归系数均值达到 0.462 3。教育支出的回归系数为 -0.787 0，呈现出较强的负相关关系。2012 年，中游地区的韧性成本要素均无显著性。至 2017 年，统计结果显示城市韧性的发展高度依赖于城市用地规模，显著单元内建成区面积的回归系数均值达到 0.724 4，意味着中游地区多数城市的韧性提升仍与粗放的土地利用和建设用地扩张紧密相关。2019 年，全社会用电量和水资源消耗量的显著性占比超过 40%，回归系数分别为 0.381 9 和 0.466 6。这意味着中游地区的韧性建设由依赖土地资源转变为依赖水电资源。

　　下游地区持续受全社会用电量的驱动，影响因素从多元转变为单一。下游地区经济发达，交通便捷，工业雄厚，已形成具有全球影响力和经济活力的长江三角洲城市群，核心城市的溢出效应和普通城市的产业合作不断紧密。2008 年，全社会用电量、固定资产投资、城镇非私营单位就业人口和科技支出是主要影响因素，回归系数均值分别为 0.753 3、0.313 7、0.429 2 和 0.576 1。从回归系数来看，全社会用电量的影响力最强，其次是科技支出和就业人口，最后是固定资产投资的影响力；此外，教育支出表现出明显的负相关关系。2012 年，科技支出由显著因素转变为非显著因素，主控成本要素包括全社会用电量、固定资产投资和城镇就业人口。三项要素的回归系数均值为 0.767 2、0.503 0 和 0.441 8，相较于 2008 年均有所增长，表明上述因素对韧性能力的影响作用逐渐增强。2017 年，影响下游地区韧性能力的显著性因素骤然减少，由多元迈向单一。全社会用电量成为其主要驱动因素，但其影响力逐渐降低。至 2019 年，下游影响因素仍保持单一特征，全社会用电量的回归系数上升，对于韧性能力的影响作用有所增强。对于下游地区城市而言，教育支出、建成区面积对城市韧性发展表现出较强的反向抑制作用。

第4章 社区韧性测度

社区韧性是韧性在城市空间内部单元的典型应用，可分为能力、过程与目标三个方面，一般从个人和社区两个层面研究（彭翀等，2017）。作为能力集合，韧性包括稳定能力、恢复能力及适应能力。作为成长过程，韧性强调系统在面对灾害时如何逐步提升适应能力，最终成功应对灾害的全过程。作为发展目标，韧性可以作为衡量系统是否获得适应能力及是否经历关键过程的指标度量。评估社区韧性，有助于了解社区现状并为未来规划提供依据。决策者通过监测韧性变化，建立韧性基线，把握韧性提升轨迹。同时，比较不同政策与措施下的韧性表现，优化资源配置，有助于投资与高效治理。本章首先对现有社区韧性测度研究的内容维度进行归纳总结；其次，简要阐述社区韧性的定性评估方法；最后，重点围绕社区韧性的量化测度展开，对韧性测度计分法、模型法、指数法、工具包等主要测度方法进行介绍，旨在为促进社区可持续发展提供技术支撑与实践方法指导。

4.1 韧性测度内容

4.1.1 韧性系统测度

在社区韧性系统评估中，学者通常将社区韧性系统划分为社会、经济、社区、物理、资源、基础设施、制度等关键要素。为全面衡量社区韧性，需要研究韧性系统包括哪些构成要素，并选取相应测度指标，同时根据研究目的进行修正，从而构建韧性系统评估体系。

1. 韧性系统构成要素划分

近年来已有不同研究从各种角度解构社区韧性系统。因此，在评估社区韧性时，首要任务是选取合适视角以明确韧性系统所涵盖的关键要素，即需要进行测度的内容。通常可以从韧性构成、社区结构及资本构成三个角度开展（唐彦东等，2023）。

第一，从韧性构成的角度出发，研究社区韧性的基本内涵和核心理念，如早期地方灾后恢复力（disaster resilience of place，DROP）模型通过探讨脆弱性和韧性的关系，确定韧性系统构成的要素，确保评估的全面性和准确性（Cutter et al.，2008）。第二，从社区构成的角度出发，研究邻里规模上人的行动与社区韧性的关系，将韧性系统要素确定为人口、政府服务、基础设施、社区能力、经济发展等方面（Renschler et al.，2010a）。

第三，从资本构成的角度出发，考虑资源的可获得性，一般将社区韧性系统要素划分为社会资本、经济资本、物质与基础设施资本及人力资本四大类（Peacock et al.，2010；Sherrieb et al.，2010；Norris et al.，2008）。国内外学者在探索韧性系统构成要素时，采用了多样化的视角，尽管划分方式各异，但围绕主要的测度维度仍形成了一些共识，以下展开简要介绍。

2. 韧性系统主要测度维度

通常而言，社会、经济、制度、基础设施构、环境构成了社区韧性的主要领域（陈浩然，2022；Gunderson，2000），在当前社区韧性的定性评估和量化测度中占据着不可或缺的重要地位。此外，社区组织机构、社会资本、空间结构等领域维度也常出现在韧性评估中，需依据具体的研究目标来确定测度的维度，本节将介绍其中主要维度选取的指标。

社会维度的指标衡量社区在面对灾害和危机时，社会结构、社会网络和社区凝聚力等方面的表现。它包括社区成员之间的联系、互助行为、社会资本，以及应对灾害时的集体行动能力等。社会韧性强的社区能够更有效地动员资源、协调行动，迅速恢复并适应灾害后的环境，展现出更强的恢复力和适应能力。在确定具体的社会维度指标时，可以整体考虑人口结构特征，如可运用社会脆弱性指数对给定社区内人口和人口结构进行量化评估，或者将社区韧性指标分解为人口统计学特征（如年龄、种族、社会阶层、性别、职业）、社会网络和社会嵌入程度、社区价值观和凝聚力及信仰型组织等方面，从而评价社区的社会韧性。

经济维度注重评估社区的经济体系在灾害后的恢复能力，包括经济多样性、就业状况、基础产业的稳定性、财政资源等，对其的评估既包括对社区当前经济活动的静态评估，也包括对社区经济发展的动态评估。经济韧性强的社区通常能够在灾后迅速恢复经济活动，并具备吸引投资和资源的能力（Cutter et al.，2008）。经济维度的指标可以从行业-生产、行业-就业和金融服务三个子范畴考虑，主要考察指标为各行业就业人口的比例及就业分布。同时需注意经济维度与社会维度紧密交织，需要将识字率、预期寿命和贫困率等社会指标与就业人口和就业分布相结合，进行全面考量。在灾害情景下，经济维度指标还可以包括疏散计划和演练的程度，灾后检查受损建筑物计划的充分性，以及灾后商业重建计划的充分性（Tierney，2009）。

制度韧性着重评估社区在危机情境下，其制度和政策的反应速度与适应能力。这涵盖了政府层面的应急管理效率、法规制定的及时性与合理性、政策支持的充分性及应急响应能力的有效性等。制度韧性强的社区通常具备更加有效的危机管理机制和政策保障。在制度维度指标选取上可以考虑两个方面，一是应急响应单元的数量及应对灾害能力，二是应急准备规划的质量和完整性（Renschler et al.，2010b）。应急响应单元的考察一般使用相应人员与设备的配备情况衡量其可达性。应急准备规划则注重考察相关计划制订的完备性，包括减灾计划、应急响应计划及通信保障情况等。此外，还可以考察跨部门合作紧密程度等以检验应急准备充分性。

基础设施维度包括社区关键基础设施的可靠性和抗灾能力，如供水、电力、通信、交通、医疗设施等。强大的基础设施韧性意味着这些设施能够在灾害中继续运行或快速恢复，保障社区的基本需求。在指标选取上，通常针对不同基础设施制定不同的指标。例如，在住房方面，关键指标为低质量住房存量比例和租赁住房空置率。在通信网络方面，则考察政府与公众沟通程序的充分性，官方和非官方信息源之间联系的充分性，以及应急管理实体和服务于不同人群的大众媒体之间联系的充分性等（Tierney，2009）。

环境维度涉及社区自然生态系统的健康状况和可持续性，主要衡量生态系统应对干扰的能力，同时也包括自然资源的管理、生态保护措施、环境风险的应对能力等。良好的环境韧性有助于减少社区在灾害中的损失，并促进可持续发展。一方面，环境维度可以选择生态系统恢复力作为其关键指标，常用归一化植被指数（normalized differential vegetation index，NDVI）与净初级生产力（net primary production，NPP）测算生物积累量，体现生态系统恢复力（Olofsson et al.，2007；Pettorelli et al.，2005；Prince，1991）。另一方面，可根据社区所处地理环境或气候背景，选取生态湿地面积、损失侵蚀率、不透水面积、生物多样性和海岸防御结构等作为生态维度的衡量指标。例如，邓诗琪（2018）针对气候变化背景下的气象灾害、极端天气问题，选取湿地面积、水体面积比重、生物多样性和不透水面积作为环境维度评价指标。

3. 韧性系统测度体系

在研究社区韧性的过程中，研究者需紧密围绕研究目标，从多维度、跨学科的视角出发，整合并构建一套科学合理的指标体系。国际上，社区韧性的研究多聚焦于环境科学与生态学、心理学等领域，国内研究更侧重于应用性，通常从社区面临的灾害入手，并对灾害类型进行了详细划分，涵盖了消防安全、气候变化适应、雨洪管理及突发公共卫生事件的应急管理等多类型领域，同时根据具体情况选择合适的测量维度。

近年来人们对突发公共卫生事件领域的关注度显著上升，于洋等（2020）提出了"平疫结合"的社区韧性评估框架，将社区韧性分为物质空间（包括空间、设施、环境）和社会空间（包括治理、资本）两个主要维度，为评估突发公共卫生事件中的社区韧性提供了新的视角和方法。随后，杨毕红（2021）在突发公共卫生事件下，进一步拓展了评估模型的维度，从社会、经济、制度、基础设施及社区资本五大方面对社区韧性进行测度。

此外，部分学者根据社区的类型差异展开了更具针对性的专项研究［表4.1（崔鹏 等，2018）］。在韧性体系构建的探索上，研究内容显著深化，从初期较为局限且零散的评估指标，逐步演进为一套多级、系统化且全面的指标体系（崔鹏 等，2018），这一转变体现了科研领域对社区韧性评估复杂性与全面性的深刻认识与不断提升。

表 4.1 国外社区韧性相关研究的维度划分

理论框架	社区类型	社会	经济	自然环境	基础设施	物理	制度	其他
社区灾害韧性指数	非特定类型	√	√	√	√	√	√	—
地点灾害韧性	非特定类型	√	√	√	√	√	√	√
社区韧性模型	内陆社区	√	√	√	√	√	√	—
社区灾害韧性框架	海湾地区	√	√	√	√	√	√	—
社区多维韧性评价指标	非特定类型	√	√	√	√	√	√	√
社区韧性建立活动	非特定类型	√	√	√	√	√	√	—
行动导向韧性评价	城市社区	√	√	√	√	√	√	—
基于社会适应力框架	非特定类型	√	√	√	√	√	√	—
韧性评价与决策系统	非特定类型	√	√	√	√	√	√	—
社区基线韧性指标	沿海社区	√	√	√	√	√	√	—
流与资源要素	非特定类型	√	√	√	√	√	√	—
社区韧性框架	非特定类型	√	√	√	√	√	√	—
八角价值模型	沿海社区	√	√	√	√	√	√	—
复合韧性指数	非特定类型	√	√	√	√	√	√	—
整体社区韧性评价方法	非特定类型	√	√	√	√	√	√	—

4.1.2 韧性属性测度

1. 社区韧性基本特征

社区韧性测度可以从韧性的基本特征出发进行韧性属性测度（陈浩然，2022），主要包括稳定性、冗余度、效率性、适应性等（Bruneau et al.，2003）。这种方法不仅揭示了社区韧性的内在本质，还为制定有效的韧性策略提供了理论依据。本小节选取部分常用属性进行介绍。

鲁棒性（robustness）是社区韧性的基石，指社区在压力下保持结构、功能和生活秩序不衰退的能力，反映其应对不确定性和挑战的持续稳定运作水平。一个具有高度鲁棒性的社区，能够在灾害、经济危机或社会动荡等突发事件中迅速恢复平衡，确保居民的基本生活需求得到满足，社会秩序得以维持。

冗余性（redundancy）是衡量社区韧性的重要维度，是社区内元素、系统或功能在遭遇中断、退化或丧失时，通过其他可替代资源或方式继续满足基本需求的能力，它体现了社区在面对突发状况时的恢复力和灵活性。社区冗余度体现在：多元化的经济结构、多样化的能源供应渠道、丰富的社区资源和志愿者队伍等。冗余性的存在使得社区在面对单一灾害或挑战时，能够调动其他资源和能力进行替代和补充，从而保持整体功能的连续性。

效率性（rapidity）在社区韧性中体现为迅速响应优先事项、高效达成目标的能力，旨在控制损失并预防未来干扰，确保社区在面对挑战时能够迅速恢复并稳步前进。应急管理体系、决策机制、救援队伍等完备情况及社区成员之间的沟通和协作均可以反映社区效率。一个高效的社区，能够迅速识别并评估风险，制订并实施有效的应对策略，将灾害或危机的影响降到最低。

资源丰富性（resourcefulness）指社区在遭遇可能损害其元素、系统或结构的情境时，所展现出的识别问题、明确优先级并迅速调配资源以应对的能力。这包括有效利用物质资源（货币、实物、技术、信息等）与人力资源，以灵活应对挑战，满足紧急需求，推动社区持续发展与恢复。资源丰富性强的社区，能够灵活应对各种挑战和机遇，保持其持续发展的活力。

2. 韧性属性与社区要素结合

在韧性评估的深度发展过程中，核心任务是将韧性的抽象概念转化为社区层面具体的、可量化且易于操作的评估指标。这要求学者针对社区的社会资源、基础设施、经济活力等多方面因素，采取合适的方式将属性概念与可衡量指标结合。

例如，可以采取一一对应的方法进行测度，将韧性的四大核心属性（稳定性、冗余性、效率性、资源丰富性）分别与社区的技术、组织、社会及经济维度进行结合进行定量计算，或通过综合评估社区资源的稳健性（基于性能、多样性和冗余度）及其利用资源的适应性（组织记忆、创新学习和连通性驱动），以实现对社区韧性的量化（陈浩然，2022）。

此外，也有学者利用韧性属性与社区要素构建 4×4 韧性矩阵（RM），并融入时间维度，深化韧性评估的动态性与全面性，实现对社区系统在灾害管理全周期内（如准备、吸收、恢复、适应）韧性表现的即时监测（Fox-Lent et al.，2015）。此矩阵模型不仅丰富了韧性评估的理论架构，也为实践中社区韧性的构建与强化提供了强有力的分析工具。通过此框架，决策者能够精准洞悉社区韧性的动态变化，据此制订并实施更具针对性的韧性提升策略，以有效应对未来挑战。

4.1.3 社区资源与能力测度

在评估社区韧性的过程中，除直接考量韧性系统和属性外，另一种重要的方法是聚焦社区的资源与能力。该方法主要关注社区的内部资源储备、外部资源可得性，以及其在面对灾害时的抵抗、适应和恢复能力（唐彦东 等，2023）。国际研究中，资本被视为静态基础要素，而社区能力则是动态变化的，随着时间和环境发展而不断演进。国内学者则重点强调韧性社区的资本与能力、功能与特性两方面。前者侧重于过程导向，采用自下而上的视角，强调社区在物质、社会、经济、组织及人口等方面能力的提升；后者则以结果为导向，关注提升社区韧性的关键因素，从自上而下的角度探讨韧性社区所需的能力（崔鹏 等，2018）。

1. 社区资源

从社区资源的角度出发，可以将社会资源划分为人力资本、社会文化资本、物质资本、金融资本及自然资本等类型，它们相互关联、相互支持，共同构成了社区应对灾害、实现恢复与重建的坚实基础。

人力资本主要指标为技能、知识、良好的健康状况、工作和实现生计目标的能力。在韧性背景下，良好的人力资本是社区和家庭获得和充分利用其他资本资源的先决条件。

社会文化资本主要指居民可利用的支撑其生计和多样化的需求的社会网络和资源（Mileti，1999），可以选择的指标包括社会支持、社区感、地方依恋度和公民参与度等（Norris et al.，2008）。这些社会资本通过紧密的网络相连接，因此，对于居民来说，在面对灾害的情况下，社会资本是调动其他必要资源和信息来有效应对挑战的关键能力所在。

物质资本包括住房或住宅结构、商业和工业建筑、基础设施和生命线（电力、给排水、电信、交通）及医院、学校、养老院、警察和消防站等。研究表明，韧性与物质资本之间存在明显的关系。例如，交通网络较差的社区更容易面临疏散困难的问题。

金融资本涵盖了个人和家庭用于维持生计和生活水平的金融资源，常采用收入、储蓄或信贷等来衡量。已有文献证明金融资本与韧性有密切联系，即社会经济地位较高的家庭更能为灾害事件做好准备，遭受的相对损失较小，也更容易恢复；而低收入家庭则面临更大风险，因为他们缺乏获取金融资源的途径（Bolin et al.，2018；Fothergill et al.，2004）。

自然资本即自然资源储备，包括土地、森林、水和矿产等资源。自然资本的减少将会导致灾害风险的增加。例如，湿地改造是美国洪灾风险增加的重要因素之一（Brody et al.，2007；Highfield et al.，2006）。

2. 社区能力

社区能力是韧性的另一种形式，涉及社区行动、批判性反思和解决问题的能力、灵活性和创造力、集体效能、赋权和政治伙伴关系等方面（Norris et al.，2008）。这一概念强调了社区韧性的动态性，它不局限于简单的灾后"恢复"概念，而是明确了社区韧性依赖于居民共同的愿景与期望，在灾后重建中积极塑造更加美好未来的努力和能力。

社区能力既包括了社区固有的能力，也涵盖了社区推动自身正面变革潜能的能力。前者包括解决复杂问题的多元策略开发、参与有效政治网络构建等，主要关注社区整体的应急反应能力、资源动员能力及适应变化的能力等指标。后者表现为当社区成员集体认同并坚信自身具备重建、重组的能力时，该社区在面对外部不利因素时展现出更强的持久性与韧性，在衡量该方面能力时，可以利用生活质量调查了解一个给定社区的成员致力于服务社区，并愿意从事维持社区所必需活动的情况，可考虑的指标包括移民措施、公民参与政治的措施等。

3. 外部资源

除社区资源和能力外，还可以考虑探讨外部因素对于社区韧性的影响。一般该类因素体现为社会性指标，如经济、政策、基础设施、教育等（唐彦东 等，2023）。例如，Gerges 等（2022）基于社区韧性所受影响的外部因素，构建了社区内在韧性指数（community intrinsic resilience index，CIRI），包括交通、能源、卫生和社会经济 4 个部门的绝对韧性指标。

总体而言，在社区韧性测度研究领域内，确立具体研究路径需紧密依托前述理论框架与思考维度。鉴于前人已广泛涉足此领域，并通过定性或定量的方法论视角构建了多样化的社区韧性评估模型，表 4.2 总结了具有代表性的韧性评估模型进行对比分析，同时本章将分别在后续两小节从定性和定量两方面深入阐述这些模型。

4.2　社区韧性的定性评估方法

社区韧性的定性评估是对社区结构、居民活动、生态环境等因素进行的综合分析，依赖于公众和专家对各种因素的深入理解和主观判断。在实际应用中，社区韧性测度的定性方法一般通过问卷调查、访谈等方式搜集，不便于数据量化，因此通过定性评估方法能够快速深入地描述、分析和评估社区的韧性水平。较为常用的定性评估方法为框架法和要素描述法。

4.2.1　框架法

框架法的核心在于构建一个全面而细致的评估流程，引导社区成员及利益相关者深刻理解社区韧性的关键要素、运作模式及整体架构，同时确保评估过程中各项活动的积极参与及有效执行。通过这一结构化的方法能够提升评估的效率与效果，促进信息的交流与共享，进而使评估结果更加准确、全面（唐彦东 等，2023）。

框架法不但能够为韧性评价过程进行合理的引导，而且能够为评价过程提出一套有效的评价体系，包括评价条件设定体系、干预措施采取体系、行动机制。根据已有资料，对社区韧性定性评价所采用的几个常见框架法案例如下。

1. 社区促进韧性工具包

社区促进韧性工具包（the communities advancing resilience toolkit，CART）是一个主要使用定性方法集成的社区韧性评估工具包，由美国国家儿童创伤压力网络恐怖主义和灾难中心创建，是一种公开的基于理论和实证的社区干预程序（Pfefferbaum et al.，2013）。在确定工具的理论基础和韧性领域方面，CART 最初基于从社会心理学和公共卫生文献中的社区能力和能力理论中借鉴了 7 个社区属性，通过对这些属性进行细化后，确定了 4 个重叠的领域以构成 CART 工具的基础：①联系与关怀；②拥有的资源；③变

表 4.2　社区韧性评估体系对比

名称	评估模型	评估内容	评估方法	优点	缺点
气候灾害韧性指数（climate disaster resilience index，CDRI）	根据 4 个资本类型和 4 个防灾阶段构建矩阵，分别计算某个资本在 4 个阶段或某个阶段 4 个资本的韧性	社区资源、社会资本、经济资本、实物资本、人力资本	（1）定量评估 （2）数据来源：美国人口普查部商业格局资料和相关郡域商业格局和相关部门、城市和郡网站 （3）评估方式：自上而下	易于理解，方法透明，便于决策	权重主观性强，没有评估灾害恢复能力的全面性，社区层面的数据不具有连续性或时效性
社区基线韧性指标（baseline resilience indicators for communities，BRIC）	根据卡特（Cutter）的 DROP 模型，把社区资本划分为 6 类并构建指标，使用克龙巴赫α系数法进行指标测算	基础设施、生态系统、社会机构、经济、社会、社区资本	（1）定量评估 （2）数据来源：公开的免费信息 （3）评估方式：自上而下	易于理解，方法透明	社区层面的数据不具有连续性或时效性
地方化的灾害韧性指数（the localized disaster resilience index）	使用层次分析法（analytic hierarchy process，AHP）和德尔菲法构建韧性评估指标	环境和自然资源管理、居民健康和幸福、可持续生计、社会保护、金融工具、实体防护与结构和技术措施、规划制度	（1）定量评估（借助层次分析法和德尔菲法） （2）数据来源：没有提及 （3）评估方式：自上而下	指标确保有社区成员参与，结合定性和定量的方法	使用的数据有滞后性后或不易获取，指标不具普适性
诺里斯社区韧性模型（Norris community resilience model）	对社区居民进行调研打分，取分析单元内居民分数的平均值作为最终结果	经济发展、社会资本、基础设施、通信、认知、社会和防灾	（1）定量评估 （2）数据来源：国家、州、当地政府部门和机构、学术研究、非营利组织、互联网检索、相关领域专家 （3）评估方式：自上而下	易于理解，方法透明	没有找到评估通信的指标，指标不具普适性，使用的数据有滞后性或不易获取

续表

名称	评估模型	评估内容	评估方法	优点	缺点
韧性矩阵框架（resilience matrix framework）	构建针对基础设施、通信、认知、社会4个阶段的4×4矩阵，针对领域进行分阶段评估，最终进行赋值	基础设施、通信、认知、社会	(1) 定性、定量评估 (2) 数据来源：现存资料、机构官员提供、规划、各歌地球 (3) 评估方式：自下而上	适用范围广、针对性强	指标较少、权重和定性定量换算主观性强
韧性指数（resilience index，RI）	把韧性指标分为5级，并对第五级原始数据权重进行定量评估	重大基础设施和关键资源	(1) 定量评估 (2) 数据来源：专业人员调查 (3) 评估方式：自上而下	采用多次问答信息，可以保证信息的完整性和准确性	指标不全面，没有考虑其他指标
人口-生态-政府服务-基础设施-社区竞争力-经济-社会韧性框架（the PEOPLES resilience framework）	从人口、生态、政府服务、基础设施、生活方式及社区竞争力、经济发展、社会文化资本等7个方面定量评估	人口及其结构、生态、政府服务、基础设施、经济发展、社会文化资本	(1) 定性、定量评估 (2) 数据来源：学术研究 (3) 评估方式：自上而下	适用各个尺度的韧性评估，在时空上形象地把韧性相互作用的各个领域结合起来	评估指标数据没有进行互联
联合社区韧性评估（conjoint community resilience assessment measurement，CCRAM）	确定6个社区韧性指标，并采用皮尔逊相关分析等方法识别社区韧性	领导力、集体效能、准备、场所依赖、社会信任、社会关系	(1) 定量评估 (2) 数据来源：调查问卷 (3) 评估方式：自上而下	分析单元灵活，可以应用到邻里或城市	统计样本数量较少，没有考虑社会网络指标

资料来源：彭翀等（2017）。

革的潜力；④灾难的管理。

CART 的实施过程主要由 CART 程序构成，主要包括 4 个阶段，展示了 CART 的参与者如何在集成过程中使用评估和分析工具来让社区了解并构建社区韧性。第一阶段，CART 社区发起人及其合作伙伴根据当地人口统计数据、CART 调查数据和通过关键线人访谈提供的信息，生成初步的社区概况。第二阶段，参与者在完善社区概况时可能会发现需要进行额外评估的信息差距，包括使用 CART 社区对话、基础设施测绘等多种方式以识别和更有效地分析社区的资产和需求。第三阶段，参与者制订战略计划，通常通过小组合作建立目标和目的，确定实现目标的方法，并准备行动计划。第四阶段，参与者采纳并实施战略计划。同时，CART 的实施过程涉及许多工具支撑，这些工具都包含在 CART 中，主要包括 CART 评估调查、关键线人访谈、数据收集框架等内容。CART 的主要价值在于它对社区参与、沟通、自我意识和批判性反思的贡献。理想情况下，CART 过程通过信息、沟通和帮助来确定问题、解决问题和计划活动，是一种通过参与性行动启动和加强社区复原力建设的干预措施。

2. 社区韧性系统

社区韧性系统（community resilience system，CRS）由美国社区和区域韧性研究所开发，是一种基于预测风险、限制影响并通过适应和成长、快速恢复能力的社区韧性理论框架。CRS 主要包括评估工具和行动工具（White et al.，2015）。①评估工具：采用简单的"是"或"否"格式，通过写作讨论的方式回答一些与社区韧性相关的指标问题。如果某个指标的答案不是明确的"是"，则会被标记为"否"，并提出相应的行动建议。②行动工具：为每个潜在的行动提供相关资源，以帮助社区实施提高韧性的措施。

在具体实践中，CRS 不仅实现了韧性评估的功能性运用，还能促进社区理解韧性概念、明确发展目标和制订有效策略。为了确保评估结果的科学性与可信度，CRS 明确了每一步的具体操作步骤、必须执行的任务及配套的支持资源，从而构建一个既内容全面又操作简便的框架。

4.2.2　要素描述法

要素描述法主要关注社区韧性的相关要素或指标，通常更侧重于对影响社区韧性的因素及其相互关系进行深入的定性分析（唐彦东 等，2022），从而评估社区韧性并对相关要素及其相互关系做出针对性的优化建议。利用要素描述法对社区韧性进行评估的关键在于识别与社区韧性紧密相关的各种要素和指标，不同学者对社区韧性测度要素的选取不尽相同，通常包括社会、经济、生态、基础设施、制度、人等要素。例如，Moreno 等（2019）通过对一个经历了 2010 年智利海啸和地震的沿海社区进行深入研究，利用 8 个基本韧性要素（表 4.3）评估了该社区在应对海啸时的规划和社会能力。研究发现，社区内部的一些韧性要素，如社会资本、地方知识、合作精神和组织能力等，在应急响应中发挥了关键作用，同时这些韧性要素相互促进，形成一个动态的韧性系统。

表 4.3　8 个基本韧性要素

韧性要素	要素描述
社会资本（social capital）	当地居民长期积累的应对灾害的经验和知识
地方知识（local knowledge）	社区成员之间的紧密联系、信任和归属感
合作精神（cooperation）	社区成员之间的团结互助，如在疏散和救援行动中相互帮助
组织能力（organisation）	社区内部建立的正式或非正式的组织结构，如应急委员会、社区厨房等
参与度（sense of community）	社区成员之间的社会网络
信任（trust）	社区成员之间的信任
感知风险（sense of risk）	社区成员对于灾害风险的认知和理解
适应能力（adaptive capacity）	社区应对灾害的能力，如动员社区资源、促进合作互帮互助的能力

在数据资料受限或应用不便捷的场景下，定性评估方法展现出其独特的适用性与价值。此外，韧性是一个价值概念，其本质受到个体偏好等相关因素影响。因此，定性评估在某些情况下相较于定量评估能更加准确地表达社区韧性。然而，定性评估亦有其局限性：首先，它高度依赖于评估主体的主观见解，对评估者的专业素养、洞察能力及经验积累提出了较高要求；其次，定性评估过程中往往涉及多元化的评价标准体系，这在一定程度上增加了操作难度，可能导致评估过程复杂且难以标准化执行。尽管如此，通过精心设计的评估框架与培训提升评估者的能力，定性评估法仍能在特定情境下发挥不可替代的作用。

4.3　社区韧性的量化测度方法

社区韧性量化测度的主要方法大致分为 4 种：计分卡（scorecards）法、模型（models）法、指数（indices）法和工具包（toolkits）法。现存的不同类型测度框架，大都使用上述 4 种方法中的一种或多种，整体来看，按使用频率排序为：工具包法、指数法、模型法和计分卡法（Cutter，2016）。本节选取目前社区韧性测度的典型案例，分析 4 种社区韧性测度的定量方法。

4.3.1　计分卡法

计分卡法首先需根据实际情况构建计分量表，然后要求受访者依据个人理解对量表中的评估对象进行评估，最后统计各项得分，即各韧性标准的性能值（Sharifi，2016）。得分的表示方法多种多样，既可以采用数字形式，如 1～10 分的评分体系；也可使用字母形式，例如 A～Z 的等级标识；此外，还包括各种描述性词汇，如"优秀""良好""一般"等评价性语言。在评估社区韧性时，理应特别留意那些得分显著偏高或偏低的元素。其中比较典型的计分卡法如下。

1. 社区灾害韧性计分卡

社区灾害韧性计分卡（the community disaster resilience scorecard，CDRS）通过计分法对社区灾害的韧性进行评估，能够很好地识别和评估社区对灾害和极端事件的韧性。其基本理念是：韧性是一个过程，而计分法评估的实施能够为正在进行的和未来行动的规划和发展提供一个基础框架。CDRS 与主要的社区成员以工作站的方式评估和讨论各种韧性因素，从而提高社区韧性以对抗未来的复杂变化（Morley et al.，2018）。

CDRS 主要由 4 个主要部分组成，包括社区联系、风险和脆弱等级、应急程序及社区资源的可获得性。每个组成部分包括多个问题，而每个问题的评分系统使用的分数从最低的 1 分到最高的 5 分不等。在计分过程中，CDRS 将每个问题的分数累计后形成该组成部分的分数，最后将组成部分得分的总和用于对社区的抗灾能力状态提供单一的总体评级，具体通过将分数转换为部分可能的最大值的百分比来分配评级：少于 25% 为红色区域，表明需要优先解决的重大问题或弱点；从 26%～75% 为黄色区域（警戒区），表示某些方面需要监测或加强；高于 75% 为绿区，表示该社区的韧性良好。

2. 跨文化社区韧性量表

跨文化社区韧性量表（transcultural-community resilience scale，T-CRS）的发展基于对社区韧性的定义拓展（Cénat et al.，2021），即社区利用自身资源促进其成员恢复的能力（Patel et al.，2017；Norris et al.，2008）。该量表在开发的初期共确定了 6 个主要因素及 41 个不同的要素，其中 6 个主要因素包括社区支持、社区能力、社区应对策略、社区信任和信念、社区优势及归属感。不同领域、国家的专业人员对该量表进行了多次修改，最终形成了 T-CRS 问卷。

在评估过程中，T-CRS 主要通过问卷的方式对不同国家的受访者进行调查，受访者在填写问卷的过程中使用 1（非常不同意）～5（非常同意）来表明他们对量表中所包含的 28 个项目的同意程度，从而直接评估韧性［表 4.4（Cénat et al.，2021）］。

表 4.4　T-CRS 问卷（节选）

项目/问题
1 如果有任何事在我身上发生，我知道我能依靠社区（If anything was to happen to me, I know I could count on my community）
2 在极端情况下（自然灾害、战争等），我知道我可以依靠我的社区面对事件并继续前进（In the event of an extreme situation（natural disaster, war, etc.），I know that I can count on my community to face the event and move forward）
3 当我经历困难的时候，我可以向社区里的人倾诉（When I go through hard times, there are people in my community I can talk with）
4 我在社区中维持的关系帮助我处理发生在我身上或可能发生的问题（The relationships I maintain in my community help me cope with problems that happen to me or that may happen）
5 面对逆境时，我的优势之一就是知道我可以依靠社区里的一个或许多人（One of my strengths in the face of adversity is knowing that I can count on one or many people from my community）

T-CRS 将社区韧性定义为一系列过程，其特征是社区能够提供必要的资源、支持和互动，使个人成员能够应对个人和集体的创伤和反弹，同时帮助其他社区成员也如是行动，即互惠和双向过程。该过程为社区中每个成员提供了一种社区意识，使他们能够依靠其他成员和结构来建立自己的恢复能力，而其他成员也可以依靠他们来发展自己的恢复能力。

计分卡法通过将抽象的韧性水平转化为可以分析并对比的数据，使韧性更易测度和表达。但定量表达的范围过于宽泛时，该方法可能会产生标准化的问题，如同一数值的两个社区却拥有着完全不同的韧性水平（Arbon，2014）。为了克服这一问题，优化计分法显得尤为重要，如细化评分标准的数值区间、引入多级评价体系及加强数据收集与分析工作。通过采集更多、更准确的相关数据，并运用先进的统计方法和模型进行分析，更加科学地确定评分标准，从而进一步提升计分法在社区韧性评估中的实用价值与指导意义。

4.3.2　模型法

模型法（或称函数模型法）以社区韧性的相关概念和组成要素为基础，通过分析要素间的关系并进行量化分析，构建出一个数学或函数模型来评估社区的韧性（唐彦东 等，2022）。以模型是否考虑不确定性为标准，可以将模型法分为确定性函数法与概率法。①确定性函数法：为社区韧性提供具体的数值描述。②概率法：其核心在于利用概率理论量化和捕捉与社区行为及性能密切相关的各种不确定性因素。通常情况下，模型法可以近似描述现实，甚至在一定程度上预测未来情景（Sharifi et al.，2016），因而能够增加模型在预测方面的准确性（Cutter，2016）。

模型的呈现与框架法类似，通常包含多个步骤或阶段：识别与韧性测度相关的要素、对各要素进行量化、建立各要素间关系并形成函数模型、对模型进行验证并根据结果进行调整、模型的应用与评估。本节介绍较为典型的模型法评估案例，其中，有限元韧性分析模型（finite element analytical model of resilience，FEAR）和灾后社区福祉综合（the composite of post-event well-being，COPEWELL）模型为确定性函数法，其余的为概率法。

1. 有限元韧性分析模型

有限元韧性分析模型（FEAR）将工程力学中的有限元方法与系统科学的韧性理论相结合，旨在构建一个能够精准量化社区在时空维度上韧性表现的动态分析框架（Mahmoud et al.，2018）。

FEAR 基于阻尼谐振子原理，不仅考虑了系统内部结构的物理特性，还融入了韧性理论中系统吸收、适应与恢复扰动的能力，从而实现了对社区韧性动态演变过程的全面刻画。

FEAR 的评估思路主要为：①将城市或社区划分为离散的有限元，通过节点间的连接来表示整个城市的分布特征；②建立 6 个主要生命线系统（健康、水、住房、通信、交通和电力）的耦合微分方程，描述各系统在时空上的变化；③定义"恢复指数"用于量化社区的整体韧性。由于缺乏实际数据，该项目仅通过对虚拟城市模型"哥谭市"进行一系列逻辑测试，进一步观测模型的行为。

FEAR 特别强调了生命线工程之间的相互依赖关系及其对系统稳定性的深远影响。相对于传统韧性评估，跨系统的相互依赖往往被忽视，FEAR 通过精细的建模分析，展现了依赖关系如何增强或削弱系统韧性，为决策者提供了更为全面和深入的理解视角。尽管 FEAR 在理论上具有创新性，但仅在虚拟城市模型中进行逻辑了验证，缺乏现实世界的实际数据支持。因此，未来研究需要收集更多来自不同社区、不同情境下的实际数据，以验证 FEAR 的有效性和普适性。同时，模型的高复杂度也对计算资源和数据质量提出了严苛要求，需要开发更加高效、稳定的算法和优化数据处理流程。

2. 灾后社区福祉综合模型

灾后社区福祉综合（COPEWELL）模型是一种预测灾害后社区功能和恢复力的概念框架和系统动力学模型。与以往依赖模拟数据和虚拟场景的模型不同，COPEWELL 模型采用真实数据，包括地理、社会、经济等多维度信息，使得预测结果更加贴近实际情况（Links et al.，2018）。该模型利用标准存量和流量模型，能够动态模拟社区功能在不同时间点的变化，包括灾前准备、灾害发生及灾后恢复等阶段，为决策者提供了全面的时间线视角。同时，模型不仅关注物理基础设施的恢复，还考虑了社会、经济等多方面的韧性，如整体韧性水平等。

同时，COPEWELL 模型也存在一些局限。首先，COPEWELL 模型的结构相对固定，可能无法适应所有类型的灾害及其复杂多变的特性。不同灾害类型（如地震、洪水、飓风等）对社区的影响机制各异，需要针对具体情况进行模型调整和优化。其次，该模型的准确性和有效性高度依赖于输入数据的完整性和准确性。再次，系统动力学模型中的参数设置对模拟结果具有重要影响。最后，由于模型涉及多个变量和复杂的相互作用关系，计算过程可能较为烦琐和耗时，对计算资源要求较高。

3. 分层贝叶斯核模型

分层贝叶斯核模型（hierarchical Bayesian kernel model，HBKM）由分层贝叶斯模型（hierarchical Bayesian models）与核函数（kernel function）构成，主要用于量化和预测灾害导致的停电后社区的恢复率（Yu et al.，2019）。

HBKM 作为一种创新的统计学习方法，在灾后恢复率预测领域具有独特的优势。它巧妙融合了贝叶斯更新、核函数与层次建模技术，即便在数据资源有限的情况下，也能精准量化和预测社区灾后的恢复率。在技术实现上，HBKM 通过增设贝叶斯更新层，进一步提升了先验分布中参数估计的精确度，并赋予这些参数随机性，从而增强了模型的灵活性。相较于其他模型，当恢复率超过 40%时，HBKM 展现出更为精准的预测能力，即便在均方根误差（root mean square error，RMSE）较高的情况下，其性能依然优于多数统计模型。此外，HBKM 还能生成恢复率的概率分布图，为决策者提供一系列可供选择的参考数值，助力其科学规划与决策。然而，HBKM 亦有其局限性：在预测恢复率较低的场景时，模型可能存在过度乐观的估计倾向。同时，从计算效率上看，HBKM 虽然相较于层次贝叶斯回归模型，其计算时间仍显著缩短，但较广义线性模型和非模型预测方法耗时稍长。

4.3.3　指数法

社区韧性测度的一个常用方法是指数法。指标（indicator）是可量化的变量，代表社区韧性的某一特征，这些单独的指标随后被加权组合成指数（index），进而能够综合概括观察或测量的复杂信息，简化对多维度社区韧性的理解（Cutter，2016）。指数法通过指标选取与标准化、权重分配、计算综合指数，量化描述社区在面对各种多风险挑战时的韧性水平。

具体而言，指数法首先根据现实需求，将所研究的社区韧性进行概念分解，识别出构成社区韧性的关键维度，详细分析不同关键维度下的具体指标，确定一套反映社区韧性多维度的指标集。指标应当覆盖社区韧性的重要方面（详见本章 4.1 节）。为确保不同指标间的可比性，通常会对原始数据进行标准化处理（Peacock et al.，2010），使所有指标的值域统一，便于后续计算和比较。不同指标对社区韧性贡献的重要性存在差异，一些韧性工具开发者会为所选指标分配权重。权重的确定可以通过多种方法实现，其中，层次分析法借助专家打分来确定各指标之间的相对重要性（Alshehri et al.，2015），从而形成一套相对合理的权重体系。在完成指标标准化和权重分配后，通常可以使用评估工具中所有指标的（加权）平均或（加权）总分，生成综合指数值（Cutter，2016）。这个单一数值用于直观反映出社区整体的韧性水平。指数法以其综合性和可比性优势，通过量化分析测度社区韧性，在社区韧性评估中扮演着重要角色。本节将概述几个典型的指数法测度社区韧性的研究案例。

1. 社区基线韧性指标

社区基线韧性指标（BRIC）是在社区韧性评估框架（DROP）的基础之上提出的。2014 年，Cutter 等以美国郡县为单元，基于 BRIC 体系，测度了 2010 年美国各县的社区灾害韧性水平。

BRIC 从社会、经济、社区资本、机构、基础设施和生态系统 6 个维度进行测度。数据由 30 多个不同的来源构成，对所有数据进行了归一化处理。指标体系的确定首先根据文献综述初步筛选了 61 个变量，然后根据相关性分析和共线性分析剔除了部分变量，最终形成了 6 个维度 49 个变量构成的指标体系。为了检验总指标集是否衡量了韧性的抽象概念，使用克龙巴赫 α 系数（Cronbach's α coefficient）来诊断复合指标构建的内部一致性。进一步，通过子维度变量的综合算术平均值构成一个分指数得分，再利用加权平均法等对 6 个子指数得分进行求和得到灾害韧性综合指数，潜在得分范围从 0～6 分，得分越高则韧性能力越强。最后，还使用主成分分析从 49 个变量中归纳构建了一个附加指数，以观察它们是否与 BRIC 总体子指数构建方法有显著差异。

BRIC 为检查社区固有韧性状态提供了一个基准，对于指导地方政策决策起到有效作用。然而，BRIC 缺乏外部数据的验证，很难确定 BRIC 指数是否能反映一个社区的实际韧性水平。

2. 社区韧性框架

2015 年，研究者面向沙特阿拉伯的社区开发了社区灾害韧性框架（community resilience framework to disasters，CRDSA），该框架采用了定量和定性研究混合方法策略（Alshehri et al.，2015）。基于全面的文献搜索，开展沙特阿拉伯公众对灾害看法的全国性调查，CRDSA 提供了一个系统的评估框架，其中，每个指标都赋予其对应的权重，以评估社区应对未来灾害的韧性。整个过程包括文献回顾、德尔菲法及层次分析法（AHP）三个阶段。

第一阶段，采用定量方法，研究者通过问卷调查收集数据，以量化沙特阿拉伯民众对灾害风险的认知水平。基于此国民调研结果，结合广泛的文献综述，提炼出六大关键维度及其下涵盖的诸多标准，包括：社会维度（social，S）、经济维度（economic，E）、物理与环境维度（physical and environmental，PE）、治理维度（governance，G）、健康与福祉维度（health and well-being，HW）及信息与通信维度（information and communication，IC）。经研究调查总计识别出 62 项具体指标，最终每个维度包含 7～14 项不等的指标。第二阶段，研究运用德尔菲法实施专家咨询。前述研究的所有维度及其对应指标均提交给专家小组，开展专家评估决策，明确这些维度和指标在沙特阿拉伯灾害管理及社区韧性建设中的重要性，构成了一个面向沙特阿拉伯的、较全面的社区韧性评估框架。第三阶段，研究团队运用德尔菲咨询、AHP，为各维度及标准赋予权重，实现定性与定量数据的有效融合，最终形成一个科学实用的社区韧性评估框架。

4.3.4 工具包法

工具包法通过整合必要的数据资源、预设的分析模型以及特定的执行程序，构建一个即拿即用的韧性评估平台，极大地方便用户快速启动并完成韧性评估项目。具体而言，工具包法是一种集成的评估方法程序集合，建立了使用前述计分卡法、模型法、指数法三种方法之一或组合来评估韧性的程序（Cutter，2016）。工具包不仅提供评估指导原则，还具体到如何识别评估标准、如何收集和分析数据、如何分配和确定权重（如有必要）、如何执行评估过程、如何基于评估结果设计干预措施以及如何跟踪实施效果的整个流程（Sharifi，2016）。此外，工具包还提供有关其他问题的指导，例如评估时间表、需要参与的利益相关者（Cutter，2016）。评估过程按照工具包的格式进行结构化，能够规范化韧性评估的过程，这种综合性的特点使得工具包成为社区韧性评估的重要方法。

工具包方法的优势在于其不仅提供了评估的理论框架，还配备了具体的操作指南和工具，降低了实施难度，提高了评估的可行性和准确性。此外，工具包方法的灵活性允许根据社区的特殊需求进行定制化调整，确保了评估和提升策略的针对性和有效性。由于其具备强综合指导能力，工具包方法非常适合于形成性韧性评估，即在韧性建设初期进行评估，旨在识别社区弱点、规划改进措施（Sharifi，2016）。工具包在韧性城市管理中的应用前景广阔，对于提升全球社区的整体韧性水平具有重要意义。

1. PEOPLES 韧性框架工具包

"PEOPLES"韧性框架工具包的开发提供了定义和衡量社区层面灾害韧性的方法，由美国国家标准与技术研究院提出。该工具包综合了模型法和指标法，提出了社区韧性的主要维度：人口与人口统计（population and demographics）、环境/生态系统（environmental/ ecosystem）、有组织的政府服务（organized governmental services）、物理基础设施（physical infrastructure）、生活方式与社区能力（lifestyle and community competence）、经济发展（economic development）和社会文化资本（social-cultural capital）（Renschler et al.，2010b）。该工具包重点强调人类系统在社区可持续发展中的重要作用，使用 7 个维度的首字母 "PEOPLES" 缩写，充分考虑纳入了特定社区的物理、环境资产及社会经济政治组织方面属性。通过 7 个维度的功能叠加为定量和定性韧性测度模型提供基础，使社区能在上述任何维度或组合中进行测量。其主要步骤包括：①定义极端事件场景；②明确城市/社区混合模型的边界、校准及验证过程；③运行分析模型评估过程；④量化评估多情景下的指标特征（恢复速度、韧性指标等）；⑤提出缓解措施或韧性措施。

在 PEOPLES 框架中，每个维度和指标都在被调查区域的 GIS 图层中表示，如图 4.1 所示的例子中，Q_{EP} 为电力系统的功能性；Q_H 为卫生保健系统的功能性；Q_{RN} 为道路网的功能性；Q_{WS} 为饮用水输配系统的功能性，以此类推。该工具包中也可以增加其他维度或功能的 GIS 层，例如学校、大坝、消防站、石油和天然气系统、急救中心等功能层。

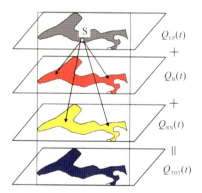

图 4.1　PEOPLES 框架使用时间依赖函数进行维度集成的示意图
资料来源：Renschler（2010a）

所有要素层都是位置 r 和时间 t 的性能函数，全局社区韧性 R_{com} 被定义为

$$R_{com} = \int_{A_c} \int_{t_{OE}}^{t_{OE}+T_{LC}} \frac{Q_{TOT}(\boldsymbol{r},t)}{(A_c T_{LC})\mathrm{d}t} \mathrm{d}r \qquad (4.1)$$

式中：A_c 为定义的区域；t_{OE} 为冲击事件发生的时刻；T_{LC} 为研究开展的时间范围；$Q_{TOT}(r,t)$ 为所考虑区域的全局功能性能函数；r 定义了不同位置的空间矢量关系。

2. 社区灾害韧性模型工具包

2014 年，托伦斯韧性研究所开发了一个社区灾害韧性模型工具包（community disaster resilience model toolkit，CDRST）（Arbon，2014）。该工具包以全灾害种类（all-hazards）方法为基础，基于计分法进行开发，供社区使用，以了解在面对灾难时可能的韧性水平，帮助当地政策制定者确定优先事项，分配资金，并制定建立当地社区韧性的应急和灾害管理方案。研究者首先利用现有基础研究的韧性知识，创建了一个社区灾害韧性模型，然后将其转化为一个方便用户的工具，使人们能够评估当前可能的灾害韧性水平，并制订行动计划，以加强社区韧性。

在文献回顾的基础上，设计了社区灾害韧性模型中的多个韧性主题维度，厘清了社区连通性、风险和脆弱性、规划和程序及可用资源 4 个维度之间的重叠关系。该工具包以计分卡法为基础，4 个组成部分的每个问题都是从相关的知情社区成员（而非研究学者）的角度起草的。每个问题的答案呈现一个利克特量表的排名，答案的范围从"极低"到"非常高"，最终工作组将约 100 个问题的初稿缩减为 22 个。具体而言，本工具包主要包括以下几项内容：①韧性评估工具包和流程介绍；②地方政府单位启动 CDRST 流程的说明，包括对"计分卡工作组"潜在成员的建议；③计分卡的工作副本，用于复制并分发给工作组；④计分卡的主副本，用于由小组协商一致完成；⑤计分卡审查和评估相关信息。通过工具包开展实际的社区调研后，研究工作组认为用户友好的计分卡是一个可行的工具，通过该工具包，人们既可以评估他们所处的社区灾害韧性，又可以共同规划可能进一步加强韧性的工作。

总体来说，社区韧性测度的研究及应用呈现出方法多元化、工具多样化、实践差异化的特征，并仍呈现出逐步增长的态势。在实际的应用中，需要根据本地化特色，通过定性、定量结合，选择并构建合适的框架及指标开展实践。

第5章　交通韧性测度

交通韧性作为一个广泛的概念，不仅涵盖道路交通韧性，还涉及公共交通、轨道交通、航空等多种交通方式的韧性。道路交通韧性则是交通韧性的一个重要组成部分，它涉及了道路基础设施、交通流量管理、应急响应等多个方面，代表了道路交通系统在面对突发事件或不可预测情况时，仍能保持正常运行和快速恢复的能力。当城市面临自然灾害、交通事故、公共事件等突发事件时，韧性的道路交通能够保障城市居民的基本出行需求，确保紧急救援和应急物资的及时运送。作为城市韧性的重要组成部分，道路交通韧性关系到城市交通系统的整体运行效率和安全性、城市居民的生活质量及经济的稳定发展。本章介绍交通韧性测度的技术方法，首先，从系统视角介绍城市交通系统韧性测度；其次，从网络视角引入城市交通网络韧性概念，并介绍其测度方法；最后，针对道路交通中的一类特殊对象——街道网络，基于团队研究成果（张志琛，2022），详细介绍中断情景下的街道网络韧性测度方法，以期对不同类型的交通韧性测度提供借鉴。

5.1　城市交通系统韧性测度

5.1.1　韧性内涵

城市交通是一系列由机动车、地铁等交通方式组合而成的综合交通体系，是城市保持正常运转中高度依赖的关键基础设施之一。Murray-Tuite 在 2006 年首次将"韧性"概念引入交通运输领域，提出了交通运输网络中适应性、机动性、安全性和快速恢复等韧性维度指标，并构建了交通韧性评估体系（刘洁丽 等，2020）。相比于物理学领域中的韧性概念，交通韧性强调在日常高频的外部干扰或突发冲击下抵抗、吸收干扰及快速恢复，从而保持基本运行的能力。在面对地震、海啸、洪水等严重的偶然破坏干扰时，交通系统的停滞状态及其相应的恢复能力通常是衡量其韧性的关键指标。不同领域中交通韧性关注侧重点有所不同。例如，在道路工程中，道路交通运行系统安全韧性的内涵主要体现在三个关键方面，即抵御能力、吸收干扰能力和恢复能力，这些方面侧重于关注公路、桥梁、隧道等在内的交通基础设施的结构功能完整性（唐少虎 等，2022）；而在城市规划中，城市街道是城市交通系统中的重要基础设施之一，城市街道的交通组织和规划直接影响城市交通的韧性。

纵观各类城市交通韧性的定义，不难发现学界在理论与实践层面上均形成了一个共识，即交通作为城市巨系统中的一个重要子系统，且作为城市半人工环境中最主要的物质实体系统之一，其发展和运行与城市社会、经济、环境等其他非物质实体系统息息相关，因此在系统思维指导下，城市交通系统设计需要全面考量地域特征多样性、气候复杂性、致灾因素多变性，从社会、经济等层面综合考虑灾害扰动结果及韧性水平测度，从而从城市的多维领域提升道路交通韧性。本节提出城市交通系统韧性属于交通韧性范畴下的子领域，具体定义为城市交通作为一个系统整体，在面临各种扰动（如自然灾害、交通事故、人为破坏等）时，能维持基本服务水平或恢复正常运行状态的能力。

5.1.2　评估体系

对城市道路交通韧性的量化测度是实现韧性交通与高质量发展的重要基础。在道路交通基础设施的韧性综合评估领域，国内外已积累了丰富的研究成果，在进行交通基础设施的韧性评价时，通常分为三个方面：①制订合理的评估体系；②在确立科学的评估指标和计算公式的基础上，进行精确的量化分析；③对指标评价结果进行判读，并推导至相应决策。

城市规划视角下对城市交通的韧性主要考虑社会经济多要素作用下的综合韧性。如刘娟（2022）从城市综合发展韧性、道路交通设施韧性、交通运输质量韧性、灾害适应力韧性 4 个维度及 11 个状态层构建了总共 46 个要素的指标体系，对城市交通韧性进行评估。周晓琳等（2023）从经济（E）、社会（S）、生态（E）和设施（F）4 个目标层设计评价体系，对 30 个城市交通的韧性水平进行综合评价分析。

工程视角下对城市道路交通的韧性的评估主要关注系统的性能特征，通常包括交通流通行能力、通行时间及通行距离。唐少虎等（2022）考虑城市交通系统的排水网络、道路网络、交通网络、应急网络 4 个子网络，分别选取管道设备设施性能、道路设施性能、道路清障能力、道路防灾标准、交通应急管控能力、交通网络连通性、应急体制机制完备性等 14 个二级指标，构建了道路交通运行系统韧性评估体系。

5.1.3　测度方法

将城市交通视为一个系统整体，其韧性的测度方法多样，包括熵值法、层次分析法、模型优化法等；而测度对象则涵盖了城市交通建设水平、使用情况、交通系统性能及关键节点和设施等多个方面。这些方法和对象共同构成了城市交通系统韧性评估的完整框架，以下选取熵值法、层次分析法和模糊综合评价法进行简要介绍。

1. 熵权法

熵权法（entropy weight method，EWM）是一种多目标决策方法，根据城市交通系统的特点，选取反映其韧性的多个指标（如道路网密度、公共交通分担率、交通拥堵指数等），通过观测样本数据之间的离散程度来预测系统的最终发展水平，对于由 i 个样本

和 j 项指标构成的数据矩阵而言，当某指标组数据的离散程度较高时，计算得出的熵值会较小，此时该指标的权重较大，反之，权重则较小。熵权法计算方法见 3.1.4 小节。

作为一种综合评价手段，熵权法主要用于对城市交通韧性的各项指标的重要程度进行量化，得到综合指标值，也可用于对比不同城市样本的交通韧性。熵权法具有简化计算过程、适用性广、结果灵敏度高的优点，同时也受数据质量影响较大、横向影响考虑不足和对指标数量敏感的局限。

2. 层次分析法

层次分析法（AHP）是一种被广泛采纳的决策研究手段，是一种将定性判断与定量分析融合的多准则决策方法，适用于城市交通系统韧性等复杂问题的评估。如项英辉等（2013）选取了 31 个省份的人均交通运输业省份生产总值等 7 项安全指标，对中国城市道路交通设施的安全性进行数值评估，得到各个省份城市在道路交通设施安全方面的综合得分及其排名。李彦萍等（2022）根据自然灾害风险理论，选取平均降雨量、汇流累积量、坡度、海拔、土地覆盖度、道路级别、地表产流能力 7 个因子，应用基于多准则决策的层次分析评价方法，得到韧性风险分区结果。层次分析法的计算过程如下。

建立评价矩阵：

$$A = \{a_{ij}\}_{m \times n} \tag{5.1}$$

算术平均法求权重：

$$\omega_i = \frac{1}{n} \sum_{j=1}^{n} \frac{a_{ij}}{\sum_{k=1}^{n} a_{kj}}, \quad i = 1, 2, \cdots, n \tag{5.2}$$

式中：ω_i 为各个指标的权重。对标准化后的指标数值与对应的权重相乘并累加，可得到最后的综合评价值。

层次分析方法根据各层次元素的权重向量，计算所有元素对于目标层的总排序权重，有助于了解各元素在城市交通系统韧性评估中的相对重要性。根据总排序权重和实际情况，对城市交通系统的韧性进行评估和分析，提出相应的改进建议。层次分析法的优点在于能够将复杂的决策因素分解为简单的两两比较，便于理解和操作，局限之处在于其计算复杂和预设方案无法提供新方案，且主观偏差性大于熵权法。

3. 模糊评价法

模糊评价法（fuzzy evaluation method，FEM）是一种基于模糊数学理论的评价方法，旨在处理评价对象和评价指标之间的不确定性和模糊性，通过建立模糊集合、模糊矩阵和模糊关系，将模糊的语言描述转化为可计算的模糊数值并进行综合评价。在交通系统韧性中，隶属度可用来描述城市交通系统在不同情况下的状态，将各指标值（如道路密度、公共交通覆盖率、交通状况等）通过隶属度函数转化为隶属度值，再将隶属度值进行加权求和，得到最终的综合评价结果。

模糊评价法的一个重要应用是隶属度的测度，根据第 $i(i = 1, 2, \cdots, m)$ 个评价对象对于

第 $j(j=1,2,\cdots,n)$ 个评价指标的样本值 x_{ij}，将第 i 个评价对象归入第 $\mu_\lambda(x)(\lambda=1,2,\cdots,l)$ 个评语集之中，以判断该因素隶属于评语集 $\mu_\lambda(x)$ 的程度，隶属度描述了一个元素属于某个集合的程度。具体计算流程如下。

（1）建立评价矩阵。

假设有 $i(i=1,2,\cdots,m)$ 个被评价对象，每个对象包含 $j(j=1,2,\cdots,n)$ 个评价指标，构建矩阵：

$$X = \{x'_{ij}\}_{m \times n} \tag{5.3}$$

（2）计算隶属度函数。

以分段函数作为隶属度函数，划分评价集 $\mu_\lambda(x) = \{\mu_1(x),\mu_2(x),\mu_3(x),\cdots\}$，其中，$\mu_1(x),\mu_2(x),\mu_3(x),\cdots$ 对应研究对象的韧性分级，见式（5.4）～式（5.6）：

$$f_A(x'_{ij}) = \begin{cases} 1, & x'_{ij} < a \\ \dfrac{b - x'_{ij}}{b - a}, & a \leqslant x'_{ij} \leqslant b \\ 0, & x'_{ij} > b \end{cases} \tag{5.4}$$

$$f_B(x'_{ij}) = \begin{cases} 0, & x'_{ij} < a, x'_{ij} > c \\ \dfrac{x'_{ij} - a}{b - a}, & a \leqslant x'_{ij} \leqslant b \\ \dfrac{c - x'_{ij}}{c - b}, & b \leqslant x'_{ij} \leqslant c \end{cases} \tag{5.5}$$

$$f_C(x'_{ij}) = \begin{cases} 1, & x'_{ij} < c \\ \dfrac{x'_{ij} - b}{c - b}, & b \leqslant x'_{ij} \leqslant c \\ 1, & x'_{ij} > c \end{cases} \tag{5.6}$$

式中：a，b，c 分别为各评级中对应的韧性阈值，如 20%、40%、60%等。

（3）计算隶属度矩阵综合评价得分：

$$A = \{A1, A2, A3\} \tag{5.7}$$

$$R = \{B1, B2, B3\}^{\mathrm{T}} \tag{5.8}$$

$$B = A \times R = A \times (B1, B2, B3)^{\mathrm{T}} \tag{5.9}$$

式中：B 为交通韧性综合韧性得分。

模糊评价法是一种基于模糊数学理论的评价方法，适用于处理城市交通系统韧性等具有模糊性和不确定性的问题。模糊评价法可以对评价对象进行多层次的评价，可以根据具体情况调整隶属函数和权重，具有较高的灵活性，更加全面和细致。

总的来说，以上列举的常见的交通系统韧性测度方式都可以归纳为综合评价法，具有以下相似点：一是这三种方法都可以用于确定评价对象的权重，即确定各个评价指标对最终评价结果的相对重要性；二是较好地将主观性与客观性结合，既考虑了主观意见和专家经验，也利用了客观数据和信息；三是通过多指标综合评价，提供了直观、清晰的对比结果，能够呈现出各个指标和评价对象之间的相对关系，利于展开对城市交通系统韧性提升策略的相关讨论。然而，这些韧性综合评价方法也存在以下局限之处：一方面是指标选取的可解释性与主观性影响；另一方面是数据处理的复杂性，这些方法需要收集和处理大量的数据和信息，对数据的质量和可靠性要求较高，且当评价对象和指标较多时，这些方法的计算和分析过程可能会变得复杂和耗时。因此，需要根据具体情况和评价目的选择合适方法。在使用这些方法时，应考虑方法的局限性，并结合其他评价方法和工具进行综合判断，以提高评价的准确性和可靠性。

5.2　城市交通网络韧性测度

区别于将城市交通作为一个系统整体，网络视角下的城市交通韧性研究通常关注交通作为线性要素的组合关系及其运行效率。城市交通网络韧性一般指道路交通构成的网络受到扰动时的抵抗能力、维持功能稳定的适应能力以及恢复到原状态或更好状态的恢复能力（王雨婷 等，2024）。本节简要介绍网络视角下的城市交通网络韧性测度的基本指标和方法。

5.2.1　网络属性

城市交通服务设施网络、城市街道基础设施和城市交通流空间网络等属于典型的复杂网络体系。在城市交通网络中，节点通常代表交通枢纽（如交叉口、地铁站等），边则代表连接节点的交通线路（如道路、轨道等），这些节点和边具有各自的属性，如节点的交通流量、边的通行能力等。复杂网络以图论为基础，表达为节点及其连边组成的网络整体，表达为 $G = (V, K)$，其中交通网络 G 包含了所有由点集 $V = \{v_1, v_2, v_3, \cdots, v_n\}$ 与边集 $K = \{k_1, k_2, k_3, \cdots, k_m\}$ 的拓扑关系对，复杂交通网络的构建通常以现实中交通网络的拓扑关系转译为基础。复杂网络理论关注网络的统计特征、动态行为以及演化规律等方面，为研究城市交通网络的网络属性提供了新的视角和有力的工具方法。城市交通网络评估对象众多，其功能丰富、形态多样，主要特征如下。

1. 方向性

交通网络可以是有向的或无向的，其中有向网络是由有向边连接的节点集合组成的图形，每条边都有一个方向；而无向网络是由无向边连接的节点集合组成的图形，每条边没有明确的方向。例如，高速公路、高铁、地铁、快速公交等线性交通设施通常采用有向网络结构，因为它们的车辆只能在一个方向上行驶，同时这种结构也有利于管理和控制。城市道路网络、步行道、自行车道等通常采用无向网络结构，因为它们的用户可以在任意方向上行走或骑行，而且通常不受行进方向限制，同时无向网络结构还可以更好地反映城市交通网络中的双向通行和交叉口等特征。此外，也有部分交通设施同时具备有向和无向的特点，如一些城市的轻轨交通线路，在某些区段采用有向的地铁结构，在另一些区段采用无向的有轨电车结构。

2. 动态性

城市交通网络是一个动态变化的系统，交通流量、速度等参数会随时间、天气、交通事件等因素的变化而变化，城市交通网络中的流量分配往往需要考虑道路的通行能力。交通事故带来的道路级联失效和交通拥堵是造成交通韧性下降的主要影响因素。现有研究采取引入动态交通流数据的方法，以明确路网中各路段的交通流量大小，从而模拟真实的路段失效，评估路网的脆弱性（韦佳伶 等，2020；张喜平 等，2015）。

3. 中心性

网络包含众多节点与连边，大部分情况下各个节点之间的重要性均不相同，因此中心性衡量的就是网络中节点对网络作用的大小程度，表示的是网络中的节点对整个网络运行的影响程度。例如，在社交网络中，影响力比较大的节点通常是拥有很多粉丝或关注者的人；而在交通网络中，影响力比较大的节点通常是交通枢纽或繁忙路段。在城市交通中，一般采取中心性指标来衡量交通站点或街道路段的重要性和影响程度，常用的中心性指标包括度中心性（degree centrality，即度值）、介数中心性（betweenness centrality，即介数）和接近中心性（closeness centrality）等。

4. 复杂性

现实中的交通网络往往是两种及以上的网络综合而成的复合网络，可以是由不同交通网络组合而成的多层网络，如轨道网络和公交网络综合而成的公共交通网络；也可以是同种网络中的多重特性，如有向加权网络、无向加权网络及其组合等。对于街道网络而言，其结构通常也是复合的，城市中有众多由快速路、主干路、次路和支路等不同等级的道路，共同组成等级不同的城市路网，具有多层次的连接和关联。街道之间存在多种关系，如交通联系、行人通行、商业活动等，可通过多层网络、网络衔接或转换等方式来表征街道网络的这些现实特性。

5.2.2　常见类型

复杂交通网络具有丰富的功能性和交互性，能够支持多种城市活动和服务。交通网络的类型划分是韧性研究中构建交通网络重要且基础的步骤，不同网络类型代表的是城市空间要素流通的方式与途径，进而表征了不同层面的城市空间韧性。以下是一些常见的城市交通网络类型。

1. 按节点类型划分

按照节点的类型不同，交通网络可以大致分为交通设施网络和道路交通网络两种；

根据研究目的的不同，可针对性考察某个类型交通网络的韧性。

1）交通设施网络

交通设施网络包括地铁、公交车、有轨电车、轮渡等交通工具组成的网络，它们通常具有固定的线路、站点和班次，在线路上有明确的起点和终点，并且运行方向固定，从而提供较高的运输效率和服务质量。这类网络的构建通常以线路站点作为节点，节点之间的线路作为连边，从而构建起相应的交通网络，如图 5.1 所示的公交网络即为有向加权拓扑网络，节点集合 $S = \{S_1, S_2, S_3, \cdots, S_n\}$ 为上行和下行线路涉及的所有站点。

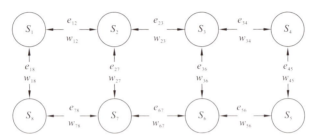

图 5.1　公交有向加权拓扑网络示意图

资料来源：薄坤等（2022）

2）道路交通网络

道路交通网络包括城市中的道路、桥梁、隧道等组成的网络，它们通常是非固定线路，可以灵活适应城市交通需求的变化。在道路交通网络中，由于道路的双向行驶特点，通常被认为是无向网络。此类网络的建设既能将道路交叉口当作节点，也能把两个交叉口间路段视为节点，从而构建起节点与连边间的交通网络。图 5.2 所示即为以交叉口作为节点、路段为连边所构建的无向加权网络。

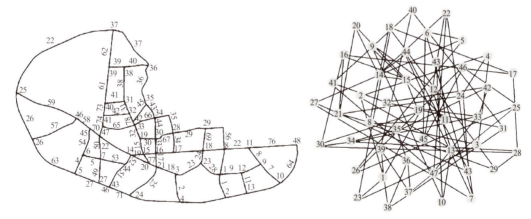

图 5.2　道路交叉口编号及路网拓扑结构图

资料来源：张广亮（2021）

2. 按构建方法划分

1）原始法

原始法是网络拓扑构建方法之一。如图 5.3（a）所示，原始法是把道路交叉口视为网络的节点，把路段视为网络的边界，此种结构下的连通效率与网络自身更为相似，能较为直观地表现出交通网络的空间关系。原始法的不足之处在于面对尺度较大的区域网络时，构建的模型中节点数量较多、节点连接数量平均，不利于展开深入的分析研究。

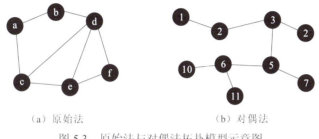

（a）原始法 　　　　　　　　（b）对偶法

图 5.3 原始法与对偶法拓扑模型示意图

2）对偶法

对偶法是另外一种重要的拓扑模型。如图 5.3（b）所示，与原始法不同，对偶法将交通网络中的路段抽象为点，将交叉口抽象为边，在同一交叉口交会的路段视为存在节点连边，由此构建点和边的拓扑关系。一个城市路网可包含成千上万个节点，受空间属性的限制，大多数节点之间并没有直接连接关系，由此看出，对偶法对道路连接关系的提取效率更高，对拓扑结构网络特性有更加准确的认识。此外，对偶法还可以根据道路的组成不同而建立不同的拓扑模型，如基于路名的对偶法建模、基于连续路段的对偶法建模等（王国明，2012）。

5.2.3 测度指标

国内外学者在评估指标体系的研究方面已经获得了较多经验（王庆国 等，2019；Wang，2015；闫文彩 等，2011；赵玲 等，2010），表 5.1 列举了一些交通领域复杂网络常用测度指标，主要借助复杂网络刻画网络指标进行属性对应，形成城市网络韧性评估指标体系。如赵玲等（2010）选取特征路径长度、聚类系数、节点度分布对城市路网进行了特性判定，并对比了基于节点度和基于节点中介中心性下的路网韧性。闫文彩等（2011）对实际的网络实施拓扑结构转变，选取节点度、介数及连通可靠性等评价指标，用以评估济南市公路网的结构特点。王庆国等（2019）依据复杂网络理论，选取多种参数对武汉市无向路网结构展开分析。综合众多代表性学者研究，整合交通复杂网络常用韧性测度指标如表 5.1 所示。

表 5.1　交通复杂网络常用韧性测度指标

指标	定义	公式
度中心性/度值（degree centrality）	该节点相连其他节点或边的数目	$C_i = \sum_{t=1}^{N} a_{tj}$
介数中心性/介数（betweenness centrality）	网络中经过该点的最短路径的数目	$C_i^B = \sum_{j \neq k \neq i} \dfrac{\varphi_{jk}(i)}{\varphi_{jk}}, \forall j, k \in N$
接近中心性（closeness centrality）	节点与非直接相连的节点的接近程度	$C_{APi}^{-1} = \sum_{j=1}^{N} d_{ij}$
平均路径长度（average path length）	所有节点对之间的最短距离的算术平均值	$L = \dfrac{2}{N(N-1)} \sum_{i>j} d_{ij}$
聚类系数（clustering coefficient）	节点的邻接节点互为邻点的比例，反映网络的紧密程度	$C = \dfrac{2M}{k_i(k_i-1)}$
网络密度（density）	反映网络疏密程度	$D = \dfrac{2M}{N(N-1)}$

注：N 表示网络所有节点；i、j 表示网络节点 i 与节点 j；$\varphi_{jk}(i)$ 为两点之间的最短路径数；φ_{jk} 为两点之间的最短路径总数；d_{ij} 表示节点 i 和节点 j 之间的距离；M 为实际连边数量。

5.3　基于中断情景的街道网络韧性测度

街道网络支撑着城市空间结构，并促进功能板块互动保障内外连通。街道网络结构的韧性即街道网络在遭受扰动后维持其初始效率的能力（颜文涛 等，2021；Cutini and Pezzica，2020；Sharifi，2019a），是城市交通韧性的关键组成部分。基于街道网络韧性的仿真主要有以下目的。一是分析网络的动态韧性演变规律，通过设计不同的结构性和非结构性的策略或情景，借助仿真软件对街道网络展开模拟，能有效展现不同场景给街道网络带来的影响，识别韧性关键影响因素，如 Wang（2015）通过模拟随机和蓄意道路中断，深入分析了伦敦和北京街道网络的韧性。二是模拟预测网络的韧性恢复能力，通过将常见的突发事件进行参数化转移，进而对优化或未来建设中的道路备选方案进行韧性评估，制订韧性提升策略，如王明振等（2021）以重庆市渝北区主干路网为例，根据经典法将城市道路交叉口、环岛、立交作为网络中的节点，将节点之间的线路作为网络中的链路，提出了针对路段的抗震韧性提升策略。本节围绕中断情景下的街道网络韧性测度方法进行介绍。

5.3.1　中断情景

街道网络仿真模拟方法的核心之一是中断情景的制定，是指通过模拟不同情景下街道网络被破坏后给城市系统带来的潜在影响，这与现实中不确定性事件的发生规律相呼应，例如洪涝、地震等大型灾害事件对重要道路的随机破坏，以及拥堵后的道路网络进行预测，判断其抗灾能力与适灾能力。为研究不同网络结构的韧性，随机攻击对应高频低损的广布型事件；而蓄意攻击则对应低频高损的突发型事件。

1. 随机攻击

随机攻击通常采用程序随机拆除网络结构中的节点或边，进而研究不同节点或边消失后对整个网络的作用。在交通网络中，节点遭受的随机攻是概率相同、随机且无差别的，也被称为无排序攻击。如图 5.4 所示，假设所有节点的重要性相同，则随机选取节点进行攻击，所造成的网络失效的范围也有所差异。

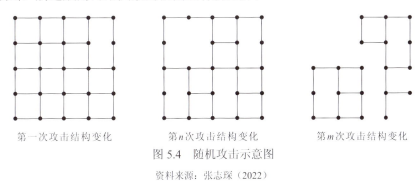

第一次攻击结构变化　　　　第 n 次攻击结构变化　　　　第 m 次攻击结构变化

图 5.4　随机攻击示意图

资料来源：张志琛（2022）

2. 蓄意攻击

蓄意攻击也被称为排序攻击，对网络中节点或边的重要性进行排序，并根据重要程度，将指标从大到小作为攻击顺序，对相应的节点和边进行攻击。排序攻击模拟路段封锁这类低频、高损的突发型事件给网络连通性带来的影响。如图 5.5 所示，假设节点的重要度从中心向外围递减，节点按照重要度从高到低的顺序依次失效的过程中，网络整体连通性不断下降。

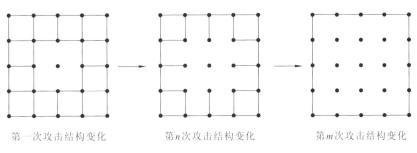

第一次攻击结构变化　　　　第 n 次攻击结构变化　　　　第 m 次攻击结构变化

图 5.5　蓄意攻击示意图

资料来源：张志琛（2022）

5.3.2　分析模型

1973 年，Holling 在将韧性引入生态学领域时借助了杯球模型来阐释生态系统的动态变化特点，如图 5.6 所示，杯子象征系统在受到扰动时能承受的最大限度，杯底则代表系统恢复后的稳定状态，小球的位置和移动展示了系统的动态响应。图 5.6（a）展现了工程韧性的特点，即系统在受到扰动后会在特定阈值内波动并最终恢复稳定状态。图 5.6（b）则展示了生态韧性的特征，系统在受到扰动后会在一定的阈值内调整以维持功能稳定性。然而，如果扰动过大超出系统的承受能力，系统将进入新的环境状态并失去原有功能。因此，系统的韧性水平包括两方面能力：一是保持原有功能的抗干扰能力，二是在超出关键阈值后适应新环境的能力。如图 5.6（c）所示，尽管系统 A 和系统 B 在进入新环境所需的阈值相同，但系统 B 由于其具备更强的维持原有功能的能力，而表现出更高的韧性水平（张志琛，2022）。

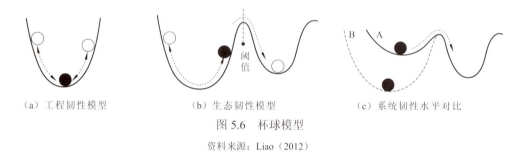

（a）工程韧性模型　　　　　　　（b）生态韧性模型　　　　　　　（c）系统韧性水平对比

图 5.6　杯球模型

资料来源：Liao（2012）

Holling 的研究得出了不同的结果：在频繁的干扰影响下，生态系统处于不断变化之中以实现动态平衡。因此，生态韧性与系统能够适应变化和进行重组更新的能力紧密联系，可以通过评估系统在转变到新状态之前能够承受的扰动程度来评估其韧性能力。

Liao（2012）提出了一种新方法：以社会经济和洪水强度为横纵坐标，通过分析曲线下的面积来衡量城市对洪水的容忍度，从而确定韧性阈值。Liao（2012）认为把抗洪作为主要策略，虽然可以提高城市防御力，但对提升其韧性并无实质性帮助，如图 5.6（a）所示，小球代表洪水后的城市动态平衡，小球如果回到初始位置，则表示城市可容忍的范围低于城市阈值范围。在考虑城市经济适应策略、应急响应能力等方面后，城市能承受社会经济和洪水带来的更大冲击，如图 5.7（a）、（b）的变化，可容忍阈值范围为图中阴影部分面积，后期其面积可代表韧性水平，当阴影部分面积增大，城市拥有更大阈值，韧性水平更高。

在 Liao（2012）的韧性评估模型基础上，结合相关学者（颜文涛 等，2021；Wang，2015）关于街道网络韧性的研究成果，以失效路段情况和网络整体性能相结合，提出一个综合模型来评估街道网络韧性。在该测度模型中，曲线代表了不同的街道系统在面对外来扰动时的性能水平变化，曲线所围合的区域面积代表了街道网络在随时间变化而出现失效路段的情况下，街道网络性能的变化总量，可作为评估其在面对干扰时的韧性阈

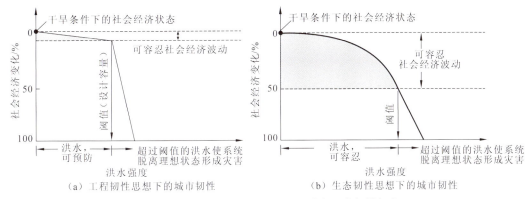

图 5.7 工程及生态韧性视角下的城市承洪韧性概念

资料来源：Liao（2012）

值变量。当街道网络遭到外部干扰时，路段可能受直接影响，严重时会失效。一方面，网络规模相近时，若网络性能降至临时失效路段所占比例较高，表明街道网络抗毁性能强；另一方面，当失效路段占比相同时，街道网络性能下降越慢，说明网络吸收外部干扰能力越强，因此街道网络的韧性水平取决于以上两个因素（张志琛，2022）。不同街道空间的拓扑结构存在差异，其维持原有功能的能力各不相同，因此能够容忍的干扰范围也不同，图 5.8 中的系统 A、B、C 三条曲线即分别构建了在三种不同拓扑结构下的街道网络系统。

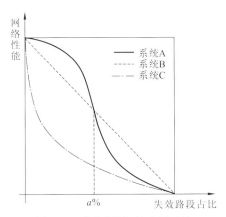

图 5.8 不同系统韧性水平对比

资料来源：张志琛（2022）

5.3.3 测度指标

1. 网络效率

当前学术界普遍认为，街道网络的效率是其韧性的关键要素。研究指出，提升路网效率能够增强城市空间应对各种挑战的适应能力，从而优化城市韧性（Morelli et al, 2021；

Helderop et al.，2019；Sharifi，2019b；李成兵 等，2017）。街道网络由节点和边组成，其效率取决于节点与边的有效连接，在通过移除路段攻击街道网络时，节点和边的连接程度会改变，这时网络效率是衡量变化的主要指标。其中，网络效率又分为全局效率和局部效率两个指标，全局效率揭示了网络整体传输效能和全局连通性，而局部效率则关注网络中局部区域的传输能力和局部连通性。

网络效率衡量了节点之间的有效连接程度，表示为网络中 v_i 和 v_j 任意两节点之间的距离 d_{ij} 的倒数，网络受扰动后，随着失效路段增加，会出现孤立路段或形成多个互不连通的网络，致使全局效率降低，网络连通性和韧性也随之下降（李成兵 等，2017），网络全局效率 $E(g)$ 是全部节点间效率的均值，其计算方法详见《城市与区域韧性：构建网络化的韧性都市圈》中第 3 章"都市圈网络韧性评估方法"内容。

如果网络受到扰动后，其全局效率变化较小则表示网络较稳定，因此可以用扰动前后全局效率变化比值 $rE(g)$ 衡量网络的稳定性。计算公式如下：

$$rE(g) = \frac{E'(g)}{E(g)} \tag{5.10}$$

式中，$E'(g)$ 为下一次扰动后网络全局效率；$rE(g)$ 为两次扰动后全局效率变化。

2. 连通子图规模

街道网络受攻击后，物理结构改变显著，路段减少，完整性降低，易形成孤立网络。常用连通子图描述其状态（颜文涛 等，2021；黄勇 等，2020；Albert et al.，2000）。其中，在未受攻击时，街道网络本身即为最大连通子图，随机攻击后出现第二连通子图，最大连通子图规模降低，每次攻击后二者规模更新，直至网络规模为 0，整体连通性示意图如图 5.9 所示。

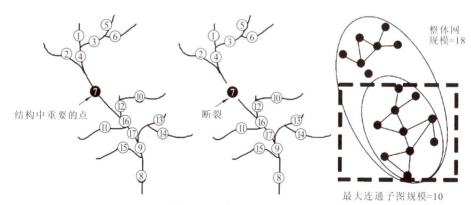

图 5.9 整体连通性示意图

资料来源：黄勇等（2020）

当路段失效比例达到临界值时，最大连通子图减小，第二连通子图达到峰值，此时网络失效、性能突变。第二大连通子图突变阈值越大，网络崩溃越慢，网络韧性越强（图 5.10）。

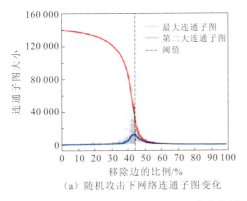
（a）随机攻击下网络连通子图变化

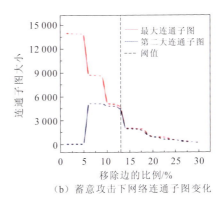
（b）蓄意攻击下网络连通子图变化

图 5.10　上海街道网络阈值示意图

资料来源：颜文涛等（2021）

　　连通子图规模衡量网络拓扑结构间的连通状况，是描述街道网络物理结构变化的重要指标。最大连通子图相对大小 S 的计算方法详见《城市与区域韧性：构建网络化的韧性都市圈》第 3 章 "都市圈网络韧性评估方法" 内容。

第6章　灾害韧性测度

灾害韧性测度作为沟通灾害韧性理论与实践的桥梁，是量化城市应对灾害风险能力的重要工具。其中，城市综合灾害韧性测度多关注不同尺度灾害系统的社会、经济、技术、组织等应对综合性自然灾害的韧性能力（Sun et al., 2016），而城市特定灾害韧性则多关注单一系统面对特定灾害时的韧性特征（Ouyang et al., 2014），如高温韧性、洪涝韧性等。同时，随着风险的不确定性加剧，灾害风险间的交互触发、交织伴随效应愈发显著，如何处理多种灾害间复杂的交互作用及耦合级联效应成为近年来灾害风险领域研究的热点。本章围绕灾害韧性测度展开了系统研究。首先，介绍当前城市综合灾害韧性测度的三类典型测度方法；其次，针对城市面临的特定灾害风险，选取洪涝、微气候及生境破碎化风险三类代表性灾害风险，介绍针对城市特定灾害的韧性测度方法；最后，针对城市面临的多灾害风险及其可能产生的综合影响以及级联过程，介绍城市多灾害风险耦合测度的代表性方法，以期为应对日益复杂的城市灾害风险提供方法支撑。

6.1　城市综合灾害韧性测度

6.1.1　基于性能曲线测度

Bruneau 等（2003）在研究社区应对地震冲击不同阶段的基础设施性能表现过程时提出了系统性能水平恢复过程的函数曲线[图 6.1（a）]，该方法为基础设施系统性能定义了一个随时间变化的度量 $Q(t)$，性能的范围从 0% 到 100%。假设地震发生在时间 t_0，可能会对基础设施造成足够的破坏，从而使性能立即降低，而基础设施的恢复将随着时间推移而进行，直到时间 t_1 完全修复（由性能 100% 表示）。通过性能曲线，社区抗震韧性 R 可通过预期的性能随时间（恢复时间）的退化程度（失败的概率）来衡量，数学上被定义为

$$Q_t = Q_\infty - (Q_\infty - Q_0)e^{-bt} \tag{6.1}$$

$$R = \int_{t_0}^{t_1}[100 - Q(t)]dt \tag{6.2}$$

式中，Q_∞ 为系统性能完全发挥作用时的容量；Q_0 为事件后的容量；b 为经验推导的参数，表示恢复过程的速度；t 为事件后的时间（单位为天）；t_0 和 t_1 是考虑时间过程的端点。

Cimellaro 等（2010）进一步考虑了系统性能随时间变化的多动态情况，改进了传统的系统曲线定义。首先，韧性 R 被表征为一段时间内维持给定系统（如建筑物、桥梁等）

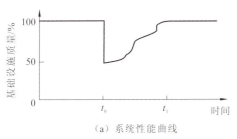

（a）系统性能曲线

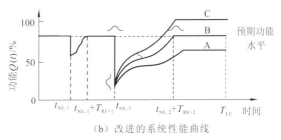

（b）改进的系统性能曲线

图 6.1 性能曲线及改进的系统性能曲线

资料来源：Bruneau 等（2003）；Cimellaro 等（2010）

功能或性能水平的能力。其次，恢复时间 T_{RE} 是将系统（结构、基础设施如供水、电力、医院建筑）的功能恢复到与原来相同、接近或更好的预期水平所必需的时间，是一个高度不确定的随机变量，包括施工恢复和业务中断时间，通常小于控制时间 T_{LC}；最后，韧性被定义为系统功能函数下的规范化阴影区域面积，定义为 $Q(t)$。$Q(t)$ 是一个非平稳随机过程，每个集合都是如图 6.1（b）所示的分段连续函数，其中功能 $Q(t)$ 被测度为时间的百分比函数，对于单个灾害事件，韧性被表征为

$$R = \int_{t_{OE}}^{t_{OE}+T_{LC}} \frac{Q(t)}{T_{LC}} dt \tag{6.3}$$

$$Q(t) = [1 - L(I,T_{RE})][H(t-t_{OE}) - H(t-(t_{OE}+T_{RE}))] f_{Rec}(t,t_{OE},T_{RE}) \tag{6.4}$$

式中：$L(I,T_{RE})$ 为损失函数；$f_{Rec}(t,t_{OE},T_{RE})$ 为恢复函数；H 为单位阶跃函数；T_{LC} 为系统控制时间；T_{RE} 为从事件 E 中的恢复时间；t_{OE} 为事件 E 发生的时间。

此外，Ouyang 等（2012）以电力系统为例，提出一个基于多阶段的框架来分析基础设施应对灾害的韧性测度方法，通过建立一个期望年韧性指标 AR 对系统性能曲线进行改进。期望年韧性指标 AR 被定义为一年内实际性能曲线与时间轴之间的面积与目标性能曲线与时间轴之间面积的平均比值。AR 的基本数学表达为

$$AR = E\left[\frac{\int_0^T P(t)dt}{\int_0^T TP(t)dt}\right] = E\left[\frac{\int_0^T TP(t)dt - \sum_{n=1}^{N(T)} AIA_n(t_n)}{\int_0^T TP(t)dt}\right] \tag{6.5}$$

式中：$E[\cdot]$ 为期望值；T 为一年的时间间隔（1 年 = 365 天）；$P(t)$ 为实际性能曲线，这是一个随机过程；$TP(t)$ 为目标性能曲线，可以是一条常数线或一个随机过程；N 为事件发生次数，包括不同危害类型的事件共现；$N(T)$ 为 T 期间事件发生总数；t_n 为第 n 个事件的发生时间；$AIA_n(t_n)$ 为在时间 t_n 时发生的第 n 次事件的真实性能曲线与目标性能曲线之间的面积，称为影响面积。

总体来说，在传统系统性能曲线及改进性能曲线的基础上，系统性能曲线在应对灾害韧性测度中的应用逐渐增多。

6.1.2 基于韧性指标测度

由于灾害韧性影响因素的复杂性和多样性，制定一套全面的综合指标来衡量综合灾

害韧性正变得越来越普遍。韧性指标可以描述目标系统或分析单元的要素特征，有助于实现特定测度对象的需要和目标的优先次序。然而，鉴于技术层面的指标处理差异，包括数据转换、用于分类和因子保留的多变量评估、加权、聚合、可视化和验证等过程（Asadzadeh et al.，2017），目前还没有足够全面的复合指标测度体系。如 Beccari（2016）归纳述评了 106 个基于指标测度的灾害风险、脆弱性和韧性综合指数，结果表明各指标间存在较大差异，仍需重视敏感性和不确定性分析，确保评价结果的高质量和决策过程的相关性。目前，以韧性指标体系构建灾害韧性测度已形成较多成熟的指数和方法（表 6.1），这些韧性指数的构建往往基于工程韧性或社会生态韧性内涵，针对不同的韧性领域选取合适的指标进行加权赋值得到。下文对其中几个经典韧性指数的测度进行详细介绍。

表 6.1 基于韧性指标的灾害韧性测度代表性方法

典型指数	韧性内涵	空间对象/研究区	扰动类型
CDRI（Shaw et al.，2009）	社会-生态韧性	城市	飓风
CDRI（Yoon et al.，2016）	社会-生态韧性	城市行政分区	气候灾害风险
BRIC	社会-生态韧性	美国郡县	综合灾害风险
RCI	社会-生态韧性	美国大都市区	综合灾害风险
FM Global Resilience	工程韧性	国家	综合灾害风险
RMI	工程韧性	基础设施	综合灾害风险
REDI	社会-生态韧性	社区	飓风
RRI	社会-生态韧性	农村和偏远社区	综合灾害风险

资料来源：根据 Asadzadeh 等（2017）整理。REDI 为紧急灾害韧性指数（resilience to emergencies and disasters index）。

1. 气候灾害韧性指数

《气候和灾害韧性倡议》于 2009 年开始使用气候灾害韧性指数（CDRI）对亚洲地区的 15 个城市进行了灾害韧性的现状评估，此后关于 CDRI 的应用逐渐拓展。本节介绍的 CDRI 测度方法来源于 Joerin 等（2014），其研究结果从区域层面测度了印度金奈市应对气候灾害的韧性能力。CDRI 专门针对气候相关的灾害，如旋风、干旱、洪水和热浪，将框架划分为 5 个维度，即经济、制度、自然、物理和社会，确定了 25 个参数和 125 个变量。测度通过问卷调查和指标评估展开。首先通过问卷，选取在金奈不同地区从事市政工作的工程师进行调查，打分区间分为 1~5 分，获得 125 个变量和 25 个参数的评测水平。其次，运用加权平均指数计算，分维度和总体韧性加权结果。结果显示，与城市边缘的繁荣地区相比，居住在金奈北部和老旧地区的社区整体韧性能力较低。城市边缘地区社区的高韧性表明，城市化不一定会导致基本城市服务（如电力、住房和水）恶化，这一现象被金奈的自身韧性能力和人口增长之间的强大统计相关性所证实。通过确定金奈不同城市地区的气候灾害韧性水平支持未来城市扩张的规划决策。

2. 紧急灾害韧性指数

Kontokosta 等（2018）结合城市高分辨率数据制定了紧急灾害韧性指数（REDI）。REDI 方法的优势在于整合物理、自然和社会系统的措施，通过收集和分析大规模、异构和高分辨率的城市数据进行操作。该测度方法由 4 个步骤组成：①创建韧性数据库；②筛选指标变量；③整合 REDI 数据集；④计算 REDI 分数。首先，通过收集和集成相关数据集来创建地理空间存储库，利用 ArcGIS 和 Python（Pandas）整合数据集。其次，结合文献综述和数据的时空分辨率，选择纽约市人口普查区作为社区尺度的最小表征来逐步收集 24 个指标变量，每个指标变量根据其对韧性影响的正负效应被赋予+1 或-1 的权重，并通过 Pearson 相关系数检验了指标的相关性和共线性问题。最后，REDI 分数的计算公式如下：

$$\text{REDI}_j = \left(\frac{1}{n}\right) \sum_{i=1}^{n} (w_i \cdot z_{ij}) \tag{6.6}$$

式中：REDI_j 为第 j 个地区的 REDI 得分；n 为指标变量总数；w_i 为指标 i 的权重；z_{ij} 为指标 i 在第 j 个地区的归一化后的值。计算得到的 REDI 分数相对于参考区域平均值归一化为 1～100，并通过等权重法和分类权重法进行指标结果可视化和相应的探索性分析。同时，使用飓风桑迪和 311 服务请求数据进行验证，表明了 REDI 的有效性。

6.1.3 基于韧性工具测度

基于韧性工具的灾害韧性测度往往以指标评估等作为基础，同时依据灾害韧性的概念框架，结合数学公式、模型/矩阵，以尽可能真实地反映和理解现实世界中的关系和相互作用（Cutter，2016）。表 6.2 列举了具有代表性的基于韧性工具的灾害韧性测度模型，下面对其中几个代表性模型进行详细介绍。

表 6.2　基于韧性工具的灾害韧性测度代表性模型

测度模型	韧性内涵	空间对象/研究区	扰动类型
CART	社会-生态韧性	社区	综合灾害风险
CoBRA	社会-生态韧性	社区	干旱
OXFAM	社会-生态韧性	城市地区	综合灾害风险
NIST	工程韧性	基础设施	综合灾害风险
HHAE	社会-生态韧性	家庭和个人	综合灾害风险
ResilUS	工程韧性	城市	地震
SRI	工程韧性	社区	地震
ANDRI	社会-生态韧性	城市	综合灾害风险

资料来源：Asadzadeh 等（2017）。OXFAM 为牛津饥荒救济委员会（Oxford Committee for Famine Relief），又称英国乐施会；ANDRI 为澳大利亚自然灾害韧性评估指数（Australian natural disaster resilience assessment index）。

1. 澳大利亚自然灾害韧性评估指数

澳大利亚自然灾害韧性评估指数（ANDRI）是澳大利亚自然灾害韧性管理政策中评估社区大规模抵御自然灾害能力的工具，专门为评估自然灾害韧性设计（Parsons et al.，2016）。澳大利亚自然灾害韧性评估指数的概念模型如图6.2所示，该模型将韧性能力分为应对能力和适应能力，暴露风险及驱动因素是影响韧性能力的外部因素，不包括在指数体系构成中。应对能力使个人或组织能够利用现有的资源和能力来面对灾难可能导致的不利后果；适应能力是通过学习、适应和转变来调整反应和行为的因素。根据概念模型构成，适应能力和应对能力被分别划分为6个维度和2个维度。各个维度及其指标与自然灾害韧性之间的关系是通过文献建立的，通过定量和定性研究解释了社区的韧性反应。澳大利亚自然灾害韧性评估指数的评估结果主要为当前灾害韧性能力的空间表示，由可单独报告的多个层次的资料组成：一个总指数、主题和指标，可以在澳大利亚2～3级的行政区划下进行计算。评估报告结果有助于政策制定、战略制定、风险评估和管理、土地使用规划、社区参与及组织规划和优先排序。在空间上明确地获取数据也有助于与其他类型的信息和制图良好衔接。

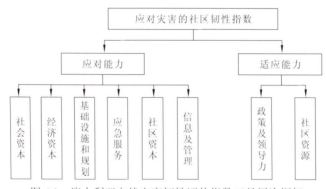

图6.2　澳大利亚自然灾害韧性评估指数工具层次框架

来源：改绘自 Parsons 等（2016）

2. 英国乐施会灾害韧性指数

英国乐施会（OXFAM GB）灾害韧性指数（Hughes et al.，2013）是一种多维度的韧性指数工具，由5个相互关联的维度构成。首先，以家庭为单位，可行的家庭生计状况是首要考虑因素。关注未来可能出现的各种气候性灾害情景下当前家庭生计战略的可行性。其次，创新潜力在该指数中被重点考虑，其取决于居民的知识和态度、承担风险的能力、获得天气预报、市场信息及相关技术和资源的机会等因素。第三，应急资源和外部支持水平，包括粮食储备、社会关系网络、紧急支持服务能力等。第四，健康的生态系统和建成环境有助于抵御冲击和压力。最后，社会和制度能力确保了正式或非正式机构在降低风险、支持积极适应和危机时期公平性保障以获得基本服务方面的有效性。该工具在5个维度要素的确定基础上，应用了 Alkire-Foster 方法，以基于若干指标开发若干复合指数，反映了多维韧性结构的各种表现形式。该指数是少数从人道主义视角出发，考虑不同居民生计、权利在应对灾害风险时的韧性工具。

6.2 城市特定灾害韧性测度

6.2.1 洪涝韧性测度

目前，精准预测极端气候在时空模式和强度方面仍然具有挑战性。洪涝韧性属于灾害韧性中单一洪涝风险的研究范畴，是"特定的特定韧性"，近年来成为多学科领域的研究热点。一般来说，洪涝韧性指系统避免、减少淹没或从洪涝破坏中迅速恢复到稳定功能状态的能力。既有研究中围绕洪涝韧性测度讨论了静态测度、动态测度、能力测度、过程测度等不同测度方法。由于洪涝灾害在时间周期中具有长时序的周期性特征及短历时的突发性特征，本小节从长、短周期视角简要介绍当前洪涝韧性测度方法。

1. 长周期洪涝韧性测度

将洪涝韧性理解为系统的一种固有能力属性或特征，选取不同维度或不同阶段的指标进行综合加权赋值，从而确定韧性水平是长周期洪涝韧性中最常见的方法。长周期洪涝韧性侧重于在适应性过程中对于较小但更持久的长周期气候变化带来的降雨、洪涝影响，测度方法主要包括综合指数法、韧性评估体系及模型模拟评估法，其最大优势在于较为直观和快速地呈现韧性测度结果。本节针对以指标加权测度的不同方法及机器学习用于韧性评估的方法展开简要介绍。

1）基于指标加权

基于指标加权的洪涝韧性测度，主要包括综合指数法和指标评估法。综合指数法通过建立一系列关键变量来描述系统特征和韧性水平，一般分为两种类型：多维型和能力型。多维型围绕韧性的主要领域选取指标，通过不同的加权赋值形成一个综合韧性指数。例如，Shah 等（2020）从物理条件、人力资源、制度问题和外部关系 4 个维度建立韧性指标，通过综合加权计算出一个综合指数来测度学校的洪涝韧性能力。能力型指数则从韧性能力出发构成综合指数，例如 Miguez 等（2017）从工程视角出发提出了综合洪涝韧性指数，该指数考虑了灾害损失和应对恢复能力两个维度，可以对防洪设计备选方案的长期性能进行定量测度。

指标评估体系法更强调对韧性维度和指标维度构建解析，通过不同领域指标的遴选，从而表达单维度韧性水平和综合韧性排序水平。例如，Orencio 等（2013）综合了过程指标和结果指标，使用层次分析法和德尔菲法确定维度权进行分层构建灾害韧性评估体系，利用线性加权和多目标分析加权排序比较。Sun 等（2022）采用基于指标体系的定量模型和综合权重法，对北京市 16 个区县城市洪涝韧性能力进行了定量评价。不同指标加权的差异主要体现在指标的选取、加权方法的选取，在此过程中各类加权方法如线性加权、熵权法、多准则决策法等不同的方法出现在洪涝韧性测度中。

2）基于机器学习测度模拟

影响韧性的变量往往是一组复杂的整体和相互影响的维度，单纯从不同维度选取指标进行聚合往往模糊了韧性要素长周期交互演化过程。随着韧性测度的拓展，通过评估系统各组成部分的韧性能力或应对洪涝的过程状态，形成了一些研究结果。例如，Liu等（2021）利用支持向量机（support vector machines，SVM），提出了一种基于改进灰狼优化算法的支持向量机模型，将指标数据映射到高维空间，以提高灌区水资源系统韧性测度的准确性。Liu 等（2020）采用随机森林模型进行韧性评估，将多个弱分类器整合为一个强分类器，探索实现韧性的高精度评估。目前基于机器学习的韧性评估和演化方法开始逐渐增多，重点仍集中在水平分类或回归拟合的现状测度比较阶段，针对未来韧性水平模拟及调控的相关测度仍处于起步阶段。

下面以随机森林回归为例介绍一种利用机器学习开展洪涝韧性评估的方法步骤。随机森林模型由 Breiman 在 2001 年提出，是一种典型的集成算法，随机森林回归由多个独立决策的决策树（decision tree）构成，并将结果进行汇总，以提高模型精度和稳定性。算法的过程如下。

（1）随机样本抽取。随机森林算法通常采取 bootstrap 抽样形成一系列决策树集合 $h(x, \theta_k)$，这是一种有放回的抽样方法，在一次完整抽样过程中大约有 1/3 的数据未被选中，产生了无偏差"袋外（out-of-bag，OOB）数据"，此部分数据可用于模型评估检验。

（2）特征选择。对每个样本数据集，确定随机选择的特征子集，每次选择的 m 个属性应小于总特征属性数 M。随机选择的特征子集确保了随机森林的随机性和模型的泛化性。

（3）决策树集成。利用选取的特征构建单棵决策树。通过确定相应评价标准（如基尼系数、信息增益）来进行节点划分。重复上述步骤，构建多棵决策树，形成随机森林。

（4）结果输出及模型评估。输出每棵决策树的结果，通常通过线性集成（如取平均）得到最终回归结果。利用抽样时产生的袋外数据进行模型性能验证。

利用随机森林算法进行洪涝韧性测度，关键在于预测值（标签）的确定，洪涝韧性通常基于多影响要素指标的数据进行测度，所收集的数据中，通常只有变量要素。同时，由于数据规模和样本一般都以小样本为主，因此在进行随机森林算法之前，需要确定预测值标签规则，也即洪涝韧性值区间或等级，并获取足够样本量。

在数据收集阶段，需要收集与洪涝韧性测度相关的历史数据，如气象数据（如降雨量）、地形地貌数据、水文数据（如河流流量、水位等）、社会经济数据（如人口密度、经济状况、基础设施状况等）及历史洪涝事件记录等，假设共收集总特征属性数为 M。进一步，利用自然间断法将每个属性要素划分为 a 个等级，例如 a 取 4 时，等级和得分分别为 I-1、II-2、III-3、IV-4，即对于属性 m_1，根据历史收集数据最大、最小值（$[m_{1\min}, m_{1\max}]$）进行自然间断点划分成 4 个范围区间分别赋值，对每一个样本根据所属结果进行分类，以此完成所有特征属性的赋值评分。同时，根据划分区间，再扩样生成足够规模的随机数据并对属性进行赋值。赋值后根据相应规则确定韧性等级，例如所有属性 m_1，m_2，$\cdots$，m_n

等级都属于 II 类的韧性赋值为 2 分,以此类推,确定韧性得分。由此完成数据集的制作,并在此基础上按照上述算法原理进行韧性的回归评估及精度验证。

2. 短周期洪涝韧性测度

针对突发事件的短周期韧性测度侧重于意外的、低频率和高损害的洪涝事件,强调系统主体响应和恢复过程的测度及优化,以减少洪涝后果。因此,短周期洪涝韧性通常在一次或多次极端洪涝情景下进行测度。既有研究中,短周期洪涝韧性测度强调多洪涝情景动态过程的解析,通常包括利用水文和水动力模型结合系统性能曲线、复杂系统模拟等方法进行。本小节对其中的几类主要方法进行介绍,包括水文水动力模型、网络分析以及系统动力学仿真。

1)基于水文水动力模型

洪涝建模领域主要有三种方法:水文学、水动力学、水文水动力耦合。现阶段已有美国的 SLOSH 模式、SWMM,荷兰的 DELFT3D,丹麦的 MIKE21 等相关模型。其中,基于水动力模型的研究,例如陈碧琳等(2023)展开台风"天鸽"洪涝淹没情景模拟,使用片区地形、土地覆盖糙率、水文边界条件等数据,基于 MIKE21 二维水动力模块,建立了片区的淹没模拟模型。李睿等(2022)基于高精度城市洪涝模型和增强型两步移动搜寻法,对暴雨内涝灾害下上海市中心城区消防服务进行评估。其水动力模拟基于圣维南方程描述浅水波非恒定流,简化的动量方程为

$$\frac{\partial q}{\partial t} + \frac{gh\partial(h+z)}{\partial x} + \frac{gn^2q^2}{hr^{\frac{4}{3}}} = 0 \tag{6.7}$$

式中:g 为重力加速度;r 为水力半径;z 为栅格底部高程;h 为水深;n 为曼宁系数。

基于水文水动力学模型测度洪涝韧性的重点在于对评估系统冲击过程进行指标表征,或结合其他社会经济指标,实现洪涝韧性动态过程评估。通常情况下,以水文水动力学模型为基础,结合系统性能曲线,成为短周期洪涝韧性测度的主要方法之一,主要步骤如下。①降雨情景事件设计。根据历史降雨特征或研究需要设定降雨情景,通常会选择 10 年、20 年、50 年、100 年一遇的不同重现期,结合当地暴雨强度公式计算降雨量情景,作为洪涝淹没模拟基础。②洪涝模拟建模。根据研究尺度和数据资料情况选择合适的洪涝淹没模型,例如针对城区范围通常结合排水管网等详细数据进行水动力模拟,设置模拟时间步长,逐步迭代以获得高精度的历时性淹没水深和淹没范围数据。③选择系统性能指标,绘制系统性能曲线。可选的系统性能指标包括累积水深和持续时间、水流速度和持续时间、单元淹没面积百分比、灾中居民活动水平变化强度等,例如式(6.8)~式(6.11)中,系统性能指标选取了洪涝发生时未被淹没的单元占比,因此可绘制出系统性能随时间变化的曲线。④评估系统/单元韧性,分析韧性水平特征。系统性能曲线计算结果可用于表征研究区整体或单元尺度的洪涝韧性水平。

$$g(i,t) = \begin{cases} 1, & d(i,t) \geqslant h_c \\ 0, & d(i,t) < h_c \end{cases} \tag{6.8}$$

$$N(t) = \sum_{i=1}^{N} g(i,t) \tag{6.9}$$

$$p(t) = 1 - \frac{N(t)}{N} \tag{6.10}$$

$$\mathrm{Res} = \frac{1}{t_n} \int_0^{t_n} p(t)\mathrm{d}t \tag{6.11}$$

式中：$d(i,t)$ 为网格单元 i 在时间 t 时的水深；$g(i,t)$ 为网格单元在 t 时的状态；h_c 为洪涝水深阈值；$N(t)$ 为被淹没的格网单元总数；N 为研究区的格网单元总数；$p(t)$ 为时间 t 的系统性能；t_n 为总模拟时间；Res 为洪涝韧性。

2）基于网络分析

结合高时空分辨率大数据优势，洪涝韧性网络测度正逐渐从静态刻画向动态过程测度拓展。网络视角下的洪涝韧性测度通常选取能够表征动态网络结构的活动指标，例如居民流动强度、道路交通实体网络，将不同空间对象视作网络中的节点，并将整个灾害过程分为前、中、后三个部分，对不同阶段的网络进行建模测度，以反映不同主体对象应对洪涝的韧性能力。在洪涝韧性网络测度方面，Wang 等（2020）针对 2017 年得克萨斯州的飓风哈维及其后的洪涝韧性进行了动态测度，通过对灾前、灾中、灾后的网络分析指标评估和费希尔信息量（Fisher information，FI）指数对网络指标随时间变化的动态进行评估，从短期过程视角观测韧性的动态变化，创造性地在细粒度的空间和时间尺度上跟踪动态韧性。此外，围绕道路交通网络，Rajput 等（2023）利用来自重大洪涝事件的高分辨率交通网络数据，使用动态交通网络的网络扩展等高阶网络分析方法，以交通网络中不同水平下的贝蒂数（Betti number）波动表征网络变化关系，为交通网络功能韧性提升提供了新的思路。

3）基于系统动力学仿真

城市应对洪涝过程可以被看作多个复杂的自组织系统（社会、经济、生态、工程系统）相互作用的过程。系统动力学（system dynamics，SD）是一种系统工程建模方法，旨在揭示复杂系统的内在机理。SD 模型可以根据复杂性、互连性和随时间变化的动态行为来描述复杂系统，分析系统内不同影响因素之间的反馈关系，尤其适合模拟城市洪涝韧性能力的演变（O'Keeffe et al.，2022）。例如，Simonovic 等（2013）较早强调了灾害韧性的时空动态过程，利用系统动力学模型捕捉韧性的时空动态特征，并通过情景策略设置，模拟应急资金、流动医疗服务和有序撤离等适应方案对动态韧性的影响过程。Li 等（2023b）运用系统动力学，建立了城市暴雨洪涝韧性模型，考虑城市暴雨响应和城市洪灾恢复的时间模式，在小时级的时间步长上对西安市暴雨洪涝韧性进行了研究。

利用系统动力学模型开展洪涝韧性测度的一般步骤如下。①界定研究问题与边界。明确洪涝韧性研究的对象尺度、边界、目的。②构建因果回路图。通过考虑暴雨过程和洪涝过程的时间迭代变化关系，构建理论关系假设，划分不同的洪涝韧性子系统，建立各子系统间的因果关联。此阶段需要结合模型假设收集相关时间步长的要素数据，例如长期降雨情况、短期降雨情况、避灾场所可达性、公共交通服务能力、排水管网情况等。③绘制存量流量图。SD 模型中的存量流量图通过不同类型的变量将定性因果关系回路转换为定量过程，包括存量（状态变量）、流量、常量、变化速率等。如式（6.12）中，$L(t)$ 为状态变量，R_{in} 为流量。存量流量图的构建过程即通过决策与实验室方法对指标之间的相互影响关系进行建模分析，为各存量、流量、常量构建函数关系及赋值的过程。④模型检验与修正。通常包括对 SD 模型内部的变量类型、流程图等进行合理性检验；对变量及其数学表达式进行量纲一致性检验。同时通过历史数据验证模型精度，通常用偏差程度表示，如式（6.13）所示。⑤情景设定及韧性调控解析。通过对城市进程中社会、经济、自然、基础设施、信息等未来发展研究的情景设置，模拟系统在不同维度和不同情景下的动态行为，明确暴雨与洪涝韧性能力的相互作用机制，并对未来情景趋势进行预测。

$$L(t) = \int_{t_0}^{t} \left(\sum R_{in} - \sum R_{out} \right) dt + L(t_0) \tag{6.12}$$

$$D = \frac{X_t' - X_t}{X_t} \times 100\% \tag{6.13}$$

式中：$L(t)$ 为在时刻 t 状态变量 L 的值；$L(t_0)$ 为 L 在 t_0 时刻的值；R_{in} 为状态变量的输入流；R_{out} 为状态变量的输出流；X_t' 为模拟结果值；X_t 为历史真实值；D 为偏差程度，一般 D 小于 10%时构建的模型具有较好的精度（朱诗尧，2021）。

3．其他测度

与此同时，针对真实灾害场景及韧性评估结果验证的研究开始逐渐出现。例如，Liu 等（2023b）则针对郑州市 2021 年的暴雨事件测度了内涝韧性和灾后恢复情况，并基于夜间灯光数据验证了韧性评估结果。另有学者从经济关系及效率视角展开洪涝韧性建模，利用数据包络分析方法及其优化方法进行脆弱性和韧性评估，如 Yang 等（2021）基于投入产出视角，将超效率数据包络分析方法应用于中国省级洪涝灾害韧性评价研究，并与脆弱性评价进行了对比，为宏观尺度的洪涝韧性研究提供了参考。而随着数据的丰富及分析手段的提升，也有学者开始强调迈向数据驱动和复杂系统交互的动态洪涝韧性综合测度。Yabe 等（2022）则认为目前灾害韧性领域的评估仍然以针对长周期静态性的韧性评估为主，强调建立数据驱动的动态灾害韧性复杂系统模型。总体来说，在城市研究领域，洪涝韧性测度经历了一个由静态韧性向动态韧性、由一般韧性向特定韧性、由"组件"韧性向城市综合韧性拓展深化的过程。

6.2.2　微气候韧性测度

微气候是指由地形地势、下垫面材质、建筑布局以及绿化覆盖等因素的差异，在近地面大气层中产生与区域一般气候不同的气候特征。目前，微气候韧性的测度与评价方法多是通过对微气候要素（如温度、湿度等）实地探测或者数值模拟后进行综合评价。其中最常使用的方法是计算流体力学（computational fluid dynamics，CFD），其依赖于建立合适的数值模型和网格,并使用适当的物理模型和数值方法求解流体动力学方程。CFD多用于模拟和预测微观尺度的气象现象,如气温、湿度和风速等。通过 CFD 模拟,可以对城市建筑物、绿化环境、地形等因素进行定量评估,同时揭示微气候在不同气候条件下的变化情况。CFD 可以在高时空分辨率下灵活调整参数和条件,相比实地观测可以节省大量的时间和成本。CFD 系列软件较为丰富,包括 CFX、Fluent、Star-CD、COMSOL、AIRPAK、scSTREAM、PHOENICS 等。Fluent 适用于建筑室内空气质量、热舒适度等方面的模拟,可以提供广泛的求解器,以模拟不同类型的流动和传热问题,具有直观的可视化效果。Envi-met 则是一款专门用于城市微气候环境模拟的软件,适用于模拟城市中的风场、温度分布、颗粒扩散等环境因素,也可以支持从小时尺度到年际尺度等不同时间尺度的模拟。由于微气候测度的软件、数学模型众多,本节将主要从风场模型、温度模型、污染扩散模型三方面介绍微气候测度的主要方法。

1. 风场模型

风场模型在建筑和城市风环境研究中得到广泛应用,它通过研究建筑和城市布局对风速和风向的影响模拟风场分布,为防风减灾和通风设计提供参考。一方面,通过计算流体动力学等软件模拟方法,对城市风场进行模拟和预测,帮助评估不同城市规划和建筑布局对风环境的影响。另一方面,通过实地测试和风洞试验,来直接观测和测量城市风场,获取真实数据以验证模拟结果。

1）物理模型

风的流动特性主要指大气边界层、指数风剖面、对数风剖面。大气边界层,又称行星边界层,是大气圈中最靠近地球表面的一部分,在大气层中占对流层的 10%~20%,这一层的特性受到地表摩擦力的影响,主要表现为湍流的产生和强烈的垂直混合,导致温度、湿度、风速等快速波动。自由大气与大气边界层之间存在明显差异,自由大气中的风速和风向基本由行星自转引起,而大气边界层内的风速受地表摩擦和其他地表特征影响,风向可能在等压线上发生转向,这一现象被称为埃克曼层(Ekman layer)。赫尔曼(Hellman)在 1916 年提出了指数规律,后来艾伦·达文波特(A.G.Davenport)经过多项实测结果分析,提出了平均风速随高度变化的规律,这一规律表明了在大气边界层内,风速随着高度的增加呈指数递减,可以用指数函数来描述,通常称为风速剖面指数规律或者指数风速分布公式,其一般形式如下:

$$V(z) = V_r \left(\frac{z}{z_r} \right)^p \tag{6.14}$$

式中:$V(z)$ 为 z 处高度的风速;V_r 为 z_r 处参考高度的风速;p 为指数,通常取正值,代表风速递减的速率。

对数风剖面是一种半经验性关系,常用于描述大气表面层内水平平均风速在垂直方向上的分布。它表达了风速如何随着高度的增加而变化,在建筑、风能等领域中具有重要的应用价值。对数风剖面描述风速变化的公式如下:

$$u(z) = u_* \frac{\ln\left(\dfrac{z-d}{z_0}\right)}{\ln\left(\dfrac{z_r-d}{z_0}\right)} \tag{6.15}$$

式中：$u(z)$ 为 z 处高度的风速；u_* 为摩擦速度；d 为零平面位移；z_0 为地表粗糙度；z_r 为参考高度。

风洞研究是风环境研究的重要工具，是对实际建筑物或结构的缩比模拟，并将其置于风洞中进行试验和测试。在边界层风洞中，沿着地面进行的风流模拟了中性层流条件下大气边界层的缩小版本。因此，可以通过城市区域的几何相似模型模拟风洞条件研究与城市大气条件相关的重要实际问题，如建筑物的风力作用、行人的舒适性，以及点源（如烟囱、隧道排放和气体泄漏）或线源（如交通线）的扩散过程。然而，对风洞中这些过程的研究仅是一系列行动中的一个环节，还需要结合其他方法和模型来全面评估城市风环境。

2）数学模型

数学模型用于描述和计算风场的运动特性，常见的数学模型包括大涡模拟（large eddy simulation，LES）模型和标准 k-ε 模型（standard k-epsilon model）等。LES 模型是一种折中性的综合测度方法，通常在忽略较小尺度的涡旋条件下，直接对湍流脉动部分进行模拟。然而，大涡模拟模型对计算机性能要求较高且耗时较长。标准 k-ε 模型则是另一种常用的两方程湍流模型，通过求解两个方程，即湍动能（k）和湍动耗散率（ε），来描述湍流的特征。该模型适用于许多问题，包括可压缩和不可压缩流动、无分离的外部流动及较为复杂的工程流动。

3）软件应用

风模拟软件应用是利用计算流体力学（CFD）研究建筑及其环境中的风流动情况，帮助分析风的流向、速度变化以及与建筑物相互作用的效应。在建筑学微气候研究中，CFD 可以通过分析风流动的变化，如绕流和涡流等，来指导建筑设计的优化，也可以用于分析建筑物周围的风流动情况，以及建筑物对风的遮挡效应等。此外，Tong 等（2021）提出了一种基于水流与气流相似性的高效方法，通过整合城市地形模型、城市形态模型和主导风压模型，建立了空气流动数字高程模型，将模拟计算得到的河流网络视为城市内潜在的通风廊道，并提出了根据风廊道覆盖率计算指标来评估城市相对自然通风潜力。

2. 温度模型

温度模型主要基于物理、流体运动和化学等定律模拟和分析城市环境温度分布和热舒适性的分布，有助力建筑和城市设计优化，提高居民舒适感。其中，城市热传递是温度模型的关键环节，热传递是指在不同区域之间，城市内部热能由温度差异引起的传递现象，主要是热传导、热对流和热辐射。

1）物理模型

物理模型包括热传导模型、热辐射模型及有限元模型等。热传导模型基于傅里叶定律，描述了热量在介质中的传递过程。这一模型假定物体由同一介质构成，且介质均匀分布、各向同性。该模型能够描述连续介质内部的热流动和分布，但需要假设物体内部结构均一且无内热源。热辐射是研究物体间通过辐射传递热能的过程，不需要任何传热介质的热量交换，它与热传导和热对流不同，是一种通过电磁波传递热量的现象，热辐射的能量传递与物体的温度直接相关，温度越高，辐射的能量越强，其主要的原理包括：Stefan-Boltzmann 定律、Planck 定律、Kirchhoff 定律等。目前主要的热辐射模型为：Rosseland 近似法模型[式（6.16）～式（6.19）]、P-1 模型、离散传播辐射模型（discrete transfer radiation model，DTRM）、面面接触（surface-to-surface，S2S）模型、离散坐标（discrete ordinates，DO）模型。

$$\rho C_p u \cdot \nabla T + \nabla \cdot q = Q \tag{6.16}$$

$$q = -k\nabla T \tag{6.17}$$

$$q = -k\nabla T - k_R \nabla T \tag{6.18}$$

$$k_R = \frac{16 n^2 \sigma T^3}{3 \beta_R} \tag{6.19}$$

式中：ρ 为密度（kg/m³）；C_p 为热容[J/(kg·K)]；k 为导热系数[W/(m·K)]；q 为热通量；k_R 为辐射传导率；β_R 为 Rosseland 平均消光系数；σ 为斯特藩-玻尔兹曼常数（Stefan-Boltzmann constant）。

温度模型在城市热环境的应用需要通过数据架构整合不同来源的数据，如气象站点观测数据、遥感数据、人工采集数据，然后利用数据处理和分析技术来研究城市内小尺度气候变化，以深入了解城市内不同区域的微小气候差异，例如温度、湿度、风速、辐射等，以及这些微气候因素对城市环境和居民的影响。基于数据架构和收集的城市气象数据，可以建立气候模型和预测模型，帮助预测城市未来的微气候变化趋势，以及其对城市环境和居民生活的可能影响（Luo et al.，2022）。

2）数学模型

在进行具体环境模拟时，需要确定适当的边界条件，包括大气边界层高度、城市边界的类型、地表温度和热通量等。为了描述城市热环境的复杂性，需要采用合适的参数化方案，在进行分析时，主要利用数学模型描述和计算热学现象，通过模拟人体热生理机制来评估人体热舒适度，其中全身舒适性指数包括预测平均评价（predicted mean vote，PMV）、热感觉（thermal sensation，TS）、动态热感觉（dynamic thermal sensation，DTS）等。此外，与 PMV 相关的还有预测不满意百分比（predicted percentage dissatisfied，PDD）指数，表示人对于环境温度的不满意程度。

近些年，城市热环境和微气候现象也开始面向多尺度城市微气候模式的研究，其中涉及多尺度综合的城市环境建模与研究。这类模式旨在了解城市内部不同尺度下的气候变化与相互影响，以及建筑、道路等人为因素对城市微气候的影响。多尺度城市微气候模型的研究在城市规划、建筑设计和气候适应等方面具有重要意义。例如，Wong 等（2021）提出了一种城市热岛（urban heat island，UHI）缓解的综合多尺度城市微气候模型，将天气和能量模型相互进行了耦合，其中包括天气研究预测（weather research forecasting，WRF）模型、OpenFOAM 模型和 EnergyPlus 模型。该模型还考虑了区域尺度和微观尺度之间的初始边界条件，通过建筑热行为和微气候的集成来进行信息传递，从而在微观尺度上考虑了多个物理过程对城市微气候的影响。

3）软件应用

热环境 CFD 软件通过模拟和分析传热、流体流动等现象，模拟建筑内部的温度分布和流体行为，以优化建筑的通风、采光和空调系统，提高室内热舒适性，也可用于研究城市中不同绿地空间格局对热环境的影响。相关模块包括 ICEPAK、FloEFD、SINDA/FLUINT、Thermal Desktop 模块等。其中，ICEPAK 可以模拟流动现象，包含了热传导、热对流和热辐射的传热模型，能够处理曲面几何。FloEFD 可以无缝集成于主流三维 CAD 软件中，是一个高度工程化的通用流体传热分析软件。SINDA/FLUINT 则是一个集成了有限元、有限差分方法等先进技术的热设计、热分析软件，它能够模拟包括风冷、液冷、压缩循环等在内的多种复杂热物理现象。Thermal Desktop 则利用抽象网络、有限差分和有限元模拟方法，能够快速建模、分析和后处理复杂的热流体模型，其结合了 AutoCAD 软件的强大建模和编辑功能，能够直接利用 CAD 模型生成热模型。特别是在处理 3D 曲面、规则的多面单元时，Thermal Desktop 显示出独特的优势。

3. 污染扩散模型

微气候韧性在空气质量研究中主要领域之一是通过模拟空气中的污染物传输和扩散过程，帮助了解城市污染物的空间分布和变化趋势，为环境保护和改善提供科学依据。空气污染是全球性问题，城市地区是主要的空气污染源。为了确保健康的环境和可持续发展，需要深入理解和控制空气污染问题。风向和风速决定了污染物在空气中的传输方向和速率。风向是指风吹过的方向，而风速是指单位时间内风通过的距离。较高的风速有助于将污染物迅速传输到较远的地方，而低风速可能导致污染物在特定区域积聚。此外，温度、湿度和大气层的稳定性也会影响大气污染物的扩散情况。地形是另一个重要的影响因素。地形特征如山脉、山谷、湖泊等可以改变大气流动的路径和速度，形成局部的气象系统，从而影响污染物的扩散和沉降。例如，山脉会阻挡风的传输，导致山脚下的空气污染物浓度较高。不同的污染物具有不同的化学性质和物理性质，这将影响它们在大气中的行为。一些污染物可能更容易被附着在悬浮颗粒上，从而影响它们的扩散和沉降。而其他易于挥发的污染物可能会在不同温度条件下发生相变，从而影响它们的输送和分布。污染源的位置和排放强度将直接影响污染物在大气中的传输和扩散。如果污染源位于人口稠密区或靠近地面，污染物可能会更快地影响人类健康。

1）物理模型

稳定的大气条件会形成递增的温度梯度，使空气难以上升和下沉，导致污染物在较低层积聚。相反，不稳定的大气条件使得空气容易上升和下沉，有助于污染物的扩散。Cermak 等（1985）介绍了利用风洞进行城市空气污染物传输的物理模型研究。该研究强调了由于空气污染物在城市设计中的复杂性和局部特异性，使用物理模型来预测浓度分布的重要性。空气污染扩散研究需要确定污染物的排放源，包括工厂、交通运输、城市生活等。空气中存在气流和风向的运动，这些气流将污染物从排放源传输到其他地方。污染物在大气中可能会发生化学反应，形成新的化合物或减少其浓度。污染扩散模型大部分是基于流体动力学和质量传输方程构建，考虑气象条件、地形、大气稳定度、污染源强度等因素，以预测污染物的浓度分布和传播路径。

2）数学模型

常见的空气质量扩散模型是高斯烟流模型（Gaussian plume model），这是环境科学中广泛使用的模型，用于估计稳定大气中点源排放的空气污染物的浓度分布。该模型作了如下假定：风速均匀、方向一致的稳定风场、y 和 z 方向正态分布、传输和扩散过程中的质量守恒、污染源均匀连续排放等。它被认为是估算大气污染物扩散最常用的模型，并因其概念清晰、易于使用，在小规模扩散研究中得到广泛应用。

3）软件应用

在空气污染情况的分析中需要对空气质量进行评估，主要以气象观测数据为基础，通常需要对气象和空气污染数据进行综合分析，可以使用不同的统计和数据分析方法，如长短期记忆网络（Hochreiter et al.，1997）和门控循环单元（Chung et al.，2014）等，来预测空气质量和气象条件的变化趋势。空气污染物扩散研究的模拟软件选择，更加重视模型机制、运行流程、时空分辨率等方面，尤其是在时间尺度、建模、天气处理、湍流模拟和光化学污染等方面的模型范围和建模能力的差异（周姝雯 等，2017）。此外，Zhong 等（2011）开发了基于 GIS 的软件作为大气污染扩散环境影响评价的计算机辅助工具，用于进行大气污染扩散的评估。该软件结合了美国环境保护局开发的工业源复杂扩散模型，并利用 ArcGIS 平台实现了污染物浓度的可视化。

6.2.3 城市生境破碎化风险测度

1. 城市生境与城市生境破碎化

城市生境（urban habitat），又称为城市栖息地或城市生态系统，是在城市范围内各类生态系统的总和，也是支撑和维持城市中包括人类在内的各种生命活动的物质空间载体。城市生境按照不同的分类标准有不同的组成和表现（魏家星 等，2019；干靓，2018）。例如，城市范围内仍保留有大量自然生态系统，如林地、湿地、草地、水体等较原生态的地类，它们不仅为城市多种动物提供了重要的栖息地和繁衍场所，也提供了多类基础性和综合性的生态系统服务，如水源涵养、空气净化、生物多样性维持等。同时，城市也有人工生态系统，如建成环境中的人造景观和绿地系统、城市农田、屋顶绿化、营建的自然休闲度假场所等（骆沁宇 等，2024）。人工生态系统相比自然生态系统，主要是根据特定目的由人工设计建造完成，物种数量和组成结构较为简单，依赖投入管理和定期维护，主要任务是提供特定的功能服务，如休闲游憩和生产等。介于自然生态系统和人工生态系统之间，还存在半自然生态系统。例如，大部分城市公园和郊野公园等。这些半自然生态系统通常是依托原有的生态本底进行建设，针对人类活动进行了适度的改造，以突出特定的用途（Roca et al.，2008）。除此之外，还有一些特殊的城市生境，如已经呈现出再野化特征的城市遗迹、废弃地、非正式用地等。

　　城市生境承担了多种生态和社会功能，因而对城市韧性的维持具有基础性意义（Bush et al.，2019）。在生态层面，城市生境能够优化城市的小气候、提供多种生物的栖息地、维持多样生态系统服务，以生态网络的形式链接城市内外的生态系统，这些作用能够增强城市抵御气候变化和环境变化的能力。而生境廊道的相互连接则能够保障多类生物种群的畅通迁徙和基因交流，从而增强生态系统的自组织和自我修复能力，最终提升城市韧性。在社会经济方面，城市生境可带动特定领域和行业的经济发展，提供就业，提升城市生境周边的房地产价值等。例如，城市生境的监测、维护、管理、设计、改造等事项涉及多类产业，可提供不同层次的就业机会，带动地方经济发展，完善经济韧性（Elmqvist et al.，2019）。高品质的城市生境能对周边区域产生正向的经济辐射效应，提升居住者的生活及品质，并对邻近的建设项目提供增值。同时，城市生境作为市民游憩生活的重要空间，可以承载地方的历史文化内涵和共同记忆，增强社会凝聚力。

　　然而在当下城市快速发展过程中，许多城市的生境正面临破碎化和退化的威胁。伴随着城市蔓延、建成区的扩张，以及路桥等大型基础设施的修建，多类城市生境和生态空间遭到分割或用地性质转变，呈现出破碎化的特征（许峰 等，2015）。例如位于长江中游的超大城市武汉，其湖泊面积从 1990～2020 年减少了约 14%。包括东湖在内的多处水体岸线呈现减少趋势，高质量湿地的保存、保护也面临较大压力。生境破碎化不仅体现为生态空间数量的减少，也体现在完整结构的萎缩甚至断裂，最终体现在功能的弱化。生境破碎化不仅减少了城市多种生物的栖息地，也有切断相互间物质、能量、基因交换的风险，最终降低生物多样性。同时，生境破碎化可能导致生境核心区面积减小，降低生态系统服务的产出量，并且面对后续环境压力时更为脆弱（陈静 等，2020）。因此，抵御城市生境面临的破碎化威胁，对维持城市韧性尤为重要。

　　武汉是湖北省省会城市，是我国九大中心城市之一，也是中部地区最大的综合交通枢纽，2020 年七普常住人口超 1 230 万。由于地处长江和汉水两江交汇处，武汉拥有丰富的湖河网络和湿地林地等生境资源，也为大量珍稀鸟类、鱼类等生物提供了城市栖息地，被称为"千湖之城"。除了发达的水系和河网密度，武汉市的绿化覆盖率和绿化率均超过 40%，提供了水源涵养、调节小气候等重要生态调节功能，也为市民提供了各类公园等休闲游憩场所（詹庆明 等，2022）。尽管武汉的城市生境整体基底较好，但在近年经济快速发展的背景下，市域范围内建成区面积快速增加——由 2000 年的近 200 km²，发展到 2020 年的约 880 km²。建成区面积的攀升体现了新增的建设用地、快速发展的交通设施及城市人口的增加。这些变化对生境造成了较大压力，如湖泊、湿地、林地的减少。抵御生境破碎化的威胁，对维系城市的生态安全和可持续发展至关重要。

2. 城市生境破碎化的测度

为了在城市规划中科学地应对城市生境破碎化的挑战，规划师和研究者需要开展生境破碎化风险的测度、分析与评估（Jennings et al.，2020；Xiu et al.，2017）。首先，科学地测度城市生境的破碎化可以帮助规划师识别当下最脆弱的生境，并利用规划治理等手段干预这些关键的空间。不同时间点评估的结果也可汇编成为数据库，用以动态监测生境的数量和质量。在此基础上，可制定维护生境网络和优化格局的针对性措施。其次，通过探究生境的变化情况，分析其影响机制和驱动因素，在规划语境下明确生境破碎化产生的原因和后果。最后，在掌握城市生境时空动态的基础上，规划师和城市建设实践者可以分析不同规划愿景下城市生境的受影响情况，从而做出优选方案。

城市生境的破碎化和退化有多种表现形式，按照其规律和特征可以划分成多个类别，并适配不同的测度理论和方法（Fan et al.，2014）。本小节梳理现有文献，将城市生境破碎化和退化分为结构性退化、功能性退化、生境质量下降、生物多样性退化四个松散的类别（表 6.3）。这四类破碎化和退化的类型能从不同侧面反映城市生境面临的威胁。其中：结构性退化偏重空间和物质结构的表现；功能性退化是结构性退化导致的生态过程受损；功能的受损会使生境的自我修复和调节能力下降，影响整体的生境质量；生境质量下降将会最终体现在生物多样性退化。总体来说，四者既存在着递进关系，也会相互交叉同时出现。生境的结构性退化可能由于人为因素（如建设活动等）率先发现，进而导致功能退化。但是生境质量的下降也可能导致功能性退化，并逐步体现为生境结构的损伤。因此，对于研究者和实践者，应在系统调查的基础上尽可能全面地测度评估城市生境，并理解破碎化和退化的复杂关系（王云才 等，2020；徐昔保 等，2020；李杨帆 等，2008）。

表 6.3　城市生境破碎化和退化的分类表现形式和测度要求

分类	特征和表现形式	影响	测度要求
结构性退化	生境的平均面积减少，边界受侵蚀，核心区之间的距离变大	生境的结构简化，抵御风险能力降低；阻碍生物群落迁徙	测量生境面积变化；分析生境间隔离距离
功能性退化	生境提供生态系统服务的能力下降	生态过程受到阻碍，自然条件能力受到损伤	生态过程和生态系统服务的空间测定
生境质量下降	生境质量下降，集中体现为健康度下降，如污染等	减弱生境承载能力，降低生物多样性，破坏人居环境	监测生境质量指标；评估水源、土壤污染性指标、监测植被健康度
生物多样性退化	生境的生物多样性下降，体现为种群数量下降，生物结构简单化，生态系统食物链单一等问题	加大物种灭绝风险，降低生态系统的复杂度和抵御变化的能力	调查物种组成变化等

以此分类，测定城市生境破碎化和退化也可根据不同的侧重来展开。例如，结构性的破碎化可以运用遥感技术，通过卫星图片对生境的边界、面积、形态格局等特征进行测定和分析。功能性的破碎化则可以通过生态系统服务的指标法来判断各项生态功能是否属于预期的范围内，或者不同时间节点的测定值是否表现出退化等。而生境质量的退化，可通过环境监测基站监测或其他实测等方法进行调查，并把结果通过 GIS 反映在空间中。生物多样性的信息，则可以通过样方调查或生境栖息地模拟来分析。

3. 实证案例

本节将使用空间数据分析的方法，对武汉市近 30 年的生境破碎化变化进行详细的分析。在当下 3S 技术［遥感技术（remote sensing，RS），地理信息系统（geographical information system，GIS），全球定位系统（global positioning system，GPS）］高速发展的背景下，借助高精度卫星影像解译生成的土地覆盖和土地利用数据，规划师和城市管理人员可以精确、准确地分析城市生境破碎化。

城市生境破碎化是一个多层面、多尺度的复杂现象，它不仅反映了城市生境中各种斑块（如公园、湿地等）、廊道（如河流、绿道等）和基地（如生态红线内的受保护区域、城市森林等）的地理和生态状况，还直接或间接地影响生态系统的结构、功能和服务。这一现象涵盖了生态基地的地理过程，也折射出土地利用和人类活动干扰等社会因素，并能综合性地体现在地类的构成和形态变化上。在这个背景下，景观指数能为研究者提供一种标准化、可操作化、易于解释的评估方法来分析破碎化。在当下，景观指数通常是通过地理信息系统（GIS）和遥感技术（RS）来计算的。首先，研究者需要通过卫星影像和遥感技术获取不同地类的平面构成数据。在此基础上，研究者能够借助 GIS 等工具准确地量化生境斑块的大小、形状、分布等特性，并通过这些指标的景观生态学意义来推断生境的破碎化和连通性等特征。重要的是，景观指数能在不同的层级对生境破碎化进行分析，包括涵盖所有地类的景观尺度，聚焦专门地块的地类尺度，以及特定地块的板块尺度。

1）数据和方法

本节使用 1991 年和 2021 年两个年份的用地数据进行生境破碎化分析。该土地利用数据来源于武汉大学在 2023 年发布的 "中国土地利用和覆盖数据集（China Land Cover Dataset，CLCD）"。该数据集使用了标准化和较为前沿的遥感影像预处理方法，能够精确地识别和划分不同的土地覆盖类型，并在多年份和全域尺度达到 30 m 精度。在城市范围内，CLCD 包括了多个主要的土地类别，如农田、森林、灌木、草地、水域、裸地等地类。这些数据经过严格的质量控制和验证，确保其在后续分析中的可靠性和准确性。参考同类研究，本节将森林、灌木、草地三种地类界定为生态地类。本研究以武汉市全域作为主要研究范围，分析其城市生境 1991～2021 年的变化。从空间上来说，选择将武汉全域纳入分析范围可以更准确地探查生境破碎化在复杂的城市环境中的表征，从而为制定综合性的规划和生态保护政策提供科学支持。从时间上来说，1991 年和 2021 年这个时间段反映了近年来城市化进程的不同阶段，能够体现出长期社会变迁对生境破碎化的影响，具有典型性和代表性。引用景观生态学的分析视角，本章不仅对整个城市范围内的景观格局进行了全面评估（景观层面），还特别关注了森林、灌木、草地等生态地类（类别层面）。这种多尺度、多维度的分析方法能提供对生境破碎化的全面理解。

在数据处理和分析阶段，本节主要使用开源地理信息系统（quantum GIS，QGIS）和 R 语言作为分析工具。QGIS 用于数据的空间分析和可视化，而 R 语言则用于统计分析和模型构建。具体计算过程主要包括景观指数的选取和计算，这些指数从多个维度和尺度对武汉市的土地利用和覆盖状况进行了量化评估。通过采用多种景观指数，包括面积相关指标、形状复杂度、连通性和斑块密度等（表 6.4），以全面地捕捉和理解生境破碎化的多个方面。在景观层面，分析指标如下表，其中指标说明和意义解释参考了景观指数计算工具 Fragstats 的说明文档[①]。

表 6.4　可用于测度生境破碎化的景观指数

指标名称	英文名称	指标说明	意义解释	对于生境破碎化的理解
平均斑块面积	mean patch area	平均斑块面积	生境斑块的平均大小	小而多的斑块通常意味着生境破碎化程度更高
平均形状指数	mean shape index	平均形状复杂度	形状复杂的斑块会有更高程度的"边缘效应"	生态地类的形状复杂度越高，代表着它们与其他土地类型的相互嵌入更复杂，破碎风险更大
凝聚度指数	cohesion index	斑块之间的连通性	连通性低的斑块可能表明物质能量交换受阻	低连通性可能导致物种孤立，增加灭绝风险
斑块密度	patch density	斑块数量/单位面积	直接反映斑块破碎程度的指标。数值高低与生境破碎化程度正相关	高斑块密度可能导致更多的边缘效应和生态隔离

2）研究结果

研究结果表明（表 6.5、图 6.3），武汉市域范围内平均斑块面积和斑块密度发生了显著变化，这些重要指标指向了研究范围内的生境破碎化状况。特别是平均斑块面积在 30 年内减少了约 36.41%，斑块密度增加了 57.25%，意味着更多生态地类裂解为面积较小的斑块，这可能导致局部生态系统的稳定性和韧性降低。较小的斑块通常更容易受到外来干扰，如人类活动和气候变化，有加剧生态系统脆弱性的风险，对保护生物多样性的目标提出了警示。

---

① www.umass.edu/landeco/research/fragstats/documents/fragstats.help.4.2.pdf.

表 6.5 景观指数分析结果

指标名称	1991 年	2021 年	变化量	百分比变化/%
平均斑块面积	71.14	45.24	−25.90	−36.41
平均形状指数	1.24	1.25	0.01	0.81
聚合度指数	99.69	99.64	−0.05	−0.05
景观分割度	0.78	0.83	0.05	6.41
斑块密度	1.41	2.21	0.80	56.74

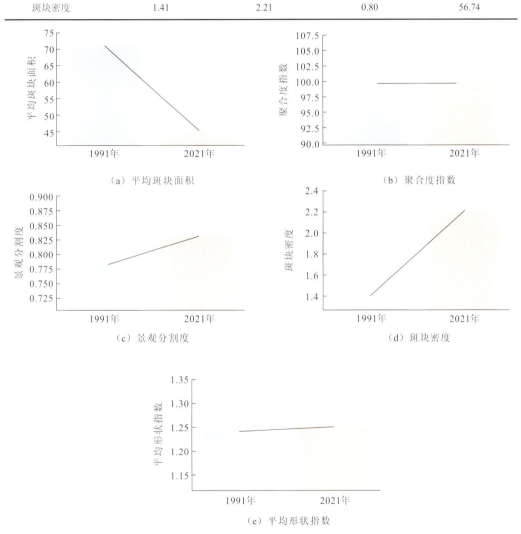

图 6.3 景观指数指标的变化图（1991～2021 年）

凝聚度指数变化较小，说明从武汉市全域尺度来看，生境的整体连通性相对稳定。然而，即使这些指数的变化微小，长期积累仍可能导致显著影响。景观分割度的变化率为 6.41%，虽然数值上不如其他指标变化显著，但说明不同类型的土地（例如，农田、林地、建设用地等）现在被更频繁地分隔或相互穿插。这一趋势在未来可能会对生态系统的整体健康和稳定性产生更加复杂的影响。

聚焦到林地和草地等生态地类，研究结果揭示了生境破碎化的一些典型特征。林地的破碎化现象更为明显，主要体现在平均斑块面积和斑块密度两个指标。数据表明，由于城市扩张和人居环境的建设发展，城市林地在数量和结构上正在经历相对严重的切割和破碎化。草地虽然也表现出类似趋势，但在凝聚度和景观分割度方面的变化相对林地的变化温和。

如果把生态地类的数据与总体的景观指数（landscape index）进行比较，可以发现在凝聚度指数方面存在一些明显的差异。尽管在景观层面，所有地类斑块的凝聚度指数的变化较小，但在林地这一特定生态地类中，凝聚度指数的下降较为显著。这一现象可能由多种因素共同导致，比如城市范围内较大规模的土地利用性质转变、伐木活动或者农业扩张等。这些因素可能导致原本连续的城市林地生境被切割成更小、更分散的斑块。这样变化的潜在后果是降低连续的生境数量，可能阻碍需要较大生境面积核心区作为栖息地的生物生存繁衍。

表 6.6　景观指数指标的变化表（1991～2021 年）

类别	指标	1991 年	2021 年	变化量	百分比变化/%
林地	平均斑块面积	19.588 4	16.425 4	-3.163 0	-16.147 2
	聚合度指数	97.157 3	96.396 0	-0.761 3	-0.783 6
	景观分割度	0.999 5	0.999 5	0.000 0	0.003 5
	斑块密度	0.328 8	0.447 8	0.118 9	36.166 4
	平均形状指数	1.256 7	1.269 7	0.013 0	1.035 1
	边缘密度	5.612 9	7.126 3	1.513 4	26.963 2
	最大斑块面积	2.083 8	1.955 3	-0.128 5	-6.166 9
草地	平均斑块面积	1.760 5	1.427 0	-0.333 4	-18.940 7
	聚合度指数	42.943 7	31.075 5	-11.868 2	-27.636 5
	景观分割度	1.000 0	1.000 0	0.000 0	0.000 0
	斑块密度	0.041 2	0.003 2	-0.038 0	-92.329 5
	平均形状指数	1.121 1	1.068 7	-0.052 4	-4.670 5
	边缘密度	0.238 7	0.015 9	-0.222 7	-93.327 5
	最大斑块面积	0.001 9	0.000 6	-0.001 3	-70.000 0

4. 对城市韧性规划的启示

城市生境破碎化不仅仅是一个动物栖息地的问题，也关系着城市的生态韧性（Almenar et al.，2019；Xiu et al.，2017；李杨帆 等，2008）。生境破碎化会影响城市蓝绿基础设施提供生态服务功能的能力，如雨洪调控和空气净化等，进而影响城市对特定灾害（如洪水、干旱、热浪等）的预防、抵御、恢复能力。因此，在韧性规划中，城市生境破碎化风险的测度应与特定灾害韧性测度结合，以形成一个综合性的评估框架。

本节的实证数据显示，城市扩张和土地利用的变化对城市生境破碎化产生了较大影响。因此，城市规划者和管理者有必要采用科学系统的方法来评估生境破碎化的风险，以及可能产生的灾害。相关测度和评价的方法包括利用遥感（RS）和 GIS 技术进行生境的空间测绘和量化评估等。在此基础上，可建立生境破碎化与城市灾害韧性之间的框架模型。通过这些方法，规划者能够识别脆弱和最关键的空间位置，通过聚焦有限的规划、管理、建设资源，针对性地对这些区域制定保护和恢复措施，提高城市韧性。

6.3 城市多灾害风险耦合测度

复杂城市空间系统的风险防控和发展建设存在冲突，各类突发性和长期性城市风险加剧了城市空间的不平衡和脆弱性。从城市规划学的视角，城市多灾害风险（multi-hazard risk）是城市在面对多种灾害时所面临的综合风险，尤其指由多重致灾因子产生的风险（Kappes et al.，2012）。这些灾害可能包括地震、洪水、风暴潮、地质灾害等自然灾害，也可能包括城市火灾、交通事故、危化品事故等人为灾害。城市空间内部人口密集、经济活动频繁，灾害风险之间存在复杂的耦合关系，潜在影响往往更加严重。从城市规划的空间属性角度看，多灾害风险耦合测度的主要目的是考察城市主要灾害风险的空间影响效应，减少其对城市居民生命财产的威胁，确保城市可持续发展；从城市韧性的角度看，通过评估后的城市灾害管理，使城市在多重灾害风险叠加、耦合的过程中实现韧性的螺旋演进，维持城市韧性不突破阈值，防止城市系统的不稳定甚至崩溃。

当前主流风险评估对多风险间复杂关系及其形成机理考察并不充足，从评估内容上看，主要包括多风险的等级评估和概率评估。等级评估通过对风险指数进行分级，能够展现风险的空间分布；概率评估深入分析了灾害之间的耦合关系，在事件的尺度上计算灾害概率与损失。从研究方向上看，国内研究正由"多因素综合"向"多风险耦合"转变，构建了多种多风险的评估模型，如灾害风险系统理论（薛晔 等，2012）、触发关系规则（卢颖 等，2015b）、"压力-状态-响应"（pressure-state-response，PSR）框架（牛彦合 等，2022）、多智能体模型（王飞 等，2009）。梳理城市规划研究中多风险测度的主要方法，可归纳为多因素综合的灾害风险测度、多风险耦合的灾害风险测度和多风险的情景推演与概率仿真三类。

6.3.1 多因素综合的灾害风险测度

灾害风险的"综合"测度评价是目前研究中的主流方法，通过对灾害风险的影响指标进行"千层饼"式综合叠加以评估灾害整体影响。多因素综合的灾害风险测度，是一种综合考虑多个灾害因素的方法，通过对不同灾害风险要素指标的权重分配和综合分析，评价城市空间内部按等级划分的风险程度，并绘制出综合风险图。多因素综合的灾害风险测度能够综合反映城市面对多灾害的综合风险，主要适用于风险之间没有直接关系或其相互关系可以忽略的情况。该方法在相对简单直观、易于操作的同时，有助于指导制定更科学的防灾减灾措施，但可能忽略灾害间的复杂相互作用。本小节梳理现有主流研究，从基于 $H\text{-}E\text{-}V$[危险性（hazard）、暴露性（exposure）和脆弱性（vulnerability）]框架和基于"压力-状态-响应"模型的综合评价的角度，阐释多因素综合的灾害风险测度方法。

1. 基于 $H\text{-}E\text{-}V$ 框架的综合评价

常见的多灾害风险评价的思路是通过构建"三角形"模型的指标体系进行综合评价。学界对于"三角形"模型的构建方法各异，城市规划、灾害学、应急管理等不同学科内均有关于"三角形"模型的讨论，以下列举常见的"三角形"模型构建方法。

在灾害学范畴下，"灾害三要素"理论是经典的灾害系统分析理论，学者提出，细分灾害系统（D）的结构体系（D_S），可认为其由孕灾环境（E）、致灾因子（H）、承灾体（S）三部分组成（图6.4）（史培军，2005，1996），即

$$D_S = E \bigcap H \bigcap S \tag{6.20}$$

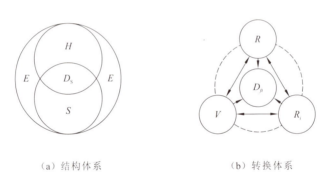

（a）结构体系　　　　　　　（b）转换体系

图 6.4　灾害系统的结构体系与灾害系统功能间的转换体系

资料来源：史培军（2005）

进一步，在特定孕灾环境下，致灾因子与承灾体相互作用，可以通过灾害系统中致灾因子的风险性（R）与承灾体的脆弱性（V）及恢复性（R_l）之间的动态转化过程来理解，这种相互转换机制（D_{ft}）揭示了灾害系统的关键规律。

在安全学科范畴下，范维澄等（2009）指出，突发事件本身、其作用的对象和采取应对措施的过程构成一个三角形的闭环框架，框架中链接三角形三条边的节点，即物质、能量和信息，称为灾害要素。"公共安全三角形理论"揭示了包括突发事件、承灾载体和应急管理在内的公共安全科学的主体，三者也可以视为多灾害风险评估的重要尺度（图6.5）。

在城市规划学的范畴下，应对多风险耦合的城市韧性体现多种特征，可以从致灾因子系统、孕灾环境系统和承灾体系统的角度展开。其中，致灾因子系统体现在城市外部具有多种风险因素，具有风险耦合的危险性；孕灾环境和承灾体系统是城市内部空间的重要部分，分别对应城市空间的敏感性和脆弱性，见本书第2章图2.3。

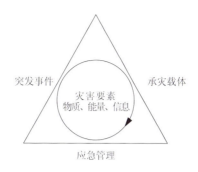

图 6.5 公共安全三角形理论模型

资料来源：黄弘和范维澄（2024）

上述"三角形"模型的内涵，实际上均与 *H-E-V* 框架有所重合。联合国国际减灾策略委员会强调了灾害风险系统中危险性（hazard）、暴露性（exposure）和脆弱性（vulnerability）三者的交互影响（牛彦合 等，2022）。*H-E-V* 框架是国际上灾害风险的主流评估框架，模型可表达为

$$R = f(H, E, V) \tag{6.21}$$

以 *H-E-V* 框架为例，城市多灾害风险评估的主要步骤如下。①致灾因子识别与危险性分析。收集城市各种潜在灾害的历史数据，包括灾害频率、强度、分布范围等，明确危险性各指标数值，可以绘制灾害风险的分布图。②承灾体脆弱性评估。将城市空间按功能（如居住区、商业区、工业区）或结构类型（如建筑物新旧程度、材料、抗震等级）分类，为不同类型的承灾体建立脆弱性指标体系，量化其面向多灾害的脆弱程度。③孕灾环境的敏感性分析。评估城市中人口、生命线工程、公共服务设施、经济资产等在各灾害影响区域内的分布情况（表 6.7）。④风险整合与综合评估。综合以上要素，形成城市多灾害风险评估的结果。此步骤中，考虑到多灾种耦合风险分析，可以纳入灾害间的相互作用和触发效应，通过修正单灾种危险性指数，得出综合风险值，详见本章 6.3.2 小节。⑤风险图绘制与可视化。利用 GIS 将所得风险值映射到城市空间，绘制综合风险地图，以示不同区域的风险等级。

表 6.7 常见灾害风险指标评估一览表

灾害类型	灾害风险概念层指标		
	孕灾环境敏感性相关指标	致灾因子危险性相关指标	承灾体脆弱性相关指标
地震	地质条件	震害强度；灾害影响范围	建筑抗震能力；人口密度；经济密度
洪涝	地形条件	灾害强度；灾害影响范围	人口密度；经济密度；防洪设施
地质灾害（崩塌、滑坡、泥石流）	地质条件；地形条件；植被覆盖率	灾害位置；灾害强度；灾害影响范围	灾害防治设施；人口密度；经济密度
火灾	—	危险源位置；危险源种类；危险源规模；灾害影响范围	建筑密度；建筑防火等级；人口密度；经济密度；消防站位置与规模；消防水源位置

资料来源：冯浩等（2017）。

2. 基于 PSR 模型的综合评价

多因素综合的灾害风险测度中，常见的指标体系构建方法还包括基于 PSR 模型的多灾害风险指标构建方法。PSR 模型广泛应用于可持续发展和生态安全评价，能够比较充分地体现灾害与人类之间的交互关系，如图 6.6 所示（牛彦合 等，2022）。

城市多灾种风险评估PSR模型			总结	
P	S	R		
P1距一二级重大危险源的最小距离	S1人口密度	R1消防站的覆盖率	危险源/断裂带 地面高程 径流系数 坡度 人口密度 建筑密度 土地利用性质	用地布局
P2距三四级重大危险源的最小距离	S2建筑密度	R2水源的覆盖率		
P3距一般危险源的最小距离	S3土地利用性质	R3基层医院的覆盖率		
P4与断裂带的最小距离	S4建筑老旧程度	R4急救医院的覆盖率		
P5建设用地的最小地面高程		R5避难场所的覆盖率	避难场所 疏散通道	疏散空间
P6径流系数		R6人均避难场所面积		
P7建设用地的最大坡度		R7疏散通道的通达性	消防站 水源 基层医院 急救医院 物资保障点 排水管道	防灾设施
		R8疏散通道的安全性		
		R9物资保障点的覆盖率		
		R10管道排水能力	建筑老旧程度	建筑

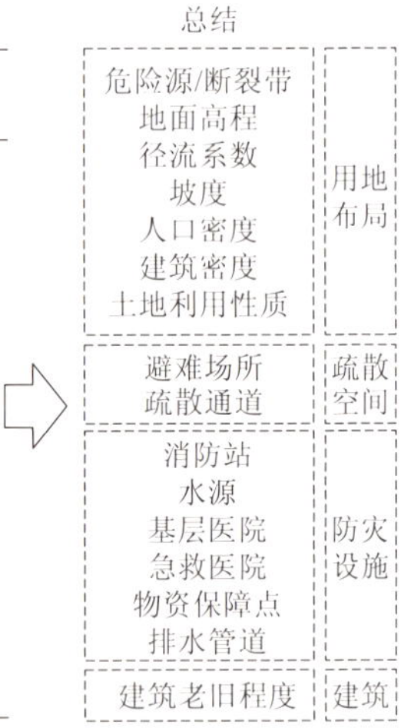

图 6.6　基于 PSR 模型的规划相应框架
资料来源：牛彦合等（2022）

PSR 模型将"多灾害风险—城市空间—人类"视为一个系统。其中，压力（pressure）侧重分析多因素对城市系统造成的负担，指自然或人为因素对系统产生的压力作用，不仅包括自然灾害，还涵盖了快速城市化中人为活动带来的环境退化和资源过度消耗等，例如气候变化、城市污染、人口增长等。状态（state）关注城市当前的环境和社会经济状况，表示灾害形成的过程中系统的健康状态，即在持续的压力作用下，城市所处的健康或受损状态，例如环境质量、生态系统服务能力、社会经济状况、人口密度、土地利用情况等。响应（response）涉及在城市系统面临风险压力时所采取的灾害风险的管理、适应和缓解对策与措施，例如设施覆盖率、设施可达性、政策调整、技术创新、应急响应等。

基于 PSR 模型的城市多灾害风险评估，相较于基于 H-E-V 框架的方法，主要区别在于 PSR 模型更加强调环境系统的动态平衡与人类活动的互动影响。相比之下，H-E-V 框架关注特定灾害危险性、环境暴露度及空间脆弱性，而 PSR 模型提供了一个更综合的视角，纳入了城市系统如何在压力之下演变，以及如何通过系统的响应来改善风险状况，涉及多项城市可持续发展的相关指标，强调通过积极的管理和适应策略来减缓风险，增强城市的恢复力，而不仅仅是被动地应对灾害发生后的后果。例如，倪晓娇等（2014）综合运用极差法、层次分析法、综合指数法、百分位阈值法，以长白山火山区为例展开了生态安全综合评价，构建了基于多灾种自然灾害风险的生态系统"压力-状态-响应"模型，识别了气象灾害、火山灾害、地质灾害等多灾害的空间生态安全等级差异性。牛彦合等（2022）分析了灾害风险事件对致灾因子的依赖性以及承灾体的脆弱性，提出了一个两级指标体系的 PSR 模型，展开综合风险区划后，进行指标分值分析，进一步指导用地布局的优化与设施的完善配置。

6.3.2　多风险耦合的灾害风险测度

前述多因素综合的灾害风险测度，是一类忽略风险之间相关关系的测度方法，在一定的精度要求上能够反映城市空间面临灾害风险的大致情况。然而，随着城市风险应对进入新的阶段，多风险"耦合"的复杂效应越来越引起关注（关于多风险的耦合详见本书第 2 章 2.1 节），相对于测度某一种灾害风险，进行城市空间的多灾害风险耦合测度能够更准确地评估多种灾害共同作用下的综合风险，原先的风险测度方法已无法满足精细化的风险评估需求。本节主要梳理多风险耦合的灾害风险测度的相关成果，将多种灾害风险视为耦合系统，分析不同灾害之间的相互作用及其综合影响，整体评估城市风险。

1. 基于风险矩阵的风险测度

风险矩阵（RM）法是多灾害风险测度的一种基础方法，将定性或半定量的风险大小发生可能性与后果严重性联合，按其特点划分为相应的等级，形成风险评价矩阵（图 6.7）。风险矩阵法将风险识别的类型、风险的危害程度与风险发生概率可视化，有助于快速识别城市空间综合风险的重要性等级，识别关键风险点。风险矩阵分析法基于两个维度：风险发生概率和风险影响程度。风险发生概率通常以百分比或等级表示某个风险事件发生的可能性；风险影响程度表示风险事件发生的潜在影响。通过量化两个维度可获得二维矩阵，能够进一步将不同风险事件分类并确定其优先级。风险的影响程度（S）和风险的发生概率（L）的要素值确定风险的重要性等级（R），可记为

$$R = F(L, S) \tag{6.22}$$

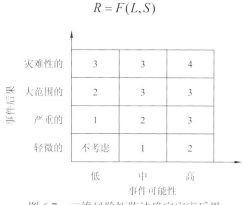

图 6.7　二维风险矩阵法确定灾害后果

资料来源：周荣义等（2014）

以风险的发生概率 $L(L_1, L_2, \cdots, L_m)$ 和风险的影响程度 $S(S_1, S_2, \cdots, S_n)$ 构建一个 $m \times n$ 矩阵，代表函数 R。矩阵内的计算根据实际情况确定，即 $R = F(L, S)$ 可以是一个数学解析式，也可以是 R 根据与 L, S 之间的变化关系判断的一个值，代表定性、半定量或定量

的关系。

在简单的风险矩阵构成中，风险矩阵法计算公式如下：

$$R = L \times S \qquad (6.23)$$

式中：R 为灾害事件的风险值；L 为灾害发生的可能性等级；S 为灾害的严重性等级；L、S 的具体获取与计算方法因研究而异。归纳风险矩阵法的操作步骤，主要包括：①基础资料准备，收集一定时期内的灾害风险资料，明确灾害风险特征，制定相应的打分标准以供专家参考；②风险识别，组织专家会商，基于历史监测数据，结合专家经验，识别风险因素，制定风险评估专家咨询表；③风险分析，包括概率评估（考察每个风险事件发生的可能性），影响评估（预测每个风险事件发生后可能造成的影响），将风险概率和影响程度结合，构建二维风险矩阵；④计算综合风险，通过矩阵运算得到综合风险值。根据风险矩阵中的位置，确定各风险事件的优先级，并制定相应的应对措施（闫世春 等，2013）。

该方法能够综合考虑风险的概率和影响，相对简单地实现多风险耦合的灾害风险测度，但也存在一定的局限性，包括依赖专家判断，可能存在主观偏差；风险概率和影响程度的量化可能不够精确；对于复杂的风险情景，可能需要结合其他分析方法。因此，风险矩阵法常与德尔菲法、层次分析法、Borda 序值法综合运用，也可以通过贝叶斯网络、水动力模型耦合风险矩阵等方法考察多灾害风险发生的概率与潜在的损失。例如 Klein 等（2013）根据规划用地类型表征空间易损性，并采用风险矩阵法生成了综合风险图，以指导城市用地的灾害应对。张骁等（2017）针对工程动态风险管理问题，建构了贝叶斯网络-风险矩阵综合评估方法。

2. 基于触发关系的风险测度

城市灾害的种类多样，灾害之间的相互作用关系复杂，如何处理灾害间复杂多样的多米诺效应、触发效应、级联效应等相互作用关系是当前灾害风险领域的前沿科学问题。国内外对于灾害间的触发关系问题研究仍处于初步阶段，尚无成熟理论能够阐明多种灾害间的复杂关系。

基于触发关系的风险测度可以运用人为设定的耦合规则，在一定程度上能够反映单一灾害所产生的次生灾害的强度，并通过危险性指数而非危险性等级进行耦合（卢颖 等，2015b），在实际应用中还能够根据城市区域内多灾种耦合案例，细分不同的触发过程并进行修正，能够比较有效地提高评估的合理性。本方法的基本步骤如下：①识别灾害类型及其触发关系，收集相关灾害的历史数据、地理信息和环境数据，确定研究区域内可能发生的各种灾害，并通过事件树分析等文本方法分析灾害之间的触发关系；②设置耦合规则，根据历史数据和专家知识，建立灾害之间的耦合规则；③风险评估与分析，根据耦合规则，评估不同灾害组合下的综合风险；④结果展示与决策支持，可视化评估结果，帮助决策者理解多灾害风险的空间分布和时间变化，提供风险管理建议，如优先防范措施和应急响应策略。

典型的研究包括，盖程程等（2011）提出了一种能够分析自然灾害与事故灾害耦合的方法。根据致灾因子的强度及其发生的概率，形成多个单一危险源的风险分级图并进行叠加；类似地，生成易损性因子分级图，并构建风险矩阵，结合风险的强度和易损性，确定综合风险等级值。危险源耦合评估中，根据事件链的耦合原理，生成危险源的耦合关系表，如表 6.8（盖程程 等，2011）所示。表中，"1"表示危险源间有关联影响；"0"表示无关联影响。进一步根据区域内可能引发次生灾害的耦合次数进行累积以获得灾害耦合关系图。

表 6.8　各危险源耦合关系

| 结果 | 原因 | | | | | | | | | | | | | | | |
	沙尘暴	干旱	地震	极端气温	泥石流滑坡	森林火灾	暴雨	雷电	洪涝	暴风雪	冰雹	轨道交通事故	危化品事故	核设施事故	油品储运事故	最容易被引发的事件
沙尘暴	×	1	0	0	0	0	0	0	0	0	0	0	0	0	0	1
干旱	0	×	0	1	0	0	0	0	0	0	0	0	0	0	0	1
地震	0	0	×	0	0	0	0	0	0	0	0	0	0	0	0	0
极端气温	0	0	0	×	0	0	0	0	0	0	0	0	0	0	0	0
泥石流滑坡	0	0	1	0	×	0	1	0	1	0	0	0	0	0	0	3
森林火灾	0	1	1	1	0	×	0	1	0	0	0	0	1	0	0	5
暴雨	0	0	0	0	0	0	×	0	0	0	0	0	0	0	0	0
雷电	0	0	0	0	0	0	0	×	0	0	0	0	0	0	0	0
洪涝	0	0	0	0	0	1	0	0	×	1	0	0	0	0	0	2
暴风雪	0	0	0	0	0	0	0	0	0	×	0	0	0	0	0	0
冰雹	0	0	0	0	0	0	1	0	0	0	×	0	0	0	0	1
轨道交通事故	1	0	1	0	1	0	0	1	1	1	1	×	1	0	1	9
危化品事故	0	0	1	0	1	0	1	1	1	1	1	0	×	0	1	8
核设施事故	0	0	1	0	1	0	0	1	1	1	1	0	0	×	1	8
油品储运事故	0	0	1	0	1	1	1	1	1	1	1	0	1	0	×	9
最容易被引发的事件	1	2	6	2	4	2	4	5	5	5	4	0	4	0	3	×

　　卢颖等（2015b）提出了一种基于触发关系的多灾种耦合综合风险评估方法。在确定单个灾害的初始危险性指数 H_i 并进行危险性分级的基础上，引入一个修正变量 ΔH_i，表示因触发效应而导致的危险性指数变化。建立耦合模型，对存在相互作用的灾种的初始危险指数进行修正，得到耦合后的危险性结果，耦合规则如表 6.9（卢颖 等，2015b）所示。

表 6.9 基于触发关系的多灾种耦合规则

触发灾害的初始危险性等级	ΔH_i
非常高	1.0
高	0.6
中	0.3
低	0
非常低	0

按照上述规则，得到修正的危险指数 H_i'，表达式如下：

$$H_i' = H_i + \Delta H_i \tag{6.24}$$

按表中耦合规则进行危险性分级，结合式（6.24），认为当 $H_i' > 5$ 时危险等级为非常高。进一步，使用潜在的用地类型表示其易损性，结合修正的危险指数 H_i'，绘制耦合后的危险性图，采取最大值原则绘制耦合风险图。即对于每一个评价单元，综合风险值为

$$U = \left\{ \frac{\text{Max}}{R_i} \right\}, \quad i = 1, 2, \cdots, m \tag{6.25}$$

王威等（2019）分析灾害耦合激励机制，建立了一种多灾种综合风险评估模型，人为制订单灾种间的空间耦合激励规则，通过有序分位加权集结算子展开多灾种综合风险评价。灾害间的耦合激励关系设定如表 6.10（王威 等，2019）所示。其中，"0"表示耦合激励效应弱，"1"表示耦合激励效应强，"—"表示无耦合激励效应。

表 6.10 灾害间的耦合激励关系

触发灾害	被触发灾害			
	地震	地质	火灾	洪水
地震	—	0	0	0
地质	1	—	0	1
火灾	1	0	—	0
洪水	1	1	0	—
内涝	1	1	0	1

杨海峰等（2021）结合 PSR 模型和灾害耦合激励规则，在各单灾种风险评价指标体系的基础上，通过耦合激励模型获取多灾种风险耦合评估结果，从而测度多风险耦合的城市安全风险分布特征，进一步使用地理探测器对城市安全风险进行了驱动机制分析。

灾害间的触发关系还可以通过贝叶斯网络、佩特里（Petri）网、物理模型等方法展开灾害过程的模拟，适用于灾害之间有明显相互关系的情况，详见本章 6.3.3 小节。

3. 基于耦合模型的风险测度

风险的种类及其相互关系各异，学界目前暂未形成统一的耦合风险模型。学者通过建立耦合模型，对存在相互作用的不同灾害进行综合分析，通过统计方法、数理模型或仿真软件，将各单灾种模型进行耦合分析，评估灾害间的复杂相互作用。基于耦合模型的风险测度可以分为以下几步：①数据收集与预处理；②分析不同灾害之间的触发关系和相互作用，根据历史数据和专家知识，确定耦合关系；③构建耦合模型，将不同灾害的耦合关系和触发机制纳入模型中，进行模拟和分析；④使用耦合模型对目标区域进行多灾种风险评估；⑤模型验证与优化，通过实际案例和模拟结果验证耦合模型的准确性，或评估模型的性能，并根据结果优化模型参数；⑥结果展示与应用，可视化评估结果，生成多灾种耦合风险图，提供风险管理建议。

有代表性的研究如颜兆林等（2001）在基于事故场景的概率风险评价系统中，通过研究熟悉系统、确定初始事件、场景事件分析、确定基本事件发生概率、风险计算、风险管理决策 6 个步骤，实现综合风险分析与评价，其模型表达为

$$R_{\text{total}} = \sum_{i=1}^{n} R_i = \sum_{i=1}^{n} f_i c_i \tag{6.26}$$

式中：R_{total} 为综合风险；f_i 为第 i 个致灾因子发生的频率；c_i 为第 i 个致灾因子对应的货币损失；R_i 为第 i 个致灾因子的风险值；n 为致灾因子的数目。

李云飞等（2022）提出了一种多灾害耦合叠加模型，该模型基于单灾害风险评估的理论框架，拓展到分析不同灾害在同一地理区域内如何相互耦合并叠加其风险影响，形成综合性多风险耦合模型。利用此模型，并配合风险矩阵方法，实现了对该区域及其下属各个体的地震风险进行精密评估。以下是该多灾害耦合叠加模型的基本阐述。

假定在一个特定区域内，仅考虑位于坐标 (x_0, y_0) 的单一灾害源，根据模型原理，此灾害对于区域中 (x, y) 所造成的风险程度可由以下公式表述：

$$\begin{aligned} R_i(x, y) &= (1-\varepsilon) R_0(x_0, y_0) \mathrm{e}^{-r} \\ &= (1-\varepsilon) f_i v_0(x_0, y_0) \mathrm{e}^{-\sqrt{(x-x_0)^2+(y-y_0)^2}} \\ &= (1-\varepsilon) f_i v_i(x, y) \end{aligned} \tag{6.27}$$

式中：i 为不同的灾害类型；(x, y) 为具体的地点位置；$R_i(x, y)$ 为第 i 类灾害源自点 (x_0, y_0) 时，对点 (x, y) 造成的基础风险水平；$R_0(x_0, y_0)$ 为在源发点 (x_0, y_0) 的风险值；ε 为采取的安全防护措施对第 i 类风险的减轻程度；f_i 为灾害 i 的发生概率大小；$v_i(x, y)$ 为灾害 i 在点 (x, y) 引起的个体风险。当一个地区面临多种灾害威胁时，应用式（6.27）计算每种灾害的风险值并加以汇总，获得区域中任意点 (x, y) 的风险，具体方法见式（6.28）：

$$R(x, y) = \sum_{i=1}^{n} (1-\varepsilon) f_i v_i(x, y) \tag{6.28}$$

若多种灾害相继或同时作用于同一区域，其间会形成一种复杂的风险耦合或叠加效应，可能表现为风险的相互减弱或增强。灾害 i 和灾害 j 相继或同时作用于同一区域时，

点 (x,y) 处引起的风险，未考虑防护状态，见式（6.29）：

$$v_{ij}(x,y) = v_i(x,y) + v_j(x,y) - v_i(x,y)v_j(x,y) \tag{6.29}$$

进一步可以推算出，防护状态下 n 种灾害在相同区域相继或同时出现时，在点 (x,y) 处所产生的复合风险值，见式（6.30）：

$$R(x,y) = (1-\varepsilon)\left(\prod_{m=1}^{n} f_m\right) v_{1,\cdots,n}(x,y) \tag{6.30}$$

6.3.3 多风险的情景推演与概率仿真

对城市典型风险展开情景推演，通过模拟不同灾害情景，分析其发生概率可以帮助预测次生灾害，制定更有效的防灾减灾措施。情景推演的主要技术流程是从多种灾害数据出发，构建灾害的要素系统，判定城市多风险耦合的关键情景，通过灾害的概率评估构建演化模型，识别空间要素的功能状态。因此，可以将风险的情景推演分为情景构建和情景分析两个部分，情景构建根据风险情景演化规律构建情景链或情景结构，表示情景的知识框架（饶文利 等，2020），可以采用自然语言模型的方法进行知识图谱的建构；情景分析的主要方法则包括动态贝叶斯网络（李思宇 等，2023；饶文利 等，2020）、Petri 网（李勇建 等，2014）、综合灾害物理模型等。通过情景推演，能够分析多风险过程或灾害事件链结构，提取风险影响因素与空间要素，测度耦合阈值，进而识别潜在灾损空间。

1. 基于贝叶斯网络的情景分析

贝叶斯网络（Bayesian network）于 20 世纪 80 年代由 Peral 首次提出，结合贝叶斯定理和图论，用于表示随机变量之间的概率依赖关系，能够对复杂的不确定性网络进行建模和推理，成为不确定知识表达及推理领域的常用理论模型，如图 6.8 所示。简单来说，贝叶斯网络通过有向无环图来表示变量之间的依赖关系，其联合概率分布可表示为

$$P(X_1, X_2, \cdots, X_n) = \prod_{i=1}^{n} P(X_i \mid \pi(X_i)) \tag{6.31}$$

贝叶斯网络以贝叶斯原理为推理基础，贝叶斯公式可表示为

$$P(X_i \mid T) = \frac{P(X_i)P(T \mid X_i)}{\sum_{i}^{n} P(X_i)P(T \mid X_i)} \tag{6.32}$$

$$P(T) = \sum_{i}^{n} P(X_i)P(T \mid X_i) \tag{6.33}$$

式中：X_i（$i=1,2,\cdots,n$，n 为节点个数）为各节点；$\pi(X_i)$ 为 X_i 的父节点集合；$P(X_i)$ 为 X_i 的先验概率；$P(T \mid X_i)$ 为条件概率；$P(X_i \mid T)$ 为 X_i 的后验概率；T 为 X_i 之外的节点；$P(T)$ 为 T 的发生概率。

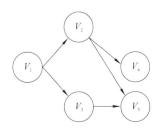

图 6.8 贝叶斯网络示意

资料来源：哈斯等（2016）

可以使用 Brier 检验方法评价贝叶斯网络模型预测效果。为评价网络模型的预测效果，利用贝叶斯推理得到的预测值进行 Brier 检验，如下：

$$B = \frac{1}{m} \sum_{i=1}^{m} \sum_{j=1}^{u} (P_i(j) - S_i(j))^2 \tag{6.34}$$

式中：设贝叶斯网络中待评价的目标变量节点为 $N_i (1 \leqslant i \leqslant m)$；可能的节点状态有 $u \geqslant 2$ 种，对应 $N_{i1}, N_{i2}, \cdots, N_{iu}$。$N_{ij} (1 \leqslant j \leqslant u)$ 表示变量处于第 j 个状态。令 $P_i(j)$ 为 N_{ij} 的后验概率、$S_i(j)$ 为其实际取值，当 N_{ij} 是 N_i 的实际取值时，则 $S_i(j) = 1$，否则 $S_i(j) = 0$。B 用以衡量贝叶斯网络中 m 个目标变量的预测平均偏差程度。B 的数值越小，表明网络预测的偏差越小，相应地，预测性能越优异。具体来说，当 B 的值不超过 0.6 时，认为该贝叶斯网络的预测效果达到预期要求；反之，若 B 大于 0.6，则意味着预测表现未能达到预期要求。

在多灾害风险情景构建中，贝叶斯网络方法能够帮助构建灾害情景，分析和预测灾害的演化过程，评估不同灾害的综合风险及其相互作用。基于贝叶斯网络的情景分析展开城市多灾害风险评估，其主要步骤如下。①确定贝叶斯网络的节点变量，明确依赖关系。可以通过对历史数据的分析，梳理多灾害下城市空间的响应过程，确定与多灾害风险相关的关键变量，提取显著性的风险因素，确定所构建的贝叶斯网络模型的节点变量及其状态，进一步建立并确定变量之间的条件依赖关系。②确定网络的拓扑结构，构建贝叶斯网络模型。根据变量之间的依赖关系，构建贝叶斯网络的有向无环图；每一个节点分配一个条件概率分布，描述已知其父节点特定状态条件下，该节点取各可能状态的概率。③参数化贝叶斯网络的节点变量。可利用专家经验或历史数据推演获取。④情景推演与概率分析。通过情景推演，利用贝叶斯网络模型，模拟不同灾害情景的发生过程及其相互作用，计算各情景发生的概率，评估不同情景下的综合风险。进行贝叶斯网络正向推理及反向推理计算，还可以进一步分析获得核心的风险因素。

2. 基于 Petri 网的情景分析

Petri 网最早由 Petri（1962）提出，后经发展成为一种用于描述、分析与模拟事件系统的动态行为的图形化工具。Petri 网的几个重要概念包括：库所（place）表示系统的状态或条件；变迁（transition）表示事件或操作；有向弧（arc）连接库所和变迁，表示状态的变化；令牌（token）表示系统的动态状态，可以在库所之间移动。

在风险的情景分析中，常用 Petri 网的扩展模型进行风险的推演与概率演算，常见的包括随机 Petri 网（stochastic Petri net，SPN）模型、模糊 Petri 网（fuzzy Petri net，FPN）模型等。在 Petri 网模型的框架内，每一项变迁均配有一个实施速率，这一设计引入了随机 Petri 网的概念。在连续时间随机 Petri 网模型中，变迁的执行涉及一个从可激活态到实际激活的时间间隔，即变迁的时间延迟。据此，相关研究利用以下 6 个元素描述的有向图构建 Petri 网（陶钰希 等，2019；李勇建 等，2014）：

$$SPN = (P, T, F, W, M, \lambda) \tag{6.35}$$

（1）P 为库所的有限集合，包含 $P_1, P_2, \cdots, P_n$，$n > 0$ 代表库所的个数。

（2）T 为变迁的有限集合，包含 $T_1, T_2, \cdots, T_m$，$m > 0$ 代表变迁的个数，并且同时满足 $P \cap T = \varnothing, P \cup T \neq \varnothing$。

（3）$F \subseteq I \cup O$，为有向弧集。其中：I 表示变迁输入弧的集合，$I \subseteq P \times T$；O 表示变迁输出弧的集合，$O \subseteq T \times P$；F 中允许有禁止弧，禁止弧仅存在于从库所到变迁的弧。

（4）$W : F \rightarrow N^+$，为弧函数，$N^+ = \{1, 2, 3, \cdots\}$。

（5）$M : P \rightarrow N$，为 Petri 网的标识向量，其第 i 个元素表示第 i 个库所中的 token 数目，M_0 为系统的初始标识状态。

（6）$\lambda = \{\lambda_1, \lambda_2, \cdots, \lambda_m\}$ 是与时间变迁相关的平均发生速率，时间变迁服从负指数分布，λ 为分布函数的参数。

模糊 Petri 网模型是一种结合了模糊逻辑和 Petri 网的数学模型，在传统 Petri 网模型的基础上引入模糊逻辑，用于处理包含不确定性和模糊信息的系统，在知识表示、推理和系统建模中具有广泛应用。

在多灾害风险情景构建中，利用 Petri 网建模和推理，能够评估不同灾害情景的综合风险及其相互作用。其主要步骤如下：①确定变量和依赖关系，识别与多灾害风险相关的要素，明确要素间的逻辑联系与相互作用机制；②构建 Petri 网模型，根据变量和依赖关系，创建库所、定义变迁，通过连接弧来体现要素之间的转换关系；③参数获取与模型配置，收集历史灾害数据、统计资料等，用于配置 Petri 网模型的具体参数，确保模型能够贴近实际情况；④情景推演与概率分析，利用 Petri 网模型，模拟不同灾害情景的发生过程及其相互作用；计算各情景发生的概率，评估不同情景下的综合风险。

图 6.9 为运用模糊 Petri 网分析耦合风险，识别多灾种影响下空间效应的一个技术路径（王家栋，2021）。建立多风险演化模型。在情景构建的基础上，构建模糊 Petri 网，如图所示，◎表示初始输入库所，即原生灾害情景；○表示中间库所，即次生衍生灾害情景；〇表示顶级库所，即灾害风险结束情景。

将灾害综合风险表示如下：

$$C = (H \times E \times S)^{\frac{1}{3}} \tag{6.36}$$

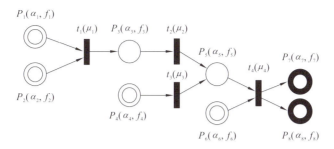

图 6.9　Petri 网结构示意图

$$R = P \times C \tag{6.37}$$

式中：C 为灾害后果；H 为致灾因子的危险性；E 为承灾体的暴露性；S 为承灾体的敏感性；P 为灾害发生的概率；R 为灾害的综合风险。致灾因子危险性、承灾体暴露性和敏感性通过多重耦合的灾害特征指标以及 ArcGIS 的空间分析方法计算。

一级次生衍生事件视为发生概率 $P=1$，根据式（6.36）、式（6.37）计算风险；二级及以上的次生事件被视为随机事件，适用于 FPN 模型来传递风险，应用变迁的隶属度函数，可计算触发概率 P，采用式（6.38）～式（6.40）计算。

灾害事件 P_1 在触发因子 T_1 的作用下引发灾害事件 P_2：

$$\alpha_2 = \alpha_1 \cdot \mu \tag{6.38}$$

灾害事件 P_z 在触发因子 T_1 的作用下引发灾害事件 $P_1, P_2, \cdots, P_n$：

$$\alpha_1, \alpha_2, \cdots, \alpha_n = \alpha_z \cdot \mu_1 \tag{6.39}$$

灾害事件 $P_1, P_2, \cdots, P_n$ 在触发因子 $T_1, T_2, \cdots, T_n$ 的作用下，均会引发灾害事件 P_z，视为风险耦合：

$$\alpha_z = 1 - \prod_{i=1}^{n}(1 - \alpha_i \cdot \mu_i) \tag{6.40}$$

为了进而表达事件链风险，灾害事件链风险计算如下：

$$R = \sum_{i=1}^{n} R_i \tag{6.41}$$

3. 基于物理模型的情景分析

基于贝叶斯网络、Petri 网的多灾害风险情景分析实际上是基于网络结构的概率推演，适用于多种风险情景的概率分析，能够推算各种灾害事件产生的可能性。多灾害风险的情景推演还可以根据致灾因子的实际情况，建立耦合动力学物理模型进行灾害的模拟推演。综合运用多种动力学模型和情景分析技术，研究的主要方法可以归纳为：①数据收集处理，通过无人机航测、遥感影像和地理信息系统等技术，获取城市地形、植被、土地利用等基础数据；②耦合模型建立，根据不同灾害类型，构建相应的动力学模型，按需进行模型耦合，准确反映灾害的动态演变过程及其相互影响；③情景构建与模拟，基于实际灾害事件和预测情景，构建多种灾害情景，并利用前述耦合模型进行模拟推演，提供详细的情景演化路径和应对策略；④风险评估与适应性规划，利用模型模拟结果，评估不同情景下的灾害风险，可以开展经济损失和适应措施的成本效益分析，提出韧性导向的规划策略。

城市风险不会脱离城市而存在，耦合风险在城市复杂环境中可能产生复杂效应。目前看来，相关研究的风险评估对象聚焦于风险自身，少有对于多风险空间效应的识别与评估，即聚焦于风险的等级或概率的综合，而忽视了风险产生的预期空间效应的叠加综合。未来在城市多风险耦合评估领域，可借助机器学习等技术，构建多风险耦合数学模型与城市网络模型，对多风险进行预测，对国土空间的敏感性与脆弱性进行识别与评价，有效助力城市空间规划编制。此外，城市仿真模拟也可以结合智能化手段，构建基于非线性表述的城市多风险仿真模型,捕捉城市多风险影响的空间演化阈值效应与韧性机制；进一步，通过虚拟现实、数字孪生等相关技术，探索城市风险与空间规律，开展多情景的多风险耦合的城市模拟，预测极端情景的空间效应，筛选提取切实有效的城市韧性政策措施。

第三篇

面向多风险的韧性城市应用

　　本篇从城市空间的不同尺度及面临的不同风险类型探讨面向多风险的城市韧性应用，并从多种视角提出城市韧性的优化策略及实践建议。其中涉及城市、社区、街道等多尺度空间及突发公共卫生风险、中断破坏风险、生态安全风险、极端降雨风险、风热污染风险等多类风险，以期为应对不确定性加剧的韧性城市建设实践提供策略优化建议。

第7章　应对突发公共卫生事件的社区韧性研究

从 2003 年的非典到 2020 年新冠疫情的大规模暴发，近年来突发的公共卫生事件对社会公共安全与人民经济利益造成了严重冲击。面对突发公共卫生事件，社区作为城市治理的基本功能单元，提升其韧性的重要性日益凸显。社区韧性评估不仅是加强城市基层治理的基础，也是预防和缓解突发风险的关键措施。尽管国内外对社区韧性的研究日益增多，但目前尚无统一的评估体系标准。本章引入针对突发公共卫生事件的社区韧性研究案例，案例源于作者团队的研究成果（陈浩然 等，2023；陈浩然，2022），旨在探讨社区韧性的评估维度、重点领域及应用路径。案例选取湖北省武汉市 4 个代表性的新老社区进行实证评估，并提出了差异化提升策略，从而为城市社区应对突发公共卫生事件的韧性响应提供指引。

7.1　研究区及数据概况

7.1.1　研究区概况

武汉市作为国家经济布局及交通地理的枢纽城市，素有"九省通衢"之称，大规模的人员流动使得突发公共卫生事件防控难度增大。另外，武汉市 2020 年抗击新冠疫情时在社区管理和社区居民方面均积累了丰富的实践经验。因此，武汉市是研究社区韧性应对突发公共卫生事件的代表性城市。

在此基础上，考虑地理位置、规模、特色和建设时期等因素，从武汉市选取 A、B 两个新建社区和 C、D 两个老旧社区作为研究样本，其中新建社区是指 2000 年以后建成的社区，老旧社区是指 2000 年以前建成的社区。

A、B、C、D 社区的典型信息如表 7.1 和图 7.1 所示。新建社区 A 位于武昌区中南路街道，是武汉市武昌区超大型综合社区，由 8 个小区组成。社区以高层建筑为主，采用行列式布局；社区内部有 1 处中央花园和 1 条集餐饮、购物、休闲于一体的商业街。新建社区 B 位于青山区红卫路街道，是园林式新建社区，由 9 个小区组成。社区以高层建筑为主，采用行列式布局；社区内有大型商业街，保留大院及红房，具有青山历史风貌特色。老旧社区 C 位于武昌区紫阳街道，是正在进行改造的典型老旧社区，由 5 个小区组成。社区由多层建筑和小高层建筑组合而成，采用行列式布局，四周多为沿街小型商铺，社区内无大型商场。老旧社区 D 位于青山区钢花村街道，属较宜居的典型老旧社区。社区内建筑以多层和小高层为主，采用行列式和点群式布局，社区北侧为小型商业街。

表 7.1 典型社区信息统计表

社区名称	社区规模/km²	建成年份	社区特色	社区规模/万人	志愿者数量/人
A	0.53	2008	全国抗击新冠疫情先进集体、全国综合防灾减灾示范社区	2.0	2 000
B	0.33	2013	武汉市园林式小区	1.9	1 300
C	0.35	1998	"三微"改造社区	1.0	150
D	0.24	1996	老年宜居社区	1.2	300

资料来源：陈浩然等（2023）。

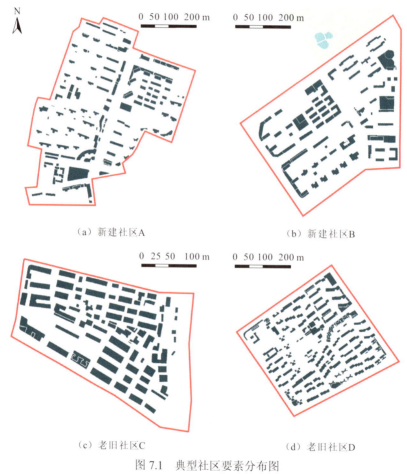

（a）新建社区A （b）新建社区B

（c）老旧社区C （d）老旧社区D

图 7.1 典型社区要素分布图
资料来源：改绘自陈浩然等（2023）

7.1.2 研究数据

研究数据类型与来源分为以下两大类。第一类涉及研究对象的基础信息和通过实地调研收集的数据。基础信息获取的途径包括相关政府部门网站的公开数据及通过与社区居民委员会进行深度访谈而提炼的信息。为了深入了解社区状况，采用了现场考察、填写问卷和一对一访谈等多种方式搜集数据。在问卷调查环节，共发放 280 份问卷，其中 266 份为有效问卷，有效率高达 95%（陈浩然 等，2023）。第二类利用"规划云"数据平台精准提取社区内各类设施的数据信息。同时，武汉市武昌区、青山区等地区的路网数据是从 OpenStreetMap（OSM）网站中获取。

7.2 评估体系构建

7.2.1 理论基础构建

通过系统梳理和分析文献，本节汇总了社区韧性评价的主要方面，如表 7.2（陈浩然，2022）所示。研究表明，经济发展、社会关系、基础设施和管理制度是社区韧性评估的重点领域。在公共卫生危机中，公共空间功能尤为重要。结合我国推动的社区生活圈建设和疫情防控，这种模式增强了社区的外部韧性支持。因此，本评估体系在此基础上新增了空间结构和生活圈支撑两个领域。综合这六个领域共同构建一个全面的社区韧性评估体系（陈浩然，2022）。

表 7.2 社区韧性评估领域汇总表

评估模型	参考文献	经济发展	基础设施	社会关系	管理制度	生态环境	社区能力	信息通信	社会资本	社区人口	社区资本	韧性特征
DROP	Cutter 等（2008）	√	√	√	√	√	√	—	—	—	—	—
BRIC	Cutter 等（2010）	√	—	√	√	—	√	—	—	—	—	—
CRI	Norris 等（2002）	√	—	√	—	—	—	√	√	—	—	—
CDRI	Yoon 等（2016）	√	—	√	√	√	—	—	—	√	—	—
CR	Longstaff 等（2010）	√	—	√	—	—	√	—	—	—	—	√
BRIC	Cutter 等（2014）	√	—	√	√	—	√	—	—	—	—	—
BRIC	Singh-Peterson 等（2014）	√	—	√	√	—	√	—	—	—	—	—
CRI	Sherrieb 等（2010）	√	—	√	—	—	√	—	—	—	—	—
CRC	Norris 等（2008）	√	—	√	—	√	—	—	—	—	—	—
PEOPLES	Renschler 等（2010a）	√	—	—	√	√	—	—	√	—	—	—
RRI	Cox 等（2015）	√	—	√	√	—	√	—	—	—	—	—
CRF	Qasim 等（2016）	√	—	√	√	—	√	—	—	—	—	—
RM	Fox-Lent 等（2015）	—	—	√	√	—	√	—	√	—	—	—
AHP	Alshehri 等（2015）	√	—	√	√	—	√	—	—	—	—	—
SRC	Bruneau 等（2003）	√	—	√	—	√	—	—	—	—	—	√

社区经济韧性是指在突发公共卫生事件的冲击下，社区保持和恢复经济活动和收入水平的能力。区别于城市经济韧性将区域产业结构、经济竞争力和劳动力水平等宏观因素作为重要指标考量，社区经济韧性更加注重微观层面的实际情况。

社区社会韧性是指社区居民在面对突发公共卫生事件时，通过紧密的社会网络和强大的互助机制来维持和恢复正常社会功能的能力。社区内的社会包含居民个体、社区群体及其他组织等主体。社区社会韧性体现在居民之间的信任、合作和互助上。高水平的社会资本，如居民之间的互助和支持网络，能够在疫情期间提供必要的帮助和资源，增强社区的应对能力。社会韧性的评估主要侧重于居民人口韧性、居民对所属社区的意识和关系等。

社区设施韧性是指社区内的基础设施与设施配套服务在遭遇突发性公共卫生事件时，依然能够保持正常运行并迅速恢复到正常状态的能力。社区设施韧性包括医疗设施、交通设施和基本服务设施的稳定性和冗余度。在突发公共卫生事件中，社区需要确保有足够的医疗资源和设施以应对突发需求。

社区制度韧性是指社区在突发公共卫生事件中，通过有效的管理和应急机制来协调资源、发布指令和实施应急措施的能力。社区制度韧性要求建立健全的应急管理体系，确保在突发事件发生时能够快速响应。社区应制订详细的应急预案，包括资源储备、应急响应程序和多部门联动机制，以确保在危急时各部门能够有效合作，并以自上而下的制度管理和组织架构的重组，快速回到正常的运转状态并适应灾难造成的冲击。同时，还可以通过培养基层居民的自我组织能力，进一步加强社区从下至上的自我组织能力，这有助于提高居民在增强社区韧性中的参与度。因此，在评估社区的制度韧性时，主要侧重点是社区的管理制度、社区组织结构及居民的防灾意识。

社区空间韧性是指社区在突发公共卫生事件中，通过灵活的空间布局和多功能的公共空间来适应和恢复的能力。社区空间韧性要求空间结构具有灵活性和适应性。例如，在疫情期间，社区的公共空间应能够迅速转化为临时医疗设施、隔离区或应急避难所。多功能的公共空间，如公园和广场，既能在日常生活中提供休闲娱乐功能，又能在紧急情况下作为避难和应急场所。此外，建筑物的抗灾能力和环境的可持续性也是提高空间韧性的关键，社区应注重建筑质量和绿色空间的建设。

社区支撑韧性是指社区在突发公共卫生事件中，通过有效的资源支持和社会保障体系来维持和恢复社区正常运作的能力。社区支撑韧性包括物资供应的稳定性、社会保障体系的健全和资源分配的公平性，并强调了社区内部设施和空间在日常生活和疫情紧急情况下对社区的支撑作用，重点关注 15 分钟社区生活圈的影响，并从要素维度划分为生活圈空间支撑韧性和生活圈设施支撑韧性两个维度。

社区的韧性涉及经济、社会、基础设施、制度、空间布局及支撑六大方面，覆盖了防灾、抗灾和恢复三个关键环节。因此，建立了综合考虑常规时期和疫情期间的社区韧性综合评估模型（图 7.2）。在灾前预防阶段，社区通过不同领域的社区韧性维系社区动态平衡。在灾时抵抗阶段，当突发公共卫生事件出现时，社区功能水平会迅速降低。具备较高韧性的社区拥有更强的抵抗能力，社区功能水平的下降幅度较小；反之，韧性较低的社区其抵抗能力也较弱，社区功能的降低幅度更为显著。在灾后恢复期，韧性较强的社区能够依靠经济、社会结构、基础设施、管理体系、空间配置及周边支持等因素的协同作用，逐步恢复到正常功能水平。此外，通过持续的经验积累，这些社区甚至能将功能提升至超出事件发生前的水平。而韧性较弱的社区需要较长时间来逐步恢复社区功能水平的动态平衡，通常，这一水平因损失较重而低于事件前。面对这类事件，社区能吸取教训，积累经验，形成常规的知识储备，并随时形成闭环。

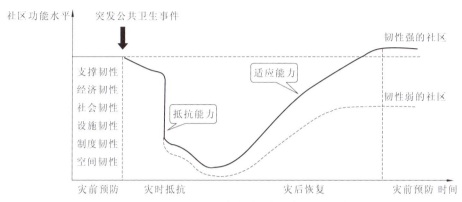

图 7.2 应对突发公共卫生事件的社区韧性评估模型

资料来源：陈浩然 等（2023）

7.2.2 评估指标及权重确定

基于现有研究，确定了 37 个关键性能指标来构建评价体系。根据韧性评价框架并采用 AHP 法构建层级模型，此外，邀请 6 位城乡规划领域的专家对评价体系中各层级指标进行权重打分，并取平均值作为各指标的最终权重[表 7.3（陈浩然 等，2023）]。为确保评估的准确性，所有指标数据均通过极值标准化处理后进行加权计算。

表 7.3 社区韧性评估领域汇总表

一级指标	二级指标	三级指标	指标含义及评价标准	指标获取方式	权重
A1 经济韧性	B1 居民经济韧性	C1 收入水平	社区居民平均月收入	调研问卷	0.014 5
		C2 收入稳定性	遭遇疫情时居民收入是否稳定	调研问卷	0.017 7
		C3 房屋所有权	社区自住房比例	调研问卷	0.008 0
	B2 社区经济韧性	C4 商业业态	社区商业业态类型	实地调研	0.034 0
	B3 政府经济韧性	C5 反应预算	社区灾害防治及应急管理类财政支出	政府网站	0.088 2
A2 社会韧性	B4 居民人口韧性	C6 年龄构成	65 岁以上人口比例	调研问卷	0.042 2
		C7 脆弱人群构成比例	残障人士、低保户比例	居委会访谈	0.052 1
		C8 居民学历构成	居民受教育程度	调研问卷	0.017 6

续表

一级指标	二级指标	三级指标	指标含义及评价标准	指标获取方式	权重
A2 社会韧性	B5 社区意识	C9 邻里关系	居民社区内亲戚朋友数量	调研问卷	0.014 3
		C10 居民防灾知识	居民应对疫情的知识储备	调研问卷	0.051 7
		C11 归属感	居民对社区的情感	调研问卷	0.012 0
A3 设施韧性	B6 公共设施	C12 社区卫生服务站	社区卫生服务站覆盖范围	POI	0.029 4
		C13 社区物资储备	社区居委会物资保障覆盖范围	居委会访谈	0.026 4
		C14 社区教育设施	社区幼儿园覆盖范围	POI	0.010 0
		C15 体育锻炼设施	社区体育健身场地覆盖范围	POI	0.009 1
	B7 建筑	C16 建筑防灾设施	居民楼消毒、体温监测等设备	实地调研	0.086 0
A4 制度韧性	B8 社区管理制度	C17 防灾规划	社区应对突发公共卫生事件预案	居委会访谈	0.021 1
		C18 组织领导能力	社区居委会的组织领导能力	调研问卷	0.081 6
		C19 安保系统	社区门禁及安保系统	实地调研	0.053 6
	B9 社区组织结构	C20 网格化管理	网格员管理人数是否超负荷	实地调研	0.042 9
		C21 志愿者组织	社区志愿者比例	居委会访谈	0.017 1
	B10 社区防灾意识	C22 灾害信息更新	灾害信息更新渠道	调研问卷	0.037 7
		C23 防灾宣传	社区防灾减灾宣传方式	调研问卷	0.039 4
A5 空间韧性	B11 用地布局	C24 道路畅通性	社区内消防通道畅通性	实地调研	0.014 8
		C25 社区空间结构	社区路网结构可达性	空间句法	0.005 1
		C26 公共空间用地	社区内公共空间可达性	POI	0.010 5
		C27 社区弹性空间	社区内弹性空间可达性	POI	0.032 7
	B12 环境景观	C28 空间通风性	社区通风环境	通风模拟	0.006 5
		C29 绿地率	社区各小区绿化率	实地调研	0.008 8
		C30 建成环境品质	社区环境、卫生品质	调研问卷	0.011 6
A6 支撑韧性	B13 生活圈 空间支撑韧性	C31 综合公园	15 分钟生活圈内公园可达性	POI	0.010 9
		C32 社区生活圈弹性空间	15 分钟生活圈内社区弹性空间可达性	POI	0.019 5
		C33 交通便捷度	15 分钟生活圈内交通便捷度	POI	0.010 4
	B14 生活圈 设施支撑韧性	C34 综合医院	15 分钟生活圈内综合医院可达性	POI	0.032 1
		C35 教育设施	15 分钟生活圈内小学及初中可达性	POI	0.008 5
		C36 综合超市	15 分钟生活圈内综合超市可达性	POI	0.017 5
		C37 物资保障	15 分钟生活圈内物资储备可达性	POI	0.005 0

7.3　韧性评估特征

7.3.1　总体韧性水平特征

1. 韧性综合水平

由表 7.4 综合韧性评估得分可见，新建社区 A 的总体韧性得分最高，为 0.713 2，在建筑防灾设施、反应预算、组织领导能力等方面表现尤为显著；新建社区 B 的总体韧性得分为 0.644 1，在建筑防灾设施、安保系统和组织领导能力等方面表现良好；老旧社区 C 的总体韧性得分为 0.289 2，是 4 个社区中的最低分，其中居民收入水平、脆弱人群比例、志愿者组织、道路通畅性、绿地率等方面得分较低；老旧社区 D 的总体韧性得分为 0.453 0，略高于社区 C，在网络化管理、灾害信息更新等方面的得分相对较高。这说明社区 A 的商业业态活跃，政府反应预算充足；社区 B 保留了具有历史风貌的建筑，延续社区文化命脉，同时新建了大型商业街，且社区在居民防灾意识和教育设施等方面尚好，这些因素均有助于提高社区的整体韧性。而 C、D 作为老旧社区，由于老旧的基础设施、有限的政府投入及脆弱人群占比较大等因素，社区整体韧性能力有待提高。从整体水平来看，新建社区 A 和 B 的综合得分为 0.678 7，而老旧社区 C 和 D 的综合得分为 0.371 1。这显示了在社区韧性方面，新建社区的表现普遍优于老旧社区。

表 7.4　社区韧性评估领域指标结果

一级指标	二级指标	三级指标	新建社区 A	新建社区 B	老旧社区 C	老旧社区 D
经济韧性	居民经济韧性	收入水平	0.014 5	0.005 5	0.000 1	0.003 8
		收入稳定性	0.013 2	0.013 6	0.000 2	0.017 7
		房屋所有权	0.000 1	0.007 9	0.003 0	0.008 0
	社区经济韧性	商业业态	0.034 0	0.034 0	0.000 3	0.020 5
	政府经济韧性	反应预算	0.088 2	0.000 9	0.000 9	0.000 9
社会韧性	居民人口韧性	年龄构成	0.042 2	0.028 4	0.000 4	0.004 3
		脆弱人群比例	0.052 1	0.031 7	0.000 5	0.048 9
		居民学历构成	0.017 6	0.004 2	0.002 1	0.000 2
	社区意识	邻里关系	0.000 1	0.003 0	0.008 3	0.014 3
		居民防灾意识	0.051 7	0.049 3	0.035 0	0.000 5
		归属感	0.000 1	0.002 0	0.010 6	0.012 0

续表

一级指标	二级指标	三级指标	新建社区 A	新建社区 B	老旧社区 C	老旧社区 D
设施韧性	公共设施	社区卫生服务站	0.000 3	0.018 7	0.000 3	0.029 4
		社区物资储备	0.000 3	0.009 8	0.004 8	0.026 4
		社区教育设施	0.000 3	0.000 1	0.009 7	0.010 0
		体育锻炼设施	0.000 1	0.001 4	0.008 4	0.009 1
	建筑	建筑防灾设施	0.086 0	0.086 0	0.000 9	0.000 9
制度韧性	社区管理制度	防灾规划	0.021 1	0.021 1	0.021 1	0.021 1
		组织领导能力	0.081 6	0.051 9	0.036 0	0.000 8
		安保系统	0.053 6	0.053 6	0.000 5	0.027 1
	社区组织结构	网格化管理	0.000 4	0.029 5	0.020 5	0.042 9
		志愿者组织	0.017 1	0.011 0	0.000 2	0.002 5
	社区防灾意识	灾害信息更新	0.000 4	0.031 9	0.020 9	0.037 7
		防灾宣传	0.039 4	0.000 4	0.000 4	0.000 4
空间韧性	用地布局	道路通畅性	0.014 8	0.007 5	0.000 1	0.007 5
		社区空间结构	0.000 1	0.005 1	0.002 4	0.005 1
		公共空间用地	0.000 1	0.001 2	0.010 5	0.010 5
		社区弹性空间	0.000 3	0.007 4	0.032 7	0.032 7
	环境景观	空间通风性	0.000 1	0.006 5	0.000 1	0.000 1
		绿地率	0.005 9	0.008 8	0.000 1	0.004 9
		建成环境品质	0.011 6	0.008 1	0.002 0	0.000 1
支撑韧性	生活圈空间支撑韧性	综合公园	0.000 5	0.010 9	0.004 8	0.000 1
		社区生活圈弹性空间	0.019 5	0.019 5	0.019 5	0.019 5
		交通便捷度	0.008 0	0.010 4	0.000 1	0.010 4
	生活圈设施支撑韧性	综合医院	0.029 8	0.032 1	0.000 7	0.000 3
		教育设施	0.000 0	0.005 0	0.005 0	0.005 0
		综合超市	0.008 2	0.008 3	0.008 5	0.000 1
		物资保障	0.000 2	0.017 5	0.017 5	0.017 5
总计	—	—	0.713 2	0.644 1	0.289 2	0.453 0
图例	低—高		低—高			

资料来源：改绘自陈浩然等（2023）。

2. 分项指标水平

分析一级指标得分结果得出（图 7.3），新建社区在经济、社会、设施、制度和支撑方面的韧性平均得分都显著高于老旧社区。然而，在空间韧性方面老旧社区略占优势。其中，平均得分相差最大的是制度韧性，反映出在经济韧性、社会韧性、设施韧性、制度韧性和支撑韧性方面，新建社区更具优势，而由于老旧社区更为合理地利用和布局弹性公共空间，在空间韧性上更具优势。

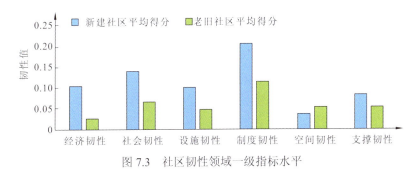

图 7.3　社区韧性领域一级指标水平

表 7.4 所示为社区韧性评估领域指标结果。综合评估显示，各社区在韧性方面均存在明显的提升潜力。以新建社区 A 为例，由于其覆盖面积广泛，面临的主要问题是社区设施配置的不足和分布的不均衡性。为此，需要优化资源配置，确保社区服务和设施覆盖更加均匀和合理。另外，老旧社区可以通过开展社区文化活动，激发居民积极性，并加强对脆弱群体的扶持与关注，提高社区共建共识。这些措施可以有效提升社区的整体韧性和居民的生活质量。

7.3.2　韧性领域分项特征

1. 经济韧性：老旧社区政府经济韧性不足，灾害防治投入有待加强

在经济韧性的评估中老旧社区得分普遍偏低，特别是政府经济韧性方面的差异最为显著。深入分析表明，仅有新建社区 A 所在的街道曾做出明确的灾害防治与应急管理预算，而其余三个社区在灾前预防方面的几乎未曾投入，新旧社区在灾害防治的投入上均亟待加强。此外，老旧社区面临居民平均收入低且稳定性差的挑战，在防控期间确保收入不稳定群体的基本生活需求成为老旧社区应对突发公共事件的挑战。

2. 社会韧性：老旧社区脆弱人群占比较大，新建社区居民共识有待增强

相较于老旧社区，新建社区居民人口韧性更高，而邻里关系和归属感等社区意识较低。分析揭示，老旧社区内老龄化严重，残疾人、失独老人、独居老人等脆弱群体占比较大。在疫情防控期间，孤寡老人、残疾人及低保群体等脆弱人群需求多样化且具有特殊性，对社区服务和社区工作人员基层治理的要求更高。此外，老旧社区的居民防灾意

识普遍较弱，需加强安全教育和防灾意识培训，以提升其整体应对风险的能力。在社区认同感和邻里关系方面，新建社区相比老社区显得较为薄弱，具体体现在居民对社区事务关注度与参与度较低，导致社区自我治理意识不强，互助性较差。因此，社区居民共识亟待增强。

3. 设施韧性：老旧社区基础设施老化匮乏，新建社区公用设施冗余度有待提升

新建社区的公用设施分布范围普遍偏低，而老旧社区建筑防灾设施较少，主要原因包含以下两个方面。一是老旧社区在设施完备性上占据优势，其医疗、防灾物资、幼儿园教育和体育锻炼设施均得到了合理的配置，相比之下，新建社区在医疗设施和幼儿园教育方面明显滞后。二是老旧社区普遍具有规整的形态和较小的规模，这种规整的路网结构和较小的社区范围极大地提高了设施的可达性，使得居民能够更便捷地享受各类服务。然而，在建筑防灾设施方面，老旧社区普遍存在基础设施老化、破损严重、配套设施不全等问题，给居民的日常生活造成了极大的安全隐患，并直接影响社区应对公共突发事件的基本能力。

4. 制度韧性：老旧社区缺乏居民主体参与，整体防灾规划仍待完善

制度韧性方面，新老社区在社区管理制度的组织领导能力和社区组织结构的志愿者组织存在显著差距。老旧社区涉及的问题和参与主体更复杂多样，居委会作为基层治理单位难以协调各方利益，并且物业公司往往经费不足，工作人员待遇与劳动付出不相符，使得工作积极性受到严重影响，进而引发居民的不满情绪。此外，老旧社区的志愿者队伍主要由社区党员构成，居民主体的参与度较低。整体上看，新老社区在防灾规划和防灾宣传方面的评估得分均较低，在社区防灾前期准备工作和防灾意识方面存在较大的提升空间。

5. 空间韧性：老旧社区人居环境品质偏低，新建社区空间结构布局不合理

在环境品质方面，老旧社区存在明显劣势，这主要因为老旧小区在建设之初往往只考虑了社区内部的绿化环境，并未与城市周边绿地形成系统，导致绿化环境缺乏层次感和丰富性。然而，新建社区的布局通常采用集中化策略，虽然这种布局便于管理，但可能会导致社区内公共空间分布不均，影响社区空间结构、公共空间用地和社区弹性空间的合理布局，从而降低居民的生活体验感。相比之下，老旧社区的空间规划呈现出更为合理的特点。

6. 支撑韧性：老旧社区的支撑韧性较弱，平疫结合的社区生活圈亟待建设

无论是新建社区还是老旧社区，在生活圈内的综合公园、综合医院和物资保障覆盖率等方面都显示出不足。目前，生活圈的不同层级对应的空间尺度要求能够适当地与国内城镇化建设和发展相衔接。社区生活圈作为社区与城市的桥梁，其应急设施和空间需

要进一步改善，以更好地为社区提供强有力的支持，并有利于呈现公共服务体系与社区居民需求间的对应关系。

7.4　韧性提升策略

结合上述韧性评估结果，围绕社区类型差异和指标水平存在的问题，依据空间层次和社区类别对不同问题进行了划分，并有针对性地为每个问题制订了差异化的韧性策略（图7.4）。

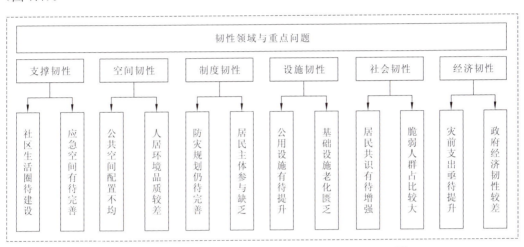

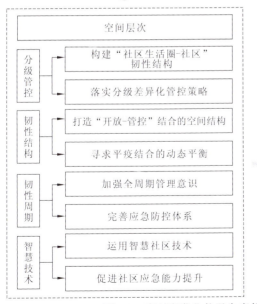

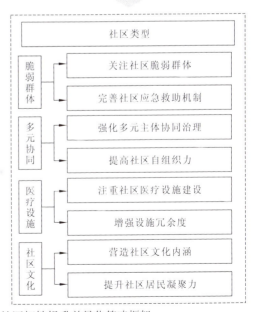

图 7.4　应对突发公共卫生事件的社区韧性提升差异化策略框架

资料来源：改绘自陈浩然等（2023）

7.4.1　空间层次差异化提升策略

1. 分级管控：构建"社区生活圈－社区"层级化管控，实施差异化管控模式

自《城市居住区规划设计标准》（GB 50180—2018）发布后，我国社区生活圈的规划设计理念发生了重大转变，从传统的"街道-居住区-小区-组团"居住模式转向以人为本的"15-10-5分钟"生活圈模式。不断频发的突发公共事件进一步暴露了现有社区生活圈在医疗和紧急应对设施上的不足，反映出对社区生活圈韧性建设的新需求。

基于这些挑战，本节提出了一个新的韧性社区生活圈模式，以强化社区生活圈的分级管理和韧性结构，适应突发公共卫生事件，提升社区的整体应对能力。该模式强调从社区生活圈层面到社区层面的分级管控。具体策略包括：第一，清晰界定不同行政主体在社区空间层级中的对应职责，例如街道办在社区生活圈中的角色定位；第二，打造社区服务医疗圈，建立健全社区卫生服务与综合医院、卫生站、卫生中心和养老院等的双向服务机制；第三，加强生活圈的紧急避难能力，利用弹性用地和综合公园建设应急避难圈；第四，提升社区设施的冗余度，优先完善基础类服务设施，并在考虑经济与成本的基础上针对脆弱人群增加个性化服务；第五，根据城市地理要素及社会经济发展情况，灵活应对居民多样化居住及活动需求（图7.5）。

图 7.5　韧性生活圈模式图

资料来源：陈浩然等（2023）

2. 韧性结构：打造"开放-管控"结合的空间结构，寻求平疫结合的动态平衡

通过构建"开放型生活圈-管控型社区"的空间布局，实现平疫结合的动态平衡。开

放性空间结构旨在增强社区在日常生活中的活力和宜居性。社区生活圈内各类公共服务设施实现与社区的共建共享，以满足居民日常需求。同时，开放性结构还包括建设良好的交通网络，确保社区内外的交通便捷，促进经济活动和社会互动。在突发公共卫生事件期间，管控性空间结构发挥关键作用。管控性结构设计需要考虑到应急响应和防控措施的高效实施。面对疫情的紧急情况，应当将医疗救助和紧急避难所作为核心，确保从生活圈至社区的防控措施能够单向有效流动。例如，社区入口和出口的可控性设计，能够在必要时迅速进行封闭管理，防止疫情扩散。在这种模式下，街道需统筹生活圈内部空间资源，转换社区公园及学校等设施为应急避难和医疗服务空间，充当疫情应急的关键场所。同时，社区生活圈应预留充分的弹性空间，社区内的关键基础设施，如医疗点、应急物资储备点等，需要合理布局，确保在紧急情况下能够快速响应和高效运转，提高空间的应变能力。在平常时期，社区展现出一个完全开放的结构形态。在疫情期间，基础设施建设需要兼顾平时的使用功能和应急状态下的转换功能，社区将限定为仅保留一个主要的出入口，以实现全面的管控状态（图 7.6、图 7.7）。

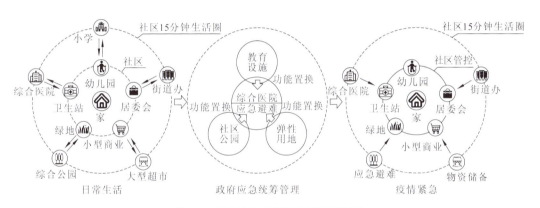

图 7.6　平疫结合的社区生活圈结构图

资料来源：陈浩然等（2023）

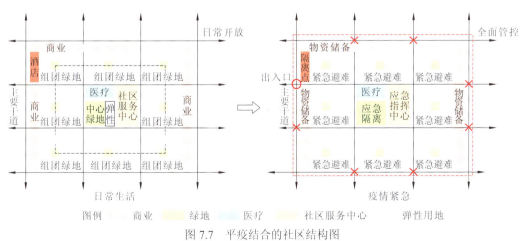

图 7.7　平疫结合的社区结构图

资料来源：陈浩然等（2023）

3. 韧性周期：加强全周期管理意识，完善应急防控体系

在应对突发公共卫生事件的过程中，社区韧性不仅依赖于空间结构的合理设计，更需要贯穿全周期的管理意识和应急防控体系的完善。我国目前的社区减灾评估主要依靠"全国综合减灾示范社区"框架进行，虽然取得了显著成效，但主要集中在灾害应对和灾后恢复，日常预防却被较为忽视。社区为加强"全周期管理"理念，应通过对灾前、灾中、灾后的持续性管理，全面增强其适应和恢复能力。

日常预防方面，应作为适应性和恢复力周期管理的核心，但目前这一环节常被忽略。因此，需要对以下三个关键领域进行重点强化。一是社区的战略规划应融入国家的"十四五"规划，涉及制订具体的社区卫生标准、建筑安全准则及应急响应预案。通过建立和完善一系列预防和应急规划，社区能够在日常生活中保持良好的卫生环境和安全秩序，确保在法律和制度上有据可依。二是鼓励各社区主动开展适应性和恢复力评估，着眼于公共卫生突发事件，依据全周期动态指标，通过定期评估社区的基础设施、医疗资源和应急响应能力，识别潜在的脆弱环节并进行针对性的改进，为常态化监控提供依据。三是需提升居民防灾意识，通过安全教育加强居民对社区韧性建设的理解。社区应建立常态化的预防机制，通过多种形式的宣传教育活动，如健康讲座、应急演练和社区宣传栏，普及防灾、减灾知识，提高居民的健康意识和自我防护能力。

在"疫中应急"阶段，一是在关注基础设施的保障、空间的灵活转换和多部门的联动治理。具体来说，社区需要迅速评估并保障供水、供电、通信、医疗等基础设施的正常运行，确保在疫情高峰期间，居民的基本生活需求能够得到满足。此外，医疗资源应进行分级配置，强化基层医疗保障，确保充足的医护人员和防疫物资。二是在空间平疫转换方面，要求社区公共空间如绿地和广场应能快速转换为应急避难所或检测点，有效应对疫情。三是在跨部门协作管理方面，各相关部门应根据政府防疫的总体部署，构建协同机制，确保政府、医疗机构、社区组织等各方能够高效协作，提升防疫管控效率。

"疫后恢复"不仅包括社区基础设施的修复和公共服务的恢复，还涉及居民心理健康的支持和社会经济活动的重建。通过打造社区命运共同体，倡导居民的广泛参与和社区的常态化管控，居民参与可以增强社区凝聚力和自组织能力。常规管理需延续疫情应急期间的预防措施，例如持续进行体温检测和对访客进行登记，并确保建立有效的反馈系统，以实时了解和解决居民在疫情期间遇到的问题（图7.8）。

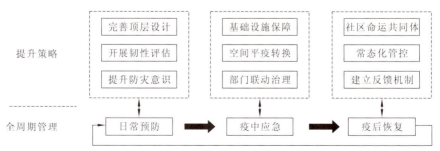

图 7.8　全周期管理提升策略图

资料来源：改绘自陈浩然等（2023）

4. 智慧技术：运用智慧社区技术，促进社区应急能力提升

自《智慧社区建设指南》发布以来，虽然应用了 5G、物联网、云计算、大数据等技术提升社区管理精细化和智能化，但我国智慧社区建设仍面临制度不完善、基础设施缺乏、专业人才短缺等挑战。新冠疫情暴露了社区应急能力不足，凸显加强智慧社区提高韧性的紧迫性。具体来说，首要任务是建立一个覆盖"日常信息监控"、"疫中应急指挥"和"疫后反馈提升"三个阶段的全周期管理意识管理平台。在日常信息监控阶段，社区能够实现实时监控和数据收集，及时发现潜在的公共卫生风险，并采用网格化和大数据技术收集社区居民的基本信息，尤其关注脆弱群体的情况，同时对社区的基础设施进行实时监控，构建一个持续更新的日常信息数据库。在疫中应急指挥阶段，通过智能化地图等工具确保信息透明，协助政府有效调度资源，并做出及时的决策。疫后反馈提升阶段，利用健康码和行程码等技术对居民活动进行监控，支持社区的恢复活动，迅速修复社区基础设施的损害，并将其反馈同步至信息平台，以提升未来的灾害防御能力。二是构建应急响应系统。依托信息平台实时数据更新，实现对社区内弱势群体的细致管理，并在紧急状况下快速采取行动，通过移动应用和社交媒体平台有效发布紧急信息，并组织居民有序疏散，提高公众的风险意识和自我防护能力，以减少灾害的潜在损害。三是加快智慧化的基础设施建设，社区应加快智慧基础设施的建设，包括智慧交通、智慧医疗和智慧环境监测等方面。在智慧交通方面，可以通过智能交通系统优化道路通行，确保应急车辆的快速通行和物资的高效配送。在智慧医疗方面，可以建设社区健康管理中心，通过远程医疗和在线咨询服务，为居民提供便捷的医疗支持。在智慧环境监测方面，可以安装环境传感器，实时监测空气质量、水质和噪声等环境指标，及时发现并处置潜在的公共卫生风险。此外，社区还应推进智能建筑的建设，如安装智能安防系统和智能家居设备，提升居民安全感和便利性。

7.4.2　社区类型差异化提升策略

1. 脆弱群体：关注社区脆弱群体，完善社区应急救助机制

在突发公共卫生事件中，社区内的脆弱群体往往面临更大的风险和挑战，因此，关注和保护这些群体是提升社区应急救助能力的重要内容。根据前文脆弱群体比例的评估，老旧社区中的脆弱群体比例明显较高。因此，老旧社区在关注脆弱群体的同时，也需构建完整的应急救助体系。其措施包括：一是推广相应的疫情保险，鉴于疫情已成为常态，应促使政府与企业联手，为高风险社区及易受伤害的群体提供疫情保险，这将鼓励居民购买保险，增强这些群体的经济安全感；二是完善基础设施和应急设施建设，社区应加强健康基础设施如残疾人救助中心和养老院的建设，同时完善各类公共设施的无障碍设计和改造，确保这些设施能够在紧急情况下提供必要服务，此外，对社区内脆弱群体的基本信息进行收集并入库，以便在日常和紧急情况下提供针对性支持；三是设定专项应急预案，由于这些群体在经济和行动能力上可能存在限制，所以必须在平时强化其灾害

防护知识，提升自我保护能力，社区应明确各类应急措施和响应流程，专项应急预案应包括脆弱群体的识别与登记、应急物资的优先供应、专门的医疗救护安排以及紧急转移安置方案等内容；此外，社区应建立专门的应急志愿者队伍，提供对脆弱群体的定向服务，如陪护老人、照顾残疾人和帮助儿童等；四是制订灾后生活的适应措施，社区应为脆弱群体提供全面的心理辅导和支持，帮助他们缓解灾后的心理压力和焦虑情绪，同时社区应帮助脆弱群体重建生活，例如提供就业指导和技能培训，帮助低收入家庭恢复生计，为老年人和残疾人提供生活照料和康复服务，帮助他们尽快恢复正常生活，此外社区应帮助受灾脆弱群体解决实际困难，并提供职业指导服务，帮助失业者重返工作岗位，从而提升其生活质量和社会参与度，帮助他们适应疫后的新常态。

2. 多元协同：强化多元主体协同治理，提高社区自组织力

在城市治理中，多元协同治理模式的重要性日益凸显。特别是在应对突发公共卫生事件时，社区自组织力的提升对于有效应对和恢复至关重要。为提高居民的自组织能力，尤其是在应对灾害情况时，建议社区借鉴西方"官学民"模式构建"政府引领、居民主体参与、社会组织协助"的多元协同治理模式。该模式有三大优势：其一，在公共卫生事件等突发事件发生时，该模式能使社区快速响应，及时采取行动，最大程度减少灾害损失；其二，通过多元主体参与，可以提升居民的积极性，解决基层工作人手不足的问题；其三，在提升居民积极性和解决基层人手不足方面，"官学民"模式通过鼓励居民参与和社会组织协助，有效提高了社区治理的人力资源。此外，这种协同机制使得居民的声音能够被更好地听取，结合政府的指导和地方特色，制订出更加实用的治理方案，从而提升了工作效率。

在实践层面，政府需要扮演关键角色，领导社区治理工作，创建相关法规。社区应建立居民自治组织，如业主委员会、志愿者团队等，鼓励居民积极参与社区事务。通过组织各种社区活动，如环境清洁、邻里互助和文化娱乐等，增强居民之间的互动和联系，提高社区的凝聚力和归属感。此外，应通过培训和教育，提高居民的公共管理能力和志愿服务技能，增强其在社区治理中的作用和贡献。同时，居民还应遵守社区的防灾规定，及时上报信息，加强自救互救的能力。社会组织和企业作为防灾中的重要力量，政府应降低其参与的门槛，提供必要的支持和激励，促使这些组织在提升自身的减灾能力的同时，为社区提供多样化和专业化的支援（图7.9）。

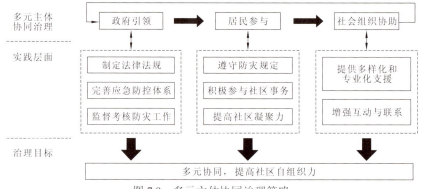

图 7.9　多元主体协同治理策略

3. 医疗设施：注重社区医疗设施建设，增强设施冗余度

评估结果显示，新建社区在规划时偏重商业发展，在新冠疫情早期，基层医疗设施的防控能力不足及社区居民对基层医疗条件的不信任，导致许多人选择前往综合医院接受治疗，从而增加了交叉感染的风险。在突发公共卫生事件中，社区医疗设施的完备性和应急能力对保障居民健康安全至关重要。这些问题凸显了新建社区在医疗设施建设上存在的缺陷，因此有必要加强社区应急医疗设施的建设以提升设施的冗余度。

为提升社区韧性，本研究提出以下建议：一是建立分级医疗体系，基于"生活圈韧性-社区韧性"理念，构建多层次医疗网络，明确各级功能，优化转诊流程，减少感染风险；二是增强应急设施韧性，在人口密集或服务范围广的社区增设卫生站，提高医疗服务的可达性和应对突发公共卫生事件的能力，以弥补社区卫生服务中心的覆盖不足。此外，合理规划社区的应急避难空间和物资储备，利用社区绿地、广场、学校等空间建立一个合理的应急设施网络，确保有足够的社区弹性空间以提高应急设施的冗余度，以应对突发事件中的人员安置和生活保障需求。

4. 社区文化：营造社区文化内涵，提升社区居民凝聚力

传统社区由共同价值观和背景的人群组成，关系紧密。但在中国城镇化和人口流动加速下，新建社区居民从熟人变为陌生人。新建社区的归属感和邻里关系平均得分分别为 2.39 和 2.69，老旧社区则为 4.19 和 3.67。这种差异主要是新建社区居民多为新迁入的陌生人，缺乏共同的生活经历和文化背景，社区凝聚力较弱，居民之间的互动和信任度较低。为了增强新建社区居民的凝聚力和归属感，尤其是在应对紧急情况时，有必要加强社区文化内涵的营造。本节提出两点建议。一是设计和再利用公共空间。公共空间是社区文化的重要载体，应通过精心设计和合理利用公共空间，促进居民之间的互动和交流。例如，可以在社区内设立社区中心、文化广场、健身场所和儿童游乐区等多功能公共空间，鼓励居民参与各种社区活动，增进彼此之间的了解和信任。同时，公共空间的设计应注重人性化和多样化，满足不同年龄段和兴趣的居民需求，提升社区的整体吸引力。二是定期组织和开展丰富多彩的社区活动，增强文化的营造力度。社区应积极举办各种文化、体育、娱乐和志愿服务活动，如邻里节、读书会、健身比赛和环保志愿者活动等，吸引居民广泛参与。此外，还可以组织邻里互助小组、家庭联谊会和社区义工等活动，鼓励居民之间的互相帮助和支持，营造友好和睦的邻里关系，增强社区的整体韧性，为社区的可持续发展提供坚实保障。

第8章 基于中断破坏的城市街道网络韧性研究

随着城镇化的持续推进，城市交通也面临着拥堵、中断、毁坏等一系列风险压力。街道网络作为维持城市交通、游憩功能的重要组成部分，在城市空间发展中担当了结构骨架作用，是保障城市安全韧性的关键基础设施之一。随着灾害风险作用于交通过程的复杂性日益加剧，增强城市街道网络的韧性水平成为提升空间韧性的重要内容。本章引入城市街道网络韧性的研究案例，该案例源于作者团队成员的硕士论文成果（张志琛，2022），旨在探讨面对不同中断情景时城市街道网络韧性的水平差异及过程机制。案例从动态角度对武汉市街道网络进行模拟仿真，测度不同类型街道网络的韧性水平并分析街道网络的韧性机制，为城市街道网络规划响应提供策略指引。

8.1 研究方法及模型概况

8.1.1 研究方法

在城市早高峰或晚高峰时段，由于重要路段实时流量过大造成拥堵，当该路段失去通行能力后，车辆会向周边路段转移，从而影响周边路段通行能力。借助 5.3 节复杂网络中级联失效的理论方法，对理论街道网络与武汉市街道网络进行中断破坏模拟，以测度街道网络韧性变化。通过模拟中断破坏下网络节点和边的变化关系，来评估街道网络应对动态交通流量时的韧性水平。流量数据获取来源广泛，本章借鉴相关研究，以百度地图提供的交通路况数据作为流量数据来源。

8.1.2 网络模型

1. 理论模型

根据交通规划原理，方格、放射、树状网络是三种典型的理论网络形态（详见 5.2.2 小节），如图 8.1 所示。参考既有研究成果（Han et al.，2020；Boeing，2017；刘有军 等，2013），本章采用小规模理论网络（small world theory），选取原始法（dual method），由 Network X 辅助构建拓扑结构，对三种网络进行韧性测度，以便与实例研究进行对照实验，深入研判武汉街道网络韧性特征。

1）方格网络

方格网络为交通规划中最经典的交通布局形态，如图 8.1（a）所示，常见于地形平坦地区如北京、武汉，通常也被称为棋盘网，其街道路径具有明显的均衡性特点，在分配交通流量时具有较大灵活性，交通可达性高，在突发事件中可提供多种应急选择。方格路网易于管理，通过对路段的关闭和开放，实现有序疏散、维护安全等目的，但也存在道路交叉口过多、非直线系数较大等局限。

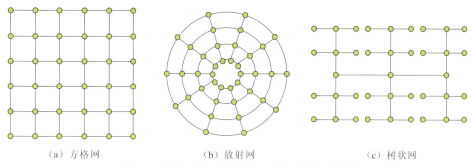

（a）方格网　　　　　　（b）放射网　　　　　　（c）树状网

图 8.1　方格、放射和树状三种网络结构示意图

2）放射路网

放射路网在城市应用中多为环形放射路网，如图 8.1（b）所示，典型城市如成都，放射路段由城市中心向外延伸，随城市空间蔓延辅以环路，便于组织区域交通。环形放射状的路网结构有利于中心与外围地区的直接联系，缺点是中心区的交通承载容易过载，不利于发挥外围地区的交通分担能力。

3）树状街道

树状街道网络在城市中较为常见，如图 8.1（c）所示，多存在城市内部或自然景观丰富的地区，道路布局通常根据河流水系走向、山脉特征进行延伸，其节点排列方式类似一棵树，存在明显的主干-分支结构特点，具有非均衡性与层级性。但是树状网络的连接方式具有明显的缺点，当主要干路中断会直接影响其他支路功能，对于上一层级的高度依赖降低了系统的模块化，削弱了街道网络的灵活性和冗余性，因此在遭遇突发事件时容易出现巨大损失。

2. 武汉街道网络

选取武汉城市街道网络作为研究对象，武汉市作为中国湖北省省会城市，总面积 8 569.15 km²，建成区面积约 1 198 km²。武汉市包含着多种城市街道形态，这些街道以不同的历史、文化、社会和地理条件为基础，结合丰富多样的城市用地功能，形成了各自独特的空间特征，具有典型代表性。一方面，武汉市的主城区拥有完备的城市基础设施和公共服务设施，其城市街道呈现出高度规划化和现代化的特征。在城市街道的功能划分上，武汉市的城市街道包含着多种不同的功能区域。其中，商业区、居住区、工业区和旅游区是最为典型的功能区域。这些功能区域在城市空间中相互交错、相互渗透，构成了城市街道的多元化和复杂性。另一方面，在高速城市化的背景下，武汉的道路交通建设经历了快速发展，也面临着一些挑战。武汉市的道路网络由环线、放射线和主干线等多条路网构成，道路密度相对较高（图 8.2）。然而，由于城市化速度较快，武汉市

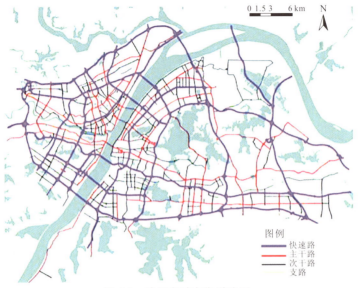

图 8.2 武汉市城市街道路网

的道路网络存在一些拥堵和交通瓶颈。此外，武汉市的部分区域道路较为狭窄，不足以满足日益增长的交通需求。

武汉市街道网络的研究区域以三环路和中心城区为主（图 8.3）。道路数据来源于 OpenStreetMap，该数据具有易于获取且内容丰富的特点，经学者检验具有较好的完整性（寇世浩 等，2021；徐海洋 等，2019），数据时间为 2021 年，保留属性中的 trunk（快速路）、primary（主干路）、secondary（次干路）、tertiary（支路）四种等级道路，借助 ArcGIS 中创建拓扑及网络数据集功能，并通过原始法构建单线的无向网络，进行拓扑化处理后得到武汉市街道拓扑网络，该网络包含 2 326 个节点和 3 607 条边，如图 8.3 所示。

图 8.3 武汉市街道网络拓扑结构图

根据《城市道路工程设计规范（2016 年版）》第 4 章关于道路通行能力相关标准规定，分别对快速路、主干路、次干路、支路设计通行能力（表 8.1），下文的武汉街道网络中同理。

表 8.1　道路通行能力标准

指标	快速路	主干路	次干路	支路
设计速度/(km/h)	100	60	40	20
设计通行能力/(pcu/h)	2 000	1 400	1 300	1 100

注: pcu 为标准小客车当量（passenger car unit）。

8.1.3　规则与参数

动态拥堵模拟需要对路段设置最大通行能力与负载，根据路段负载情况进行攻击，判断路段是否失效，并进行新一轮负载分配，因此需提前设定其设计通行能力、实时负载、攻击方法，负载分配。

1. 攻击方法

采取蓄意攻击方式进行中断破坏模拟，蓄意攻击的顺序依据节点在网络中的重要度排序。在城市尤其是大城市或特大城市中，交通拥堵、断流、交通事故等突发事件频发，且往往发生于交通繁忙地段，这些路段在城市街道网络中具有较高的职能地位，因此基于路段重要性排序的蓄意攻击更符合对现实情况的模拟还原。结合本书第 5 章介绍的网络分析指标，本节选用介数来表征路段重要性，街道网络模型中介数表征了路段节点在网络所有路径中处于最短路径的数量水平，也就是说，介数高的道路在现实中往往对应城市的重要干道（颜文涛 等，2021；Wang，2015），更符合本章研究目的。具体地，进一步结合交通流量的现实情况，最终路段重要性排序按照路段实时负载、路段介数共同决定：

$$I = a \cdot L + b \cdot C \tag{8.1}$$

式中：I 为路段的重要度；L 为路段实时负载；C 为路段介数；a 与 b 分别为基于专家打分法所确定的系数，a 为 0.6，b 为 0.4。

2. 道路负载

根据《美国道路通行能力手册》和相关研究结论（李彦瑾，2020；邓真平，2019；龙小强 等，2011），确定道路饱和度和拥堵关系（表 8.2）。根据百度地图实时路况数据，数据断面取自武汉市工作日（周一～周五）早上 7:00～8:00，对所有数据进行空间叠加再均值化处理后，反映武汉市工作日普遍的早高峰路况。将路况划分 4 个等级并赋值作为实时道路负载（图 8.4），等级的划分原则中引入饱和度（V/C）概念，饱和度为实时负载 V 与道路通行能力 C 之比，体现了道路实时负载与拥堵的直接关系，是衡量道路供需关系的主要度量指标。

表 8.2　道路饱和度与拥堵关系表

饱和度（V/C）	1.0	0.8	0.6	0.3
拥堵情况	严重拥堵	拥挤	缓行	畅通

图 8.4　武汉市早高峰路况

3. 负载分配

当道路实时负载超过其设计通行能力时，该路段流量将会重新分配。假设路段 i 受攻击导致实时负载超过设计通行能力时，将会把 0.4 倍负载分配至相邻路段，周边路段根据自身容量接受分配，确保路段道路饱和度≤0.6，以维持正常通行，因此其相邻路段 j 受到的负载 ΔQ_j 如下：

$$\Delta Q_j = (1-0.6)Q_i \frac{B_j}{\sum_{j \in \sigma} B_\sigma} \tag{8.2}$$

式中：ΔQ_j 为相邻路段 j 获得的负载增量；Q_i 为受攻击路段 i 原有负载；B_j 为路段 j 设计通行能力；$\sum_{j \in \sigma} B_\sigma$ 为路段 i 所有相邻路段设计通行能力之和。

8.2　韧性评估特征

8.2.1　理论街道网络韧性特征

1. 方格网络：前期抵抗能力强，后期较易崩溃

蓄意攻击下，方格网前期吸收高介数受损路段转移负载，抵抗拥堵传播同时保障结

构稳定，但中后期负载达到全网饱和，网络崩溃一触即发，网络韧性极低。从全局效率来看，三种网络崩溃时间大幅提前，方格网虽相比放射和树状网略有优势，但受攻击路段占比不到 1%。对具体变化过程进行分析，方格网络出现转折点最晚，证明方格网络在蓄意攻击前期对于拥堵传播具有良好的抵抗能力，在维持网络完整性和功能性方面表现较优，但方格网络后期突发性崩溃最为明显，这种情况表明方格网络在自我恢复和适应方面较差（图 8.5）。由此看来，方格网格吸收负载能力较强，扰动前期抵抗拥堵传播。

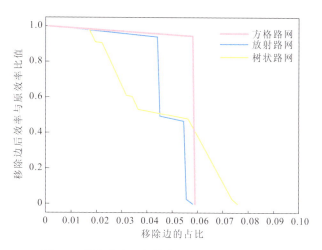

图 8.5　蓄意攻击下方格路网网络全局效率变化

　　方格网络共经历了 4 次拥堵传播，集中于攻击后期，由于优先攻击介数较高的路段，方格网络的介数较高的路段主要集中于中心并向外依次降低，受损路段从中心开始，短时间内网络并未发生拥堵与解体。前三次拥堵传播均为小范围拥堵传播，表现出极强的吸收扰动能力，在抵御拥堵传播中表现较好，究其原因，方格网络虽然外层路段介数较低，但是由于外部介数较低路段数量较多，且方格路网连通性强，能够吸收中部受损路段负载，全程并未出现破碎化现状。最后一次拥堵发生在路段（23，29）受到攻击时，此次攻击直接导致网络全面崩溃，单条路段失效直接引发剩余 34 条路段全部失效，此时网络中所有路段负载已经到达临界值，导致突发大规模传播，并导致短时间内网络瘫痪（图 8.6）。

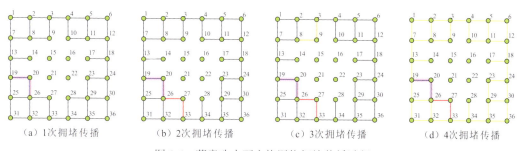

（a）1 次拥堵传播　　　（b）2 次拥堵传播　　　（c）3 次拥堵传播　　　（d）4 次拥堵传播

图 8.6　蓄意攻击下方格网络拥堵传播过程

2. 放射网络：中期适应能力强，整体韧性较差

蓄意攻击下，放射网络中部环路受损后网络瓦解形成内外组团阻断扰动传播，中期拥堵传播出现短暂减轻，扰动积累发生大面积拥堵，韧性水平较低。对放射网络全局效率曲线进行分析，放射网络在攻击前期中网络吸收扰动能力较强，网络崩溃速度整体较慢，到达临界值后网络发生全面崩溃。由图可知，放射网络整体呈现出阶段性，其中出现过两次大规模拥堵传播，且扰动中期存在缓冲过渡阶段，表明放射网络在中期具有一定的适应能力，能够暂缓扰动传播对网络形成更大的危害（图 8.7）。由此看来，放射网络中内外环路保障区域连通，扰动中期减缓拥堵传播。

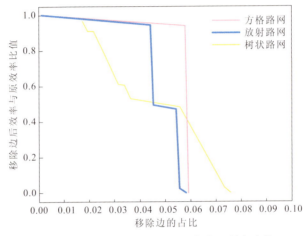

图 8.7　蓄意攻击下放射路网网络全局效率变化

放射街道网络共经历了 3 次拥堵传播，主要集中于中后期，放射街道网络中介数最大的路段从中间环路向内外递减，并且连接环路的放射路段介数小于环路，因此中部环路最先受到攻击，第一次拥堵传播发生在前期，仅剩下内环和外环两个完整环路，放射形路段和内外环路承担路网中全部负载，并维持网络的完整性。前两次拥堵传播均发生于放射路段，该路段连通内环和外环，两条放射形道路的损坏使得放射街道网络负载到达临界值，第三次受到攻击后，拥堵传播影响剩余全部路段，导致网络直接崩溃（图 8.8）。

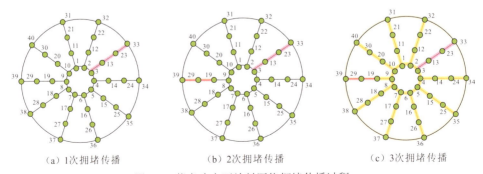

（a）1次拥堵传播　　　　　（b）2次拥堵传播　　　　　（c）3次拥堵传播

图 8.8　蓄意攻击下放射网络拥堵传播过程

3. 树状网络：中后期抵抗能力强，整体韧性较高

蓄意攻击下，树状网络快速分解形成多个组团，缩小扰动后期传播范围。树状网络按层级性结构迅速分解形成多个组团，有效阻断扰动传播，减少拥堵范围，延长网络崩溃时间，具有较高韧性。对树状网络全局效率变化进行分析，树状网络整体呈现出传播范围小、攻击时长跨度大的特点。树状网络虽然出现转折点最早，但是拥堵传播过程中路段受损速度最慢，可以看出，虽然树状网络在前期吸收干扰和抵抗拥堵传播能力方面比方格网与放射网较差，但中后期树状网络崩溃较慢，持续过程较长，其适应能力远高于后两种网络（图 8.9）。由此可见，虽然树状网络鲁棒性较差，但树状网络对于拥堵传播具有很好的适应能力，能够在显示救援恢复中争取具有更多反应时间。

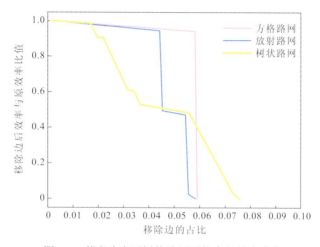

图 8.9　蓄意攻击下树状路网网络全局效率变化

树状网络共发生 10 次拥堵传播，第一次拥堵传播前，网络中仅有 5 个路段受到攻击，但由于树状网络中承担主要分支功能的干路介数最高，在网络中承担最主要的连通作用，并且主干路与次干路的受损程度决定了网络的破碎程度，因此在第一次拥堵传播前，由于主干路和次干路受到攻击，网络此时已分解为 6 个组团。随后，网络中剩余次干路受损，拥堵影响迅速传播至与其相连的剩余支路，并且由于支路的介数远小于干路，当次干路受到攻击时，局部区域瞬间崩溃。在此之后，网络破碎化更加严重，子网络间形成阻隔，网络攻击过程延长，直到所有子网络均有路段受到攻击时，树状街道网络完全失效（图 8.10）。与其他网络相比，树状网络受攻击路段占比最大，同时树状网络是拥堵传播最早发生的网络，由此看出树状网络鲁棒性较差，抵抗外来扰动能力较弱，但网络在拥堵传播中适应性较高，网络拥堵传播过程呈现出长过程、高频次、小范围的特点。

如表 8.3 所示，总结了三类网络的韧性特征，其中，方格网络在拥堵传播过程中表现出突发性、快速性、广泛性三个显著特征，突发性主要是由于方格网络连通性较好，前期攻击被吸收的同时，网络整体能够承受的扰动无限逼近临界值，一旦达到这个临界值网络将全面崩溃。这种传播机制在警示现实街道网络的拥堵治理和空间传播，强调在

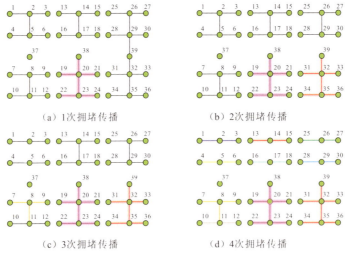

（a）1次拥堵传播　　　　　　　（b）2次拥堵传播

（c）3次拥堵传播　　　　　　　（d）4次拥堵传播

图8.10　蓄意攻击下树状网络拥堵传播过程

实际路网中要重点关注网络的临界情况，及时挖掘隐藏风险。随着攻击规模扩大，放射网络将分解多个连通子图，由于路段重要性分布的差异性，放射网络容易形成两个甚至多个小规模放射网络，因此在中期扰动传播时起到阻断作用，呈现阶段性的拥堵传播。由于树状网络自身结构的分布较为松散，连通性较低，快速的网络破碎化阻碍了拥堵的传播，降低了突发性大规模拥堵，因此树状网络拥堵传播机制不仅可用于日常拥堵传播治理，在应对各类突发事件灾害时，也可以实时监控和分析路网状态，快速识别事故影响范围，对于减少次生灾害风险且保障人民生命安全具有重要意义，同时该网络结构韧性特征对于空间的分级管制、分区管制也具有一定的启示意义。

表8.3　各类型扰动理论网络韧性特征

扰动类型	分类	方格网	放射网	树状网
随机中断	结构	规则网格	圈层式类网格结构	非均衡结构
	阶段	前期稳定性较强	中期易突变	全程抗扰性较弱
	韧性	高	较高	低
蓄意中断	结构	重要路段由中心向外递减	重要路段由中环向内外递减	重要路段由干路向支路递减
	阶段	全程性能平稳下降	中期性能突变下降	全程性能急速下降
	韧性	低	较低	极低
随机拥堵	结构	稳定结构，易形成扰动积累	环路易堵，形成大规模拥堵传播	结构易分解，阻断扰动传播
	阶段	后期大规模拥堵	后期大规模高频拥堵	全程小规模拥堵
	韧性	低	较低	较高
蓄意拥堵	结构	稳定结构，加速扰动积累	内外分解，暂时阻断扰动传播	按层级规律分解，有效阻断扰动传播
	阶段	前期稳定中期突变崩溃	前期稳定，中期适应性加强	全程适应性较强
	韧性	极低	低	高

8.2.2　武汉街道网络韧性特征

1. 网络抗扰：前期整体性能稳定，后期高频次、小规模传播

此次攻击共有 64 次拥堵传播过程，在网络受攻击初期，整体性能未发生较大改变，网络具有维持自身结构完整与功能稳定的能力；证明前期武汉市环形放射+方格的路网结构能够吸收较多扰动，保障前期性能稳定，但存在扰动积累情况，因此易发生突发式拥堵。

网络抗扰后期出现突发式下降，形成第一次且是全程规模最大的拥堵传播。表明后期发生拥堵传播次数较多，整个攻击过程较长，整体特征与树状理论网络相似，后期武汉市街道网络树枝状路段发挥作用并将街道网络进行组团划分，阻断扰动传播。从图 8.11 中可以看到，后期网络发生多次小规模拥堵传播，可见此时网络破碎化严重，子网络众多，对于阻断扰动传播起到有效遏制。

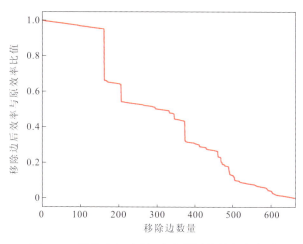

图 8.11　蓄意攻击下武汉市街道网络效率变化图

整体而言，武汉街道网络的抗扰过程中，受扰前期网络性能稳定，中后期呈现高频次、小规模、慢传播特征，"环形放射+方格"的街道布局有助于吸收扰动保证结构稳定，后期树状街道阻断扰动传播，提升了街道韧性。

2. 拥堵传播：前期吸收扰动维持稳定，后期阻断传播呈多组团分布

具体看拥堵的空间传播过程，首先，最大规模拥堵发生在长江西岸汉口区域，在此拥堵发生前武汉长江大桥、长江二桥、二七长江大桥、天兴洲长江大桥、北三环、西三环等重要道路均受到攻击，因此第一次拥堵传播区域已形成独立空间组团，但是路段数量较少，能够被内部方格路网消化（图 8.12）。

0 1.5 3　6 km　N

图例
受攻击路段
小规模拥堵区域
大规模拥堵区域

图 8.12　蓄意攻击下武汉市街道网络拥堵传播图

第二次大规模拥堵传播发生于长江东岸，武珞路、珞喻路以南区域，周边干路受攻击后形成独立空间组团，包含两次小规模拥堵；南湖片区雄楚大道拥堵路段相比江汉区、江岸区较少，转移负载在一定范围内能够消化，因此未波及光谷片区。

第三次大规模拥堵传播发生于三环线以东武汉未来科技城区域，该拥堵传播发生前，武汉未来科技城区域形成完全独立子网络，该网络为典型方格路网，符合前期理论章节中蓄意攻击下方格网络崩溃过程。

第四次大规模拥堵传播发生于汉阳区，同上面一次拥堵传播相似，该区域在发生拥堵传播前已经形成独立空间组团，且内部主要道路受到攻击，外来负载转移到内部低等级道路网中。

整体上看，蓄意攻击下，武汉市街道网络充分发挥混合式结构优势，前期利用"放射网+内部方格网"吸收扰动，维持结构稳定，后期借助树状网络即时断开区域联系，阻断扰动传播，保障各个区域内部运转正常。攻击过程中拥堵传播规模最大的四个区域分别为长江西岸汉阳、汉口区域和长江东岸武珞路、珞喻路以南区域及东边武汉未来科技城区域。在街道网络主体结构受损后，武汉市街道网络拥堵区域呈现多组团空间分布，可见目前武汉市街道网络建设中多中心格局初步显现，模块化层级化街道网络特征显著。

武汉市街道网络等级层次划分清晰，在蓄意攻击下高等级路段受损后将街道网络划分为多个空间组团，且各组团规模相当，内部可独立运行。可见，武汉市街道网络多中心格局已初步显现，且配合等级清晰的街道网络有助于抵御蓄意扰动，提升网络韧性水平。武汉市多年来多中心网络化空间格局建设成效初步显现，层级清晰模块运作的街道网络提升了武汉市街道网络整体韧性水平。综上所述，武汉市高等级易拥堵路段存在一定安全风险，同时也表明武汉市多中心格局建设成效显著，城区内形成完整独立街道组团，保障内部运行通畅。

8.3　街道网络韧性机制

从理论街道网络韧性与武汉街道网络韧性的测度对比中，总结特征规律，进一步探讨街道网络的韧性机制。理论网络间展示出了不同网络结构下的韧性优势，相互搭配有利于构建高度层级性与结构化的网络体系，提升韧性水平（Salingaros et al.，2005）；武汉街道网络中包含了以上理论网络形态，因此两者的结合下能更为清晰地从动态拥堵的阶段性变化中总结韧性机制。其中，将该阶段性变化总结为"前期—中期—后期"。

8.3.1　前期防御

街道理论网络研究发现，网络中存在少数能够导致其迅速瓦解的路段，因此对重点路段进行保护和加固能够有效抵御外来扰动，增强网络韧性。首先，对于方格路网，其路段介数由中心向外依次递减，基于这种变化规律，对于中心路段加以强化提升其抗扰能力和承载能力，能够提前预防重要路段受损带来的潜在危害，对于外围路段通过空间管制防治划分不同组团，阻断扰动传播，降低瞬时崩溃风险。其次，对于放射路网，重要路段随介数变化，由中间圈层向两侧依次递减，侧重保护中心圈层与外围环路的有效连接，防止在各种立交桥等重要节点形成拥堵源，加强自身路段鲁棒性的同时优先进行有序疏导，从而减少放射路段承载压力。最后，对于树状路网，重要路段介数分布显示出层级性变化，受扰后破碎化严重，因此对于主干路段强化其抗扰能力、降低网络短时瓦解风险，对于支路在现实中加强承载力能够及时疏解干路的分流负载，同时针对其在拥堵传播中的良好表现应在现实中继续加强，并通过借助道路层级优化、管控调控等手段最大限度降低拥堵传播。

持续优化不同网络间的耦合达到抵御外来扰动冲击的效果。方格路网搭配放射路网：方格路网重要路段分布呈现"核心—边缘"递减特征，虽结构均衡稳定，但具有较高介数的路段在实际应用中会被更高频率使用，造成过境交通不易分流，对角线交通不畅，容易造成整个网络的瘫痪；放射路网重要路段分布呈现"中环—内外环"的递减特征，易平衡流量与沟通内外，因此两者的有机结合将平衡重要路段分布，减少最短路径选在局部区域拥堵的不良影响，达到交通运输效率最大化，进一步提升抗扰能力，同时放射网络易分解特征能更好辅助空间管理，降低网络大面积崩溃风险。方格路网搭配树状路网：方格路网和环形放射路网均具有网状路网的形态特征，从韧性评估特征可以看到这两者在抵御外来扰动中表现出一定的相似性，其高连通性、高冗余度能够在中断发生时提供更多的选择，从而防止网络破碎和瘫痪；而树状网络具有等级分明的空间结构便于空间管控，因此网格式街道与树状网络的结合有助于增加网络多样性，从而提升网络整体的鲁棒性，增强抵御外来扰动的能力。

8.3.2　吸收扰动

首先，对前期街道负载进行有序吸收转移，降低扰动向周边积累，可以在扰动发生初期，及时隔绝障碍路段与邻接路段的传播，待扰动修复时再次恢复路段通行。扰动传播后期对剩余网络进行组团划分阻断扰动传播，通过交通管控，将区域划分为组团保障局部区域正常运转；对于不同类型的路网，放射网：①针对拥堵发生初期，增强放射路段负载承受力，有效疏导环路负载，降低因放射路崩溃造成的全局瘫痪；②针对拥堵发生后，及时做好放射路段的阻隔，保障内外环路拥堵独立传播，同时优化环路负载转移，减少在重要连接节点形成拥堵。树状网：①针对扰动初期，树状网支路较多且自身容量较小，不能及时有效疏导干路流量，此种情况可选择性增大支路容量从而减少网络破碎；②针对全局拥堵传播，障碍源上下一级的干路成为阻隔传播、保障局部环境正常运行的重要路段，因此管理好树状网络不同层级中干路的连接与断开，能够迅速降低扰动传播为全域带来的风险。

其次，建设替代路径启动冗余备份。路径选择多样性也可以理解为是否具有足够的替代路径，即预先从结构层面考虑并设计添加备份路径，在关键路段失效时，保障网络连通并降低出行绕行成本。方格网和放射网均具有强大的连通性能，因此在部分关键路段发生中断时，整个网络连通程度并未受到较大影响，出行过程中有多种路径可供选择。而树状网络的替代路径存在与否直接影响了整个网络的运行效率和连通程度，可以在树状街道网络中注重备份路径的设计；路段容量冗余是指网络中单条路段容量越高，能够承受的外来负载就越多，在受到扰动时失效的概率也越小，这类路段需要具备以下特征：在网络中本身承担重要任务的关键路段；与关键性路段相连，并能够积极将外来负载向外分流的路段；适当增大以上路段的容量能够有效在网络受到扰动时降低网络崩溃的风险，同时减少资源浪费；网络中部分极易随关键路段失效而失效的路段，称之为"冗余"路段，具有连通性低、自身容量小的特征，此类路段需要及时清除，以达到优化网络拓扑的效果。

此外，还可通过交通需求匹配，实现交通供需平衡，降低交通拥堵。通过优化拓扑结构和功能结构，使街道形成的物理网络和人口出行形成的需求网络相互匹配，形成有效配流，并从两方面适应出行需求：一是提升最短路径容量，增强网络承受外来扰动的能力；二是引导出行需求网络变化，以等级划分、限速等形式吸引出行者选择时间成本更低的路段，而非物理层面的最短路径。网状街道网络可通过改变介数较低路段的等级或限制介数较高路段的速度，达到负载转移的目的，从而使出行网络与物理网络相匹配。需注意的是，虽然可以通过增加路段容量来匹配需求网络，但是对于网格形路网而言，一味地增加路面宽度不仅无法解决拥堵问题，还会使网络中心的空间越发局限，对人居环境产生极大影响；树状网络由于自身连通性能不如网状街道网络，主干路承担了最主要的连通任务，提升支路等级、增加容量并不能解决出行需求问题，因此还需要通过改善拓扑结构，强化与不同网络的组合，从而提升自身的连通度，缓解等级较高干路的交通压力，使物理网络与出行网络相适配。

8.3.3　灾后恢复

优先恢复最大空间组团，针对性地恢复破碎化组团的连通性，以最短时间满足最大出行需求。在恢复过程中需要考虑以下几点：首先，优先恢复正常区域周边的路段，远离正常区域的路段在恢复网络整体连通性时需要付出更大代价，因此在恢复过程中本着由近及远的原则，逐步恢复网络的整体连通；其次，在恢复过程中需要确保所恢复的路段能够对网络韧性、运行效率、连通性起到重要作用，能够以最快方式串联起不同区域，避免出现恢复路段未提升对网络韧性的同时出现资源浪费等情况；最后，正常区域周边待恢复的路段往往很多，需要从中找出最能够提升网络韧性的路段进行优先恢复，这样可以确保在关键时刻能够以最少的时间、人力、资源为代价，保障网络正常运行。

蓄意攻击往往采用最快捷的方式击溃网络，如攻击街道网络中的干路，甚至重要的立交桥等，以造成短时间内网络分解，因此按照攻击意图进行组团恢复。蓄意破坏可能还会根据不同的重要性从破坏目的出发，如破坏路段或节点的度中心性能够造成短时间内路段最大程度损坏，而如果意图对城市中公共场所、重要设施进行短时破坏，往往会从路段的接近中心性出发。如图 8.13 从网络的度中心性出发对网络进行攻击，会在短时间内造成网络的破碎，且各个子网络规模较小，网络效率与网络连通性直线下降。在这种情况下，考虑网络整体效率的短时提升，需要从破坏手段出发，找到最重要的节点和路段，进行一一恢复，尽可能以最少的代价满足网络韧性的快速提升。

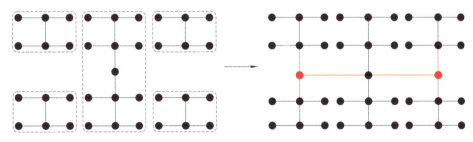

图 8.13　蓄意攻击下最大空间组团恢复过程

面对局部破坏，及时找到关键性路段，辅以正确的恢复顺序可短时间提升网络效率（图 8.14）。基于重要性的顺序恢复，以方格街道网络为例，在图 8.14（a）中红色为受攻击路段，蓝色为待恢复路段，图 8.14（c）中 c1 到 c3 演示了按照外围恢复策略进行网络恢复的过程，首先，c1 蓝色路段是与网络主体结构相邻但已经被损坏的路段，红色节点为此刻受损区域中最重要节点，承担了重要的交通转换分流作用，因此第一步应恢复其周边的路段 m1 和 m2，下一步更新外围蓝色路段，并查看此时网络中最重要节点，然后恢复这些重要节点周边的蓝色路段，以此类推，直至网络全部恢复。基于重要性的恢复，该恢复方法不再考虑由内而外的恢复顺序，而是仅对受损区域中交通节点的重要性进行排序，优先修复最重要交通节点周边的路段，并将该节点连接至未受损主体街道网络中，该方法充分考虑出行需求，优先连通最重要的路径，但是由于恢复顺序较为混乱，需要配合更加精细的管理制度。如图 8.14（d）中 d1 到 d4 描述了该恢复过程，首先在 d1 中寻找最重要的交通节点，根据提前设置好的权重选择图中节点 n1 作为第一个恢复，通过路段 m3 将其连接至网络中，接下来在 d2 中寻找最重要的节点 n2，并优先用最短路径将其连接至网络，在多种方案中选择能够将多个重要节点串联的路径，因此通过 m4 和 m5 串联 n1 和 n2 两个重要节点，并以最短路径连接至整个网络。按照这样的步骤将所有孤立节点连接至网络中，直至所有路段恢复。

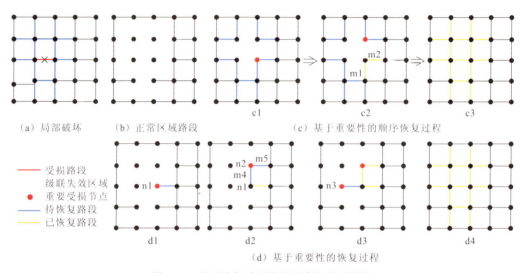

图 8.14　基于路段重要性依顺序恢复过程图

找到恢复中心展开圈层恢复。将受扰动区域转化为以一个根节点为核心、圈层式展开的结构。以方格街道网络为例，在受损网络区域选择一个根节点，在现实空间中可以根据区域的重要性和设施配置情况进行选择。选定节点后根据层级划分方式，并结合下一层级设施配置按照距离远近确定层级，由于研究中将路段简化为网络的边，并去除长度、宽度等权重要素，因此节点与节点之间的距离均为 1。首先在根节点周围划定第一个圈层，此圈层距离中心距离为 1，其次从第二圈出发，向外扩 1 个距离，划定第二个圈层，以此类推直至所有受损区域全部被划入圈层内。圈层划分结束后开始路段的恢复，图中绿色路段为第一圈层内首先被恢复的路段，12 条路段的恢复顺序可以根据路段的重要度和优先连接主体结构的原则进行恢复；第一圈层恢复后，接着为第二圈层（图中为黄色）的路段恢复，依然按照上述方法进行，直至所有圈层路段被全部恢复（图 8.15）。

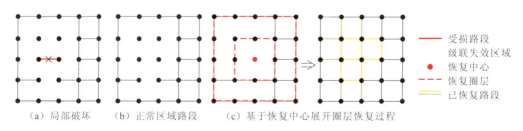

图 8.15　方格网圈层式恢复过程图

8.4 韧性提升策略

在 8.2 节理论模型网络韧性评估与武汉市中心城区的实证案例研究基础上，分阶段总结网络韧性特征，抓住街道网络韧性机制，深挖内在规律。如图 8.16 韧性提升策略框架所示，本节以防御、吸收、恢复三方面为根本性策略，相应提出加强监测预警、优化网络联通、增强空间韧性的具体实施手段与目标，并结合武汉市城市规划、政策及城市管控要求，对武汉市街道网络的韧性提升提出针对性建议，为城市空间韧性提升奠定基础。

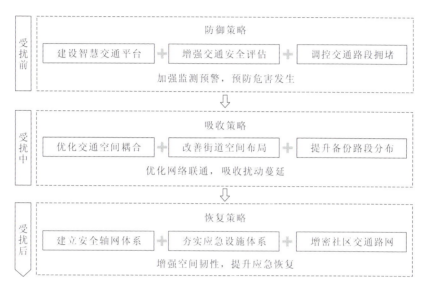

图 8.16 韧性提升策略框架

8.4.1 加强监测预警，预防危害发生

1. 建设智慧交通平台

建设城市智慧交通平台，形成交通监测、评估、预警系统降低交通事故风险，实现交通系统的智能化、高效化和可持续发展。城市智慧交通平台在应对街道中断风险中主要发挥监测作用和预警作用，通过实时监测和分析交通流量，包括车辆数量、速度、拥堵情况等，交通管理部门可以及时调整信号灯配时、优化路网布局，从而提高交通效率并减少拥堵。智慧交通平台还可以对交通拥堵进行监测和预测，通过提供实时的交通安全提示和警示，并及时采取相应的措施，如调整交通信号、提供拥堵绕行建议等，以缓解拥堵状况，提高交通流动性。针对武汉市而言，武汉市交通事故成因多为以下 4 种（易丹 等，2019）：①驾驶人员违反交规；②突发事故处理不当；③安防设施不完善；④天气原因。目前数字智慧系统不断被运用到城市交通领域，为了提升武汉市街道网络韧性，

急需要加快建立以城市信息模型（city information modeling，CIM）为基础的智慧交通信息平台，针对以上交通事故易发原因，该平台可以对多元信息进行整合，为道路系统运行提供更加全面的检测、评估和预警。

监测方面，从行为监测、物理监测、事件监测全方面汇总网络脆弱信息。利用现代技术和智能交通系统来监测交通状况、实时调整路线和提供交通信息，有助于驾驶员和交通管理人员更好地应对突发事件，减少中断风险。对于行为监测，进一步完善武汉市交通监测系统，实现道路、桥梁、隧道等设施的全覆盖，及时收集交通违规、交通事故、道路故障等信息，进行实时捕捉实时反馈。对于物理监测，进一步结合交通传感器，形成路面、桥梁安全性能监测，如道路称重传感器、道路结冰传感器，检测路段物理系统安全情况。对于事件监测，及时整合天气信息、武汉市大型集会信息、节假日出行信息、道路封控信息等容易造成交通拥堵的事件信息，及时进行平台播报和预告。

预警方面，明确预警指标，分类预警对象，划分警情等级，提供实时预警信息。首先，明确预警指标，如街道网络的连通性、鲁棒性、多样性、冗余性，实时交通中的拥堵程度、道路饱和度，设施安全状况方面的路段承压等级、路面结冰率等，从影响街道韧性的关键性指标出发研究合理阈值，当超过阈值时进行第一时间预警。其次，对不同对象发出针对性预警信息，如交通拥堵预警中居民方接到的预警信息除了拥堵路段、拥堵程度，还需根据后台数据提供更好的出行选择。最后，预警信息发布需要面向全部市民，通过广播、电子设备、电视等多个渠道实施信息发布。

2. 增强交通安全评估

构建交通安全评估体系，以街道仿真评估、交通系统与相关系统耦合评估掌握城市交通运转规律，并结合城市 CIM 平台建设更为全面地进行路段安全评估。首先，优先构建数字孪生街道网络模型，将街道网络物理层面的属性、功能、结构映射到虚拟信息层面，结合前面提到的检测信息形成全新街道信息系统。其次，结合街道信息系统对以下三个方面展开定期评估。①街道层面仿真评估，通过通勤时段拥堵仿真、事故多发地段运行仿真、恶劣天气出行仿真、社区层面出行轨迹仿真等不同层面的街道仿真评估，预测现实街道运行状态，从而预先做出调整。②从高介数路段、易拥堵路段、综合性关键路段三个角度出发，筛选武汉市街道网络中重要路段，为之后的保护提升提供参考借鉴。③评估交通系统与绿地组织、土地利用、功能布局等城市子系统的交互情况，掌握城市运转规律并做出调控，实现交通系统韧性提升。

针对武汉市而言，首先，根据介数分布确定网络拓扑结构层面的重要路段。高介数路段在网络中具有重要的地位，在日常出行中会被优先选择，对于整体网络的正常运行具有重要意义，因此需要从路段介数出发进行关键路段保护。武汉市高介数路段主要为各长江大桥、二环线、三环线、四环线、环东湖路段、琴台大道等级较高的路段，并根据介数排名列出武汉市排名前 20 的高介数路段，这些路段需要在日后的街道网络韧性提升中进行优先保护，并不断优化规划设计，提升网络拓扑结构的鲁棒性。

其次，参考路况信息确定网络运行中易拥堵路段。武汉市易拥堵路段主要集中于发展大道、解放大道、雄楚大道周边，综合高介数路段和易拥堵路段进行加权叠加选出综合性关键路段。这类路段同时具备了高介数和易拥堵特性，路段的安全运行与否直接影响到网络韧性水平高低，对武汉市街道网络韧性具有重要意义。如图 8.17，此类路段多分布于二环线、三环线、各长江大桥之间，其中武汉长江大桥、琴台大道、发展大道、水果湖隧道四条大道集中了多条关键性路段，成为武汉市街道网络韧性提升中最需要关注的道路，同时需要额外关注二环线、三环线中各立交桥，如梅家山立交、光谷大道立交、国博大道与二环线交叉口立交等，此外武汉市重要交通枢纽如武汉火车站、汉口火车站周边路段由于人流聚集较强，也是需要额外关注的关键性节点。

图 8.17　武汉市街道网络道路拥堵程度分布图

3. 调控交通路段拥堵

调控交通路段拥堵，分为交通限行禁行、交通行为诱导、空间资源挖掘三方面，从根本上满足城市通勤高峰时期供需平衡，并在突发事件扰动发生初期能尽快有序疏解拥堵，不为级联失效的发生创造可能。

诱导交通出行以全局调控实现供需平衡。街道网络中会发生各种突发事件，有些可以通过智慧平台进行模拟、预测并提前预知，如天气预报、日常路况预测等，但有部分事件不可预知，如交通事故、路面受损等，当不可预知事件发生时会在短时间造成小范围路段拥堵，此时该路段需求者和附近需求者继续涌入，则会增加扰动危害甚至发生扰动传播。因此，此时的行为诱导成为破解当下局面的重要出路。交通行为诱导主要针对道路使用者进行诱导，以尽快疏解拥堵并减少使用者在路上耗费的时间。配合智慧交通平台在扰动发生第一时间上报事故信息，并及时通过平台对局部范围内使用者进行扰动时间和周边路况告知，引导使用者转移至周边路段。

针对武汉市而言，首先，在武汉市街道网络空间中存在部分重要交叉口和交通枢纽，如白云路武汉站、梅家山立交桥、尤李立交、三环线与关山大道交叉口、墨水湖立交、中山路大东门立交、三环线光谷大道高架、三环线庙山立交、国博大道二环线交叉口、黄埔大街立交，这些节点的崩溃会引发大面积网络瘫痪，因此需注意此类节点交通灯控制，可配合人工智能技术，以自适应控制方式动态化改变交通配时，平衡重要节点供需平衡。其次，设置可变车道，借助流量较低路段进行分流，针对武汉市街道网络中发展大道、建设大道、解放大道、雄楚大道等易拥堵路段，在车流量过大时，根据实时交通流量对重点路段进行可变车道设置，并结合电子显示屏、交通标志、交通标线等方式，打破固定行驶方向的局限，缓解局部区域交通流量的分布过载。

8.4.2　优化网络联通，吸收扰动蔓延

1. 优化交通-空间耦合

交通空间布局需要与城市土地利用进行良好的耦合以实现网络的良好联通。城市土地布局的结构决定了交通需求量（何舟 等，2014），经过多年研究探索和城市实践，多中心结构的建设将成为解决交通拥堵、降低通勤时耗、提升空间韧性的重要路径（丁亮 等，2021；李峰清 等，2017）。在城市建设中，多中心结构的建设有助于降低组团街道网络规模。此时，组团网络的规模远小于单一网络规模，某个组团受到扰动后能够在短时间内有效修复组团内的街道网络，同时，多中心结构能降低扰动传播，最大程度减少扰动带来的危害。结合用地布局的多样化、居住-就业的平衡，形成城市多个组团的相对独立和耦合发展，有效降低街道网络使用需求，减缓交通拥堵。

针对武汉市而言，应完善对应副中心的街道网络空间耦合（图 8.18），其中 6 个副中心均位于主城区边缘，相比中央核心区，其街道密度和分级有待完善，各城市副中心的发展现状及与交通耦合主要方式如表 8.4。谌家矶作为长江新城起步区，用地以工业、物流为主，在交通建设中应充分发挥其现有的立体交通优势，增强各区域之间的连通性；江汉湾、四新副中心作为生态宜居新城，相比其他区域街道网络建设存在密度低、分级分类不完善等问题，在商业居住并重发展的同时需要加强绿色公共交通建设，发展多式联运系统；杨春湖、鲁巷副中心受自然地理因素阻隔，街道网络空间不足，受扰动后易破碎，并且其发展强调集聚服务功能，注重生态环境建设，在后期建设中需要着重提升局部区域街道鲁棒性，加强路段抗扰性，推动产城深度融合，并针对河湖水系增强防洪能力；南湖副中心作为武汉的大学之城，该区域居住人口众多，周边涵盖多所学校，属于典型的人口驱动型副城，该区域的街道承担了重要的通勤功能，使雄楚大道成为武汉市最堵的道路之一，需要着重强调优化该区域用地布局，提升职住平衡，减轻道路通勤压力，同时针对南湖水域对街道网络的影响，应从完善路网结构和强化洪涝抵御两方面出发，完善内部方格网街道网络建设，建设海绵城市道路。

图 8.18 武汉市城市副中心分布

表 8.4 各城市副中心发展现状与交通耦合方式

城市副中心	功能定位	用地现状	与交通耦合方式
谌家矶	长江新城起步区	工业、物流为主	发挥立体交通优势，提升区域联动效能
江汉湾	长江经济带绿色发展示范区	商业、居住和绿地为主	提升公共交通网络，发展多式联运系统
四新	全国重要会展中心	居住、服务功能为主	加强轨道交通建设，推广绿色出行模式
杨春湖	交通枢纽型城市综合服务中心	交通枢纽、商业办公为主	构建高效交通体系，加强周边区域联系
鲁巷	武汉科教服务区	居住、教育科研为主	构建综合交通网络，优化公共交通系统
南湖	武汉创享中心	居住、教育功能为主	完善方格网道路，加快海绵城市建设

以公交导向型发展（transit oriented development，TOD）模式优化街道网络及设施布局，增强空间集约化紧凑式发展。以区域型交通枢纽为中心，以次一级交通站点为次中心，以此类推形成枢纽体系，以混合式组织方式串联起城市多功能综合体。将街道网络与城市空间融合，以枢纽站点组织空间小组团，形成 5-10-15 分钟生活圈（图 8.19），方便居民步行范围内的各项生活需求，降低道路拥堵，减少尾气污染；构建 500 m 范围内的交通站点以便居民公交出行，提升不同交通方式接驳换乘，减少私家车使用；通过模块化、多样性、高连通特征，增强街道网络对地域外来干扰的承受能力，从而提升其韧性。同时，结合交通枢纽轨道站点重要性、周边空间多样性、步行环境友好性等，综合采用紧凑式空间开发方法。

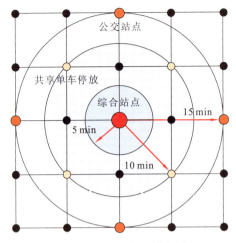

图 8.19　TOD 布局模式图

推进"道路+轨道+公交+慢行"的四网融合，构建紧凑集约立体复合型街道网络（图 8.20）。从道路交通网络、轨道交通网络、公交运行网络、慢行街道网络四方面出发，进一步做出以下提升建议：①提升各网络间的接驳换乘，通过优化多层级网络间的耦合，降低出行换乘时间与换乘距离；②持续夯实轨道网络与公交网络基础，加速全市轨道交通网络建设，提升公交网络密度；③优化公共交通网络结构，形成主次分明，结构合理的网络空间，提升公共交通网络分担率，进一步减轻道路网络压力；④梳理城市慢行交通，通过增设围栏、信号灯、标志线等方式，形成完整慢行网络空间，积极对接城市公共交通网络，化解"最后一公里"问题。

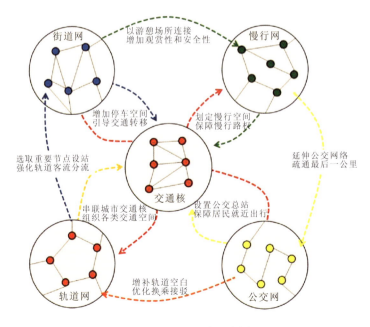

图 8.20　四网融合示意图

2. 改善街道空间布局

根据理论街道网络的结构韧性分析，从检查街道拓扑合理性、构建立体复合街道等方面，合理规划并提升街道网络韧性。在网络拓扑结构中，部分高介数路段对应到现实街道中可能属于等级较低的路段，比如次干路或支路，这类道路将成为关键道路。同样，部分低介数路段在现实街道中可能承担着较高等级职能，担任了道路网络中的重要分流任务，这类道路的路况易呈现拥堵趋势，对街道网络韧性产生严重冲击。

针对武汉市而言，由于结构间耦合配置和现实需求错位，部分路段在现实运行中的重要性同网络拓扑结构中的重要性不匹配，导致拥堵以及交通事故频发。如琴台大道、八一路为典型高介数低等级路段[图8.21（a）]，现实交通路况显示南二环雄楚大道、武珞路为武汉市拥堵情况最严重的道路，也证实了其拓扑结构的不合理性[图8.21（b）]，该类道路由于自身等级较低，存在车道窄、速度低等问题。此类道路需要在以后的规划设计中重新考虑理论与现实层面重要性的契合度。首先，通过对现有街道网络的交通流量、速度、事故发生率等关键指标进行实时监控和深入分析，识别出重要性不匹配的路段，适时调整路段连接、优化结构布局，降低因理论与现实脱节造成的结构性拥堵。其次，加强智能交通系统的建设，利用大数据、人工智能等技术实时监控交通状况，动态调整信号灯控制，优化信号配时和改善路面标识等，减少人为因素造成的交通延误。此外，为了满足紧急情况或特殊情况下的交通需求，应设计灵活的街道网络，能够在必要时快速调整道路使用策略，比如在大型活动或突发事件发生时，迅速转换部分街道为应急车道，保障救援车辆和重要人员的快速通行。

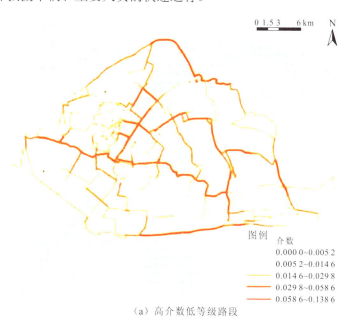

（a）高介数低等级路段

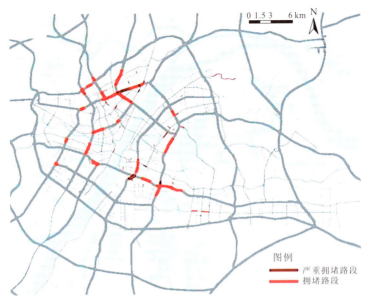

（b）低介数高等级易拥堵路段

图 8.21　高介数低等级路段及低介数高等级易拥堵路段

3. 提升备份路段分布

考虑在交通密集区域规划备份路段，以冗余特性来吸收局部扰动，提升城市交通抗中断风险的能力。备份道路的位置和规模应基于对交通流量、道路状况和人口密度进行综合评估，这些道路应具备与主要道路相连的能力，以便在突发事件中提供替代路径，备份道路的位置和规模应基于对交通流量、道路状况和人口密度进行综合评估。面对局部拥堵，通过选定备份路段或打通断头路等方式降低绕行成本，解决高峰期出行受限问题。在备份道路规划中优先考虑关键设施和重要区域的连接，如医院、消防站、警察局、重要交通枢纽等，确保这些关键设施在突发事件期间能够保持通畅，并提供必要的救援和支持。

针对武汉市而言，通过打通断头路、开放社区内部路、连通非连续性道路等方式增加备份路段（图 8.22）。武汉市中心城区的发展大道与解放大道在路段介数、路段流量、综合总要性方面均位居全市前列，但两道路之间无平行可代替道路，且内部路网组织较乱，同周边网格形路网形成鲜明对比，因此当该路段发生拥堵时，没有合适的可替代道路进行车流转移。面对这种情况，建议通过扩建、打通等方式对这些路段进行梳理和改造，增加该区域网络冗余性。存在相似问题的还有雄楚大道区域，周边分布了众多封闭式高校和湖泊水系，其中东湖南路和洪山广场成为该区域最佳备份路段，高介数路段在运行中能够有效联通不同区域。同时，目前该路段在实际通勤中会被熟悉武汉路况的人选择，因此在高峰时期可以疏通洪山路、东湖南路、卓刀泉北路，形成快速通行通道，对武珞路、雄楚大道车流进行有效分流，减轻拥堵。

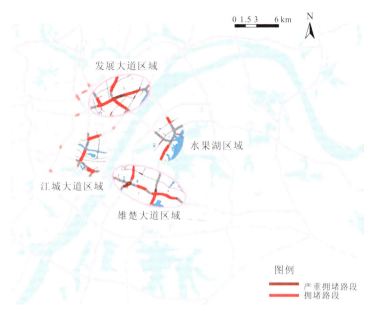

图 8.22　武汉市易拥堵路段模拟

挖掘城市存量资源扩容城县交通空间。目前造成交通出行供需不平衡主要原因是局部区域过大的出行需求和现有街道空间资源使用不充分之间的矛盾。以充分利用现有街道空间资源为主，通过挖掘城市灰色空间资源，疏通毛细血管满足社区层面居民出行需求。对于停车空间资源，首先，从现有存量空间出发，充分整合路边停车、临时车位及闲置车位，并进行数据平台统一录入、统一调配，解决高峰时期停车难问题，降低因违停造成的街道拥堵或交通事故；其次，加强停车管理，对于生活性干道严格控制路边停车时间，保障车位的循环流转使用，对于交通性干道严禁路边停车，保障路段通道，严惩严罚任何违章停车行为。

8.4.3　增强空间韧性，提升应急恢复

1. 建立安全轴网体系

以安全轴网体系划分安全区域，明晰街道网络层级分布，配合规划设计要点夯实区域安全传导基础。城市道路等级结构赋予路段不同职能和重要性，除了基本的交通运输功能外，各道路在不同空间尺度中也担负着保障城市安全的重要职能，因此基于扰动危害形成分级明确的救援疏散路线，并对沿线建筑及设施进行安全设防，从而构建安全轴网体系能，形成不同空间层级安全传导基础，在危机时刻对城市居民进行安全疏散和救援。对于关键路段而言，提升街道网络整体的韧性水平，保障生命通道的畅通，从而降低外来扰动对人民生命财产安全造成更大损失。

针对武汉市而言，武汉市主城区目前形成了内环线、二环线、三环线为主的城市放射形快速通道，针对该快速通道形成主城区一级设防救援交通体系，加强设防标准并注

意与其他廊道统筹布局，形成综合管廊保障城市内部大动脉畅通安全；根据《武汉市国土空间总体规划（2021~2035 年）》公示版内容，将主城区按照中心与副中心划分为 8 个组团，每个组团作为一个安全区域需确立区内安全轴网体系和城区间安全通道（图 8.23），其中区内安全轴网体系需要结合职能细化后的街道分类保障本城区灾时快速避难疏散、平时生产生活高效运转，城区间构建双向、双线救援疏散干道，保障安全区域之间的相互补充救援，提升城区间连通性的同时保障模块化发展。

图 8.23　武汉市安全轴网体系构建和城区间安全通道示意图

2. 夯实应急设施体系

以应急设施布局优化，从设施角度，依托轴网单元进行逐级、均衡、完备的设施配置。当街道网络受到扰动时，以任意损毁路段为救援中心形成圈层式救援网络，每一层级均分布不同受损路段，从内而外逐层修复。进一步完善应急管理机制和安全设施体系，保障任意路段及其周边空间的相关事件和人员在短时间内得到处理和安置。建立城市生活组团、社区生活圈、生活单元等多层级空间体系，分区主轴、救援疏散通道、功能性街道轴网体系，配置相关设施，保障城市受到扰动后能够就近组织救援疏散、物资输送、灾后重建等工作。依托安全轴网体系，以重要节点为中心，在不同级别道路周边设置应急设施（图 8.24），其中，对于分区救援主轴，需搭配综合性应急救援中心，担负联络全市各大组团、积极调配物资、疏散人口并保持对外通畅的重任。

针对武汉市而言，对应武汉市主城区，结合脆弱性和拥堵现状，重点加强安全区域临界地区街道网络枢纽节点，对二环线上重要枢纽节点进行加强；对于安全区域内救援疏散通道，依托内部枢纽，如综合换乘车站、公交首末站等设置救援基地，完善内环线与二环线连接处安全设施配置；对于下一级功能性街道，按照人口数量和人口特点结合

图 8.24　武汉市单元分级应急设施配置示意图

社区生活圈规划配置相应的医疗、消防、警务设施，同时结合生活圈内开敞空间设置避难空间，结合公共场所（馆）、居住小区设置流动医疗、消防、警务站点。

3. 增密社区交通路网

提升街道网络微循环，增强出行畅通度。微循环是指在街区内设置小型的交通环路，使交通能够在街区内形成闭环运行。通过合理规划和设计微循环，可以减少对主干道的依赖，提供备份路径选择，缓解突发事件对交通的中断影响。对于生活圈附近、支路密布的城市居住区和办公区，交通网络复杂、车辆类型混杂，建议设置单向交通，优化交通渠化，通过单行交通组织改善社区交通微循环，同时增强运行效率，综合提升方格网道路及其周边空间韧性水平。

针对武汉市而言，武汉市街道网络形态为环形放射加内部方格连接，环形放射大结构有利于主要交通干道高效连通全市空间，内部方格网道路网络增强空间连通性，因此针对此类已具备复合型网络特征的城市街道空间，主要针对路段交通组织管理进一步提升不同网络结构之间的耦合。首先，从单向交通组织出发，武汉市内部分布了大量方格网道路，该类网络十字路口居多，具有较强连通性，但是双向行驶易造成方格网内部交通流量混乱。同时，出入口与交叉口数量过多，易增加严重交通事故风险隐患，需考虑减少路段中出入口数量、控制转弯半径，同时优先考虑人行道系统（何舟 等，2014）。以武汉青山钢化村街社区街道为例，该街道为典型的方格网道路系统（图 8.25），但部分路段十字交叉口或丁字交叉口过多，在早晚出行高峰时段易造成拥堵。为优化该类型街道的交通网络运行结构，首先需要扩宽道路与转弯半径从而完善方格网空间，减少丁字路口带来的通行阻碍，保障干路双向通畅，并以完善交通渠化的方式，引导车辆在固定时间段内单向行驶，从而减轻早晚高峰等特殊时间段的拥堵。其次，增设自行车道和人行道，鼓励居民使用非机动交通方式。此外，增加临时停车位和服务设施，在微循环周边增加临时停车位和服务设施。

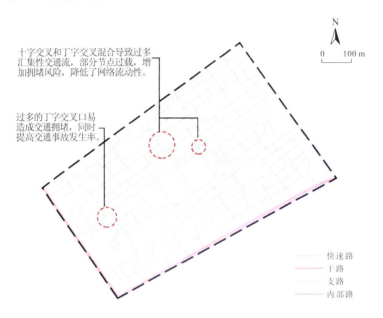

图 8.25　武汉社区街道方格网道路系统示意图

第 9 章　应对安全风险的城市生态韧性研究

在城市化进程中，城市生态韧性已逐渐成为规划学界和实践的焦点，它不仅涉及城市生态系统的健康和稳定，而且直接关系到城市居民的生命财产安全（Bush et al., 2019；Leichenko，2011）。为应对不同的生态安全风险，开展城市生态韧性研究具有重要的学术和实际意义。本章引入生态修复的韧性研究案例，通过对武汉市山地生态修复规划优先级的研究，旨在探讨城市生态系统的重建和韧性提升策略，以及在复杂的社会经济网络背景下制定有效的生态修复方案。此外，分析山地生态修复对城市安全风险的缓解，从而为城市的持续发展提供有力保障。

9.1　城市山地生态修复优先级研究概况

武汉市，作为中国中部的重要城市，近年来一项重要的生态治理任务就是处理城市山地生态问题和废旧矿山带来的环境风险。未经修复的山地区域可能产生的安全风险，如滑坡和泥石流，阻碍城市生态系统多种功能、价值的顺利发挥，不仅威胁到人类的生活安全，同时也有打破生态平衡的风险，进一步削弱了城市的生态韧性（何舸，2023；何龙斌 等，2021）。而山地生态修复作为其中的一个重要组成部分，不仅关乎生态的恢复和保护，还涉及城市的水资源管理、地质灾害防控及生物多样性的维护（肖华斌 等，2020）。通过对武汉这一具体案例的研究，更深入地揭示山地生态修复在增强城市韧性、促进城市可持续发展中的关键角色。因此，武汉市山地生态修复与城市安全风险密切相关，也是城市生态韧性研究的重要实践领域。

在长江大保护的背景下，城市滨江的破损山体和废旧矿山迎来生态修复的契机，但在城市尺度制定修复的优先级仍有待进一步研究。以识别和分级城市滨江山体修复的重点区域为目的，本研究提出一种"自然网络+社会网络"的分析法，定量评价城市山体处在绿色基础设施网络和社会经济网络中的位置。以武汉为例进行研究，运用最小平面图（minim planar graph，MPG）、最小累计阻力廊道、基于图论的可达性等手段、利用编程语言和地理信息系统对多源数据进行分析，制定出山地修复的优先级，并提出规划建议。研究旨在帮助将有限的公共资源聚焦到生态和社会效益更大的关键区域。

对相关问题的追溯和研讨可以深入了解如何在城市尺度上制定科学、合理的修复优先级（Dong et al., 2024）。从城市韧性的视角来看，山地生态修复规划优先级的问题不仅需要综合考虑自然生态因素，也需要考虑社会经济网络的作用和影响。本章提出的"自然网络+社会网络"的分析法为此提供了一种新的视角和方法，可以更深入地揭示山地生态修复在增强城市韧性、促进城市可持续发展中的关键角色。也可为其他城市面对相似的生态挑战提供经验和策略上的参考。

9.2　城市山体修复的韧性评估方法和结果

9.2.1　研究路线构建和关键问题解析

在资金、人力等公共资源有限的现实背景下，如何确保在城市山体修复规划在安全性与城市生态韧性两个关键层面高效资源配置，成为重要的实践挑战和学术难点。当前，相关的学术与应用研究主要集中在以下几个方面：①识别并量化对修复优先级影响最为显著的生态环境和社会经济因素（Chen et al.，2022；Jellinek et al.，2019）；②在涉及多因素、高复杂的任务情境下，剖析如何精准地测量这些因素并评估它们之间的关系，据此构建一个面向规划实践的评价指标体系（申佳可 等，2021）；③运用地理信息系统（GIS）和城市数据科学（urban data science）分析工具，在不同的空间尺度上进行上述重要因素的定量评估与可视化（辛儒鸿 等，2022；张岸 等，2019）。

对于影响修复优先级的环境要素，已有多项研究进行了深入探查。其中的关键因子包括待修复区域的地质稳定性、山体损害类型、附近居民区的人口数和易受影响程度及待修复区位在整个区域生态网络中的战略位置等。例如，有研究团队考虑了山体滑坡和土壤侵蚀等传统的安全风险因素，进一步在 GIS 的空间数据集成分析下，构建了一个多维度、多层次的评估模型（张岸 等，2019）。也有研究从社会网络的角度进行分析，通过大数据挖掘和模式识别，识别出社区中较易受灾害影响的群体，并建议在修复规划中对这些群体给予更多的关注和保护（Yuan et al.，2021）。

在多个因素的总体评价方面，多准则决策分析（multi-criteria decision analysis，MCDA）被广泛应用于构建综合性的决策框架（Della Spina，2019）。该分析模型不仅可以整合生态环境和社会经济因素，而且通过与空间叠加分析（spatial overlay analysis）的结合，在地理信息系统中直观地呈现出评价结果，从而更为有效地指导和促进修复工程的实施。有研究团队在该框架下引入了生态系统服务和灾害风险减缓等指标，并通过权重分配和优先级排序，给生态恢复和安全防范提供了规划建议（Fontana et al.，2013）。

现有研究从不同的角度讨论了优先级规划的理论和方法（Dong et al.，2024；Yuan et al.，2022；魏家星 等，2019）。然而，从生态安全和城市韧性的角度上说，现有研究中关于城市山体修复的完整规划逻辑仍有一定的缺失。首先，现有研究仍缺乏将生态和社会经济要素有效耦合。这一不足可能导致生态修复规划在实施时出现失衡。例如，在修复过程中过度注重生态功能而忽视了相关项目对当地经济活动和居民生活的影响。或者反过来，过于注重生态项目的游憩等功能可能会忽略了重要生态功能的恢复。一个综合考虑的山体修复规划应当同时考虑这两个方面，以实现长期的稳定和韧性。其次，在常用的多准则决策分析（MCDA）中，现有研究通常涉及人为设定不同因素的权重，这不可避免地引入了主观偏见，并可能影响最终的优先级排序（Stewart et al.，2016）。更为严谨的方法应该包括基于数据或可复现的方法进行权重校准，或者尝试使用人为影响因素较少的决策模型来应对不确定性。最后，现有研究在评价一个特定空间区位的优先级时，往往仅仅集中于这个区位本身各项条件的叠加。例如，相关研究通常会侧重考察某个特定空间区位的地质稳定性、生态价值和社会需求，并将它们进行纵向叠加，但是往往忽视了这个区位与其周边区位的横向关系。这样的方法忽视了空间关联性对于生态和社会系统复杂性的影响，从而可能导致优先级的误判。

综上所述，从生态安全和城市韧性的维度来看，城市山体修复的现有规划研究尚需一个综合性的评估与决策框架，该框架应该具备对自然灾害风险、生态系统的长期健康性及与之密切相关的社会经济影响等多个层面的综合考虑能力。解决这些问题将有助于构建一个更加全面、韧性更强的城市山体修复规划框架。本章的研究目的是构建一个系统的城市山体生态修复规划优先级分析框架，以有效地将有限的公共资源聚焦到生态和社会效益更大的关键区域，助力韧性城市的构建。为实现这一主要目的，本节研究分为两个子目标。

（1）量化城市山体修复所需考虑自然生态系统和社会生态系统。在现有研究的基础上，拓展多维度的景观功能分析，并运用图论中网络分析的方法考察周边区域的相互影响情况。

（2）深入分析生态系统和社会系统的耦合状态，构建一个综合性的空间评价体系。该体系将量化评估待修复区域在绿色基础设施网络和社会经济网络中的位置，并以武汉为例，制定山体修复的优先级和具体规划建议。本研究帮助决策者和相关利益方更有效地管理和分配资源，实现可持续的生态和社会效益。

9.2.2 研究过程

为了实现分析和制定生态修复优先级的综合目标，本研究将采用图论作为两大网络——"自然生态网络"和"社会经济网络"的分析框架（图 9.1）。在自然环境生态安全方面，我们将使用图论来量化和评估景观连通性，以明确哪些区域在生态修复中起着关键作用，同时也有助于提升城市的韧性和安全性。在社会经济网络方面，图论的应用将集中在人口和资源的可达性分析，尤其是那些与市民日常生活和城市安全密切相关的社会经济因素（Sayles et al.，2019）。两个网络将采用各自独立但互补的分析方法和评价机制，以捕捉生态和社会层面的复杂性和多维度性。具体的分析和评价方法将在后续章节进行详细介绍。

最终，我们将整合这两个网络的评价结果，并运用多准则决策分析法作为数据融合的工具。这个方法是基于不同规划场景和目标的，旨在生成一个综合的优先级指数。该指数将帮助决策者更有效地分配有限的资源，以实现最大的生态、社会和城市韧性收益。

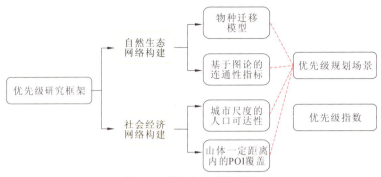

图 9.1　研究总技术路线图

1. 自然网络"优先级分析"分析

"自然网络"优先级的分析首先需要以图论构建武汉市滨水区域的栖息地网络。图论是研究一个系统中各要素相互关系的理论，关注要素节点、连边、集群、网络等相互依存的抽象模型，成为量化事物间关系的通用理论工具。经过多年的发展，图论已被广泛运用于自然科学和社会科学研究。在景观生态学和规划领域，图论通常被运用于研究栖息地网络的连通性和破碎度，模拟生态系统的物质循环和能量流，分析动物迁徙廊道，以及构建基础设施网络（Li et al.，2023a；Petsas et al.，2021）。

本节使用多源生态数据用于研究武汉市滨江区域的蓝绿网络。构建源地和阻力面既考虑土地利用状况，也区分同类土地利用中实际的植物绿量，并考虑其他生态学指标等。使用数据包括高精度卫星解译土地覆盖分类数据（ESRI-2020-10m）、年均综合植被指数NDVI（MODIS 归一化植被指数系数产品）、高精度卫星影像数据（Sentinel-2）、《武汉市山体修复名录》资料等（图 9.2）。研究将参考同类研究和文献，使用梯度分析法测试一系列的连通性参数，用以调查不同指示物种迁徙的可能性。生态网络的结果将在权衡后以最小平面图（MPG）的形式呈现。研究将使用编程语言和地理信息系统软件来完成分析，以实现数据处理标准化和可复现性。

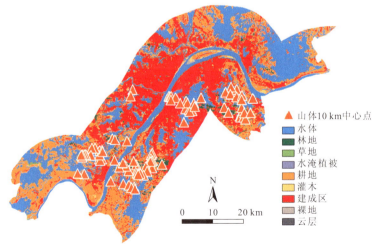

图 9.2　待修复山体在网络中的位置分布图

"自然网络"构建完毕后，将使用指标法和物种分布模型两种方法研究待修复山体处在网络中的相对重要性。指标法是通过指标量化自然网络的节点属性，或者量化连结节点的边之间的属性。量化的指标可包括通量指数（flux）、介数中心性指数（betweenness centrality index）、近邻数（degree of nodes）等局部指标（Pascual-Hortal and Saura，2007）。另外，也可通过全局指标的改变值来分析相对重要性。原理为依次假设某个节点要素发生改变或损毁，分别计算整个系统的连通性指标改变值。其中，通量指数共同反距离加权计算了栖息地节点在网络中的重要性，公式如下：

$$F_i = \sum_{j=0}^{n} a_j^{\beta} e^{-\alpha d_{ij}}$$

式中，F_i 为节点 i 的通量指数，j 为任意一个与 i 在网络中相连的节点；n 为个数；d_{ij} 为节点之间沿网络的距离，α 和 β 为条件参数。

物种分布模型法（species distribution modelling，SDM）则是模拟物种在自然网络中扩散的情况。在生态网络的最小平面图网络中，量化每个区域承载的源地间最小阻力的迁移路径。SDM 可以更好地补充指标法，因为它的结果可以描述连续的空间，而不仅仅被限定在抽象的图网本身，更易于实践者理解参考。

2. "社会网络"优先级分析

本节在社会经济网络的构建过程中采用了一套相互补充的方法和指标，旨在从社会流动的角度理解一个区域的相对重要性。与生态网络不同，社会经济网络主要侧重于描述人群活动和社会经济的频度和强度。因此，在社会经济网络的评价体系下，一个地方的重要性通常与其活动的频率、经济活力和城市活力成正比。在本节中，社会网络的"网络"将构建在城市道路网络上。城市道路网络是社会活动和经济交流的主要载体，直接影响到人们对商业、文娱和其他社会服务的可达性。

本研究关注商业服务设施的覆盖，并使用商业服务设施关注点（point of interest，POI）进行区域统计[图 9.3（a）]。通过定量分析各类型商业服务设施在空间上的分布特点，对不同区域的城市功能和居民消费习惯进行深入分析，从而更准确地理解一个地区的城市活力。显然 POI 数据的分类众多，但并不是每一类都与本章的研究目的相关，因此研究仅选取商超类、餐饮类、服务设施类等商业服务类设施进行社会经济网络分析。选取的主要原因是这些商业服务设施直接面向大众消费者，其种类和密度可以衡量一个区域的物品供应和消费能力，可作为衡量地区经济韧性和人群生活质量的重要指标。

最后，为了量化不同区位点的空间可达性，研究使用了基于反距离权重的人口可达性计算方法[图 9.3（b）]。可达性反映了所研究的空间点位对于城市人口的交通便捷程度。高可达性的区域通常意味着更强的社会网络连接，有机会连接更多的社会人口并有潜力提升他们的生活质量。研究对每个待修复山体使用了基于反距离权重的人口可达性计算，公式如下：

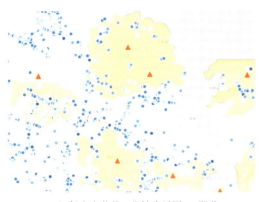 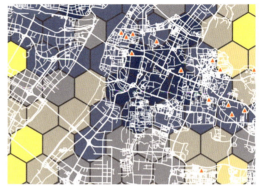

（a）每座山体的15分钟生活圈POI覆盖　　　　（b）人口网格到每座山体的复合可达性分布

图 9.3　山体周边的 POI 覆盖范围及可达性评价图

$$\mathrm{PROX}_i = \sum_{j=1}^{n} \frac{\mathrm{pop}_j}{\mathrm{dist}_{ji}^2}$$

式中：PROX_i 为城市山体 i 的可达人口指数；pop_j 为人口统计网格 j 的人口数；dist_{ji} 为各山体与各人口网格中心点的道路距离。

综合以上，通过构建和评估社会经济网络，本研究旨在提供一个深入的视角量化待修复山体在城市社会经济韧性中的位置，以帮助决策者从社会经济安全风险的维度理解城市生态修复项目。特别是在特大城市的市域范围内进行生态修复，需要考虑生态可持续性和社会经济需求的平衡。

3. 两套网络融合：基于规划场景的优先级研究

在分别计算得出自然网络和社会网络的数值结果后，研究首先将使用主成分分析（principal components analysis，PCA）对数据进行降维，提取出前两大主成分，并查看两大主成分分别是哪些变量主导。

然后根据规划愿景（planning scenarios）对两大主成分进行加权组合。如"生态优先""均衡发展""社会经济优先"等。每种场景的权重不同，因此优先级的识别结果也不同。基于综合评价结果提出规划建议。

9.2.3　韧性评估结果

以城市山体生态修复的优先级规划作为实践任务，本节运用空间数据驱动的研究方法，深入探讨了城市生态系统的修复重建和韧性提升策略，以及如何在复杂的"自然生态-社会经济"网络背景下制定优先级方案以收获多元价值。在调研和评估武汉市滨江区域的待修复山体后，本研究首先运用图论和多源生态数据成功构建了市域尺度的生态网络，并用最小平面图（MPG）的图论模型来展现。这种方法的优点在于能直观地反映出生态网络中节点和边的重要性，并分析待修复山体在城市"山水林田湖草"整体生态网络中的相对重要性。整体来说，在构建武汉生态网络时，研究发现位于江夏区的待修复山体，以及位于青菱湖、黄家湖、东湖周边的待修复山体表现出较高的通量指数（flux）和介数中心性指数（图 9.4）。这些指标不仅反映这些重要节点在维持区域生态连通性方面的关键角色，而且意味着它们是动物迁徙和物质能量基因传播的重要廊道。除了这些核心节点，研究也识别出了中等程度的生态网络节点，如由小溪、池塘、公园绿地等生态斑块构成的城市生境。这些次要节点，在维护生物多样性和生态系统服务方面也是其不可或缺的角色。其周边的待修复山体在生态网络中同样占有不可忽视的作用。

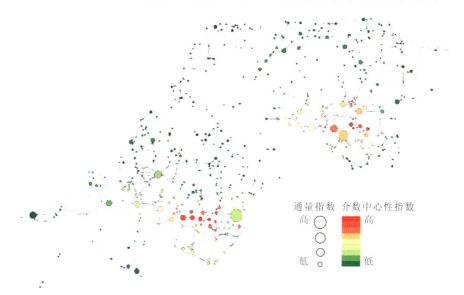

图 9.4　构建"生态网络"分析区域生态连通性的频度和强度

在社会经济网络方面，本研究采用了城市道路网络和多种类型的商业服务设施兴趣点（POI）数据。这些数据源被整合到一个高精度的城市道路交通网络模型中，旨在捕捉城市内部的社会经济动态。结果显示（图 9.5），在武昌区和江岸区附近的待修复山体具有较高的可达性。这不仅体现在这些区域人口稠密、交通便利，也展现出这些区域具有丰富且密集的商业服务设施 POI，比如购物中心、超市、餐饮等，文娱设施如电影院、体育场等。这些高活跃度的社会节点通常是城市的经济和文化热点区域。位于这些区域的城市山体或者其他生态资源有更大的潜力发挥游憩、观景、文化营造等价值。因此，在考虑生态修复或者资源再分配时，需要考虑这些地区（主要社会节点）在社会网络中的地位和影响力。除此之外，本研究还进一步识别出了代表次要社会节点的待修复山体。这些山体通常具有中等程度的人口可达性及商业服务设施覆盖，但如果把修复后的城市山体视为一种景观资源，这些山体对于促进资源分配的公平性方面具有积极作用，也有潜力服务不同区位的居民。

关于生态网络与社会网络间的关系，本节研究围绕斑块面积（area）、平均连通度（mean connectivity）、最大连通度（max connectivity）、人口总数（acc）、15 分钟步行圈所覆盖人口总数（pop 15 min）、POI 商业服务设施数量等指标，进一步通过相关矩阵进

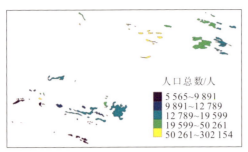

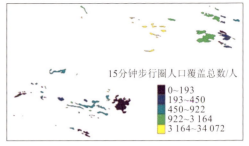

（a）城市尺度下考虑人口分布可达性 （b）15分钟生活圈覆盖人口

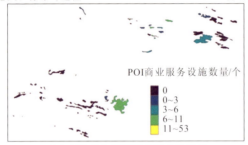

（c）15分钟生活圈覆盖商业设施点

图 9.5 构建"社会网络"分析社会经济层面的联系程度

行了更加全面的考量。通过相关矩阵发现，待修复山体的生态网络指标与社会网络间的
关系存在多种可解读的模式（图 9.6）。具体而言，生态网络中的斑块面积与多数社会网
络指标之间的关联较弱，意味着大面积的城市生境并没有都靠近人口密集的区域。"平均
连通度"与"最大连通度"之间的关联达到了较为显著的 0.993，显示了这些区域在生

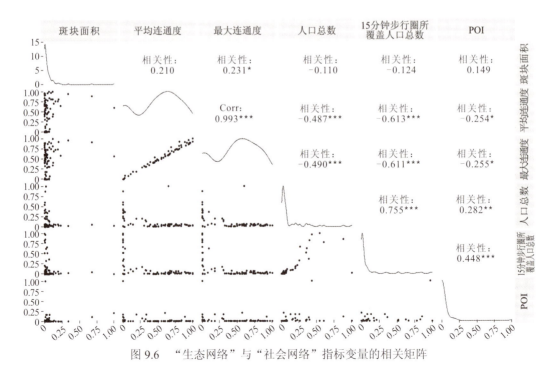

图 9.6 "生态网络"与"社会网络"指标变量的相关矩阵

态结构上的重要性和一致性。此外，社会网络中的两个指标"15 分钟步行圈所覆盖人口总数"与"兴趣点数量"，与生态网络指标表现出了相似的相关性。例如，待修复山体的"15 分钟步行圈所覆盖的人口总数"与"最大连通度"的相关性为-0.611，而与"平均连通度"的相关性为-0.613，都可能意味着在步行可达的区域内，人口密度越高，其生态网络的连通度可能越低。

基于以上的相关性分析，并对这些变量进行主成分分析（PCA），意在减少数据的维度并增强研究的解释度，更简洁并易于解释地揭示变量之间的潜在关系。从 PCA 的结果（图 9.7）来看，两个主成分对数据解释力较好。第一主成分与最大连通度、平均连通度、15 分钟步行圈所覆盖的人口总数等变量呈正相关。而第二主成分主要受生境斑块面积和 POI 商业服务设施数量的正向影响，与其他变量的关联性相对较低。概括地说，第一主成分代表了"网络连通性与人口流动性"，第二主成分代表了"生境大小和商业活跃度"。

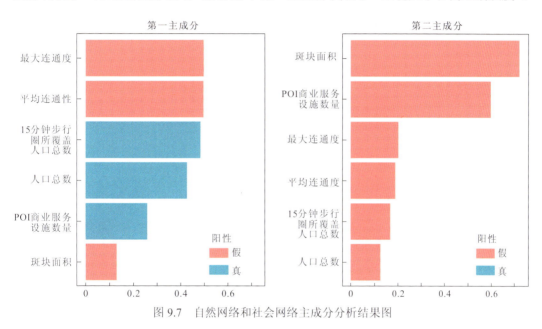

图 9.7　自然网络和社会网络主成分分析结果图

最后，针对不同的规划场景，本研究进行了更为复杂和详细的加权组合分析。在"生态优先"的场景下，特别关注了那些具有高生态价值但社会经济价值相对较低的区域。这些地区被认为是生态恢复和保护的最佳候选地。与此同时，在"均衡发展"和"社会经济优先"的规划场景中，本研究采用了一种多目标优化方法，旨在在生态保护和社会经济发展之间找到一个最佳平衡点。根据分析结果，"生态网络"和"社会网络"不同权重的加权组合展示了不同发展愿景下山体修复优先级的变化（图 9.8）。"生态优先发展"情景（a）倾向考虑生态网络的构建；而"社会经济优先"情景（c）中，修复优先级向人口密集、商业活动频繁的区域倾斜，以更好地满足城市居民的生活和经济需求；均衡发展（b）则处于中间状态。结果显示，尽管不同愿景下的优先级结果有差异，但有一些关键区域均被识别出，这些场所可作为基础性推荐修复选址。在此基础上，可进行

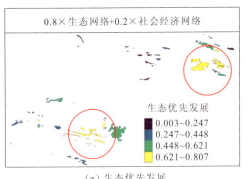
（a）生态优先发展

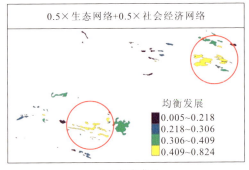
（b）均衡发展

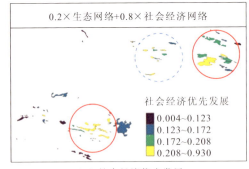
（c）社会经济优先发展

图 9.8 不同发展情景下的山体修复优先级评估结果

更详细的分类规划措施。基于分析结果，9.3 节将更详细地介绍山体修复分类及韧性提升策略。

通过这样一套全面而复杂的评估工具和方法，本研究不仅为决策者提供了一个更加细致和全面的分析框架，同时也为实现生态、社会和经济多方共赢提供了强有力的数据支持。这些工具和数据综合应用于空间分析、社会经济数据解析和生态学研究，有助于决策者更高效、更公平地分配有限的资源，从而实现城市韧性的最大化。这种综合和多角度的方法不仅能更好地应对不同规划场景和未来可能的挑战，还为其他城市提供了可借鉴的范例。

9.3 城市山体修复的韧性提升策略

研究城市山体修复的优先级对提升城市生态系统韧性和城市安全具有重要意义。在长江大保护的背景下，面对气候变化和人为活动带来的多重压力和风险，城市与山体的相互依赖性日益凸显，也迫切需要从系统的角度来理解生态修复活动。本研究提供了一种在市域尺度下进行山体生态修复分区和排布优先级的方法。通过蓝绿基础设施"生态-社会"相耦合的视角，不仅有助于保护自然生态系统，还能从提升城市社会经济效用的角度，增强城市系统的"社会-生态"韧性。

该研究主要包含三个创新点。首先，它使用了市域尺度的蓝绿基础设施视角，这一全新的方法更加全面和系统。其次，通过编程手段搭建分析框架，确保了分析的可复现性和可延展性。最后，本研究将生态网络和社会经济网络融合，以便提供关于如何更加高效和持久地进行山体修复的实用建议。

　　在规划策略方面，对于同时属于生态和社会网络核心区域的山体，建议优先进行生态修复和社会功能的整合，以实现双重益处（表9.1）。对于只属于生态网络或社会网络的重要节点，应根据其主要属性来量身定制修复或发展策略。例如，生态网络中的重要节点可能更侧重于生态修复，而社会网络中的重要节点则可能需要在生态保护的基础上进行适量的社会经济开发。

表9.1　山体修复分类应对的韧性规划策略

山体修复分类	主要特点	优先级评估	安全风险应对与规划策略
生态和社会双重核心区域的山体	高生态价值、高社会价值	高优先级	修复规划应均衡生态和社会价值。优先进行生态恢复，包括植被、土壤和水资源管理。同时，结合景观设计以满足城市游憩和美学需求。加强防洪、防火和防滑坡等安全措施。以高优先级处理
生态核心区域的山体	高生态价值、较低社会价值	中优先级	主要目标为高效恢复生态功能。针对不同区位具体的地理特征，应评估自然灾害风险，如洪水或土壤侵蚀、生物多样性丧失等，并采取预防措施。以中优先级处理
社会核心区域的山体	高社会价值、较低社会价值	中优先级	限制较少，重点是突出社会功能。可以创造性方式建立步行道、观景台或其他社会互动空间。生态修复主要针对改善局部生态系统和小气候。以中优先级处理
与安全风险关联性低	低生态价值、低社会价值、较低的自然或人为风险	低优先级	主要是基础维护和监控。定期检查和留意潜在的安全隐患，如小型滑坡或侵蚀，并及时采取措施。以低优先级处理

　　最后需要注意到，生态修复规划中的不确定性是需要管理者和规划师特别注意的问题。在本研究中，数据、模型本身的不确定性、社会经济变化的不确定性及发展愿景的不确定性都可能影响最终的研究结果和策略建议。因此，规划策略的弹性空间本身也是建设城市韧性的重要内容。在实施具体规划策略之前，有必要进行全面的风险评估和不确定性分析。这有助于提高规划策略的适应性和长期有效性。通过以上深入分析和建议，旨在为城市决策者和相关利益方提供有力的支持，以更科学、更有效地进行城市山体修复，从而提高城市的生态韧性和社会经济可持续性。

第10章　极端降雨事件下城市流动韧性研究

极端降雨事件是城市安全发展面临的主要自然灾害之一，通常指大幅超过平均或预期降雨强度的过程（张伟 等，2024），一般包括短历时（1~6 h）、长历时（6~24 h）、持续性几类。由于气候变化不确定性加剧，单次极端降雨事件的持续性和破坏性正逐渐上升，进一步加剧了极端降雨及其影响的复杂性。近年来，随着多源大数据普及，利用大规模流动、POI 等数据，针对灾害事件下人类流动性的研究逐渐兴起。通过评估灾害事件过程中城市居民流动过程的时空动态变化，揭示城市空间、社区居民等不同主体的流动行为模式及韧性特征。本章引入应对极端降雨事件的流动韧性研究案例，旨在探讨考虑流动性视角下应对不同极端降雨事件的人群应灾模式差异及韧性水平特征。案例通过高分辨率的手机信令数据对武汉市极端降雨事件下的流动韧性展开模式识别及水平测度，并提出应对极端降雨事件的韧性策略，以期为城市空间结构优化、应对不确定性的城市韧性规划提供决策借鉴。

10.1　研究背景及区域概况

10.1.1　研究背景

武汉市，位于长江中游地区，属亚热带季风气候，受强降雨及长江流域干支流过境洪峰等内外因素影响，常年面临洪涝灾害。2016 年 7 月 6 日武汉市发生特大洪涝，造成直接经济损失达 87.4 亿元，约 113 万人受灾（张正涛 等，2020）。2020 年 6~8 月，武汉经历了长达 43 天的梅雨期，连续遭遇 8 轮强降雨事件，平均降雨总量达 889 mm，居 1961 年以来历史同期第三位。连续且密集的极端降雨，严重影响了居民的正常出行流动需求，更有甚者威胁居民生命安全。流动作为人类最基本的行为之一，是人地互动关系的时空过程体现。在极端灾害期间，人类通常不太可能维持正常状态下的流动模式，可能出现因疏散、避灾、停止工作、就医、取消出游等目的而导致的流动性上升、下降、停止等模式行为的显著改变。了解此类灾害冲击下人类流动性模式特征及状态水平有助于提高备灾、信息通信的有效性，减少可能的死亡人数以及社会经济的损失（Mesa-Arango et al.，2013），有利于指导未来长期规划建设中的适应性过程。

相关研究可追溯到韧性理论在防灾减灾领域的拓展及人类流动性研究由稳态向非稳态的转向（Sharma et al.，2024；Yoon et al.，2016；Wang and Taylor，2014）。在此背景下，应用韧性的概念来理解灾害过程中人类流动性问题的研究逐渐兴起。其中，流动韧性作为城市韧性的一个重要方面（Mirzaee et al.，2020）陆续出现在流动性研究中，是人类或系统在流动过程中吸收冲击、保持其基本属性并响应自然灾害而恢复到稳态状态的能力（Roy et al.，2019；Wang and Taylor，2014）。由于韧性通常包括动态特性（韧性作为一个过程）和静态条件（单个可测量结果或属性基准）的多维内涵（Cutter，2016），相应地，对流动韧性的研究，一方面强调了系统对象在流动过程中应对综合性危机的固有属性，另一方面也突出了针对单次灾害事件的韧性瞬时过程（Roy et al.，2019）。当前，既有研究与应用取得的进展主要集中在两个方面。第一，围绕流动韧性的总体水平及模式特征展开。例如，部分研究发现，尽管自然灾害显著改变了人类的流动行为，但流动总体特征仍基本遵循幂律分布（Tang et al.，2023；Wang and Taylor，2014），也即高频低流动和低频高流动的长尾分布特征并未发生结构性改变。Wang 和 Taylor（2016）发现在不同类型的自然灾害下，幂律分布仍基本适用。同时，围绕灾害事件中人类流动模式方面，Hong 等（2021）利用将近两个月的移动手机数据分析了得克萨斯州休斯敦地区在 2017 年哈维飓风影响下的社区流动韧性，揭示了人类应对灾难响应和恢复的四类流动模式，包括典型的"下降-反弹""下降-局部反弹""基本稳定""上升-反弹"模式等，并发现流动韧性水平和模式存在明显的社会经济和种族差异。进一步，相似而略有差异的模式特征出现在 Tang 等（2023）对 2021 年中国郑州"7·20"洪涝灾害下的人类流动韧性研究中。上述日尺度分辨率下的流动性研究表明在灾害事件中人类流动行为可能会出现多种韧性模式。第二，侧重从个体层面展开流动韧性特征及模式研究，通过对自然灾害下人类流动的轨迹行为模式进行指标表征也取得了一些进展。例如，通过人类流动点位质心和回转半径的迁移变化指标来衡量人类流动韧性过程水平，并发现在灾害事件下人类流动轨迹点位质心的偏移和回转半径与正常稳态下回转半径相关（Roy et al.，2019；Wang and Taylor，2014）。部分研究则从网络视角出发，将人-空间视为一个流动网络系统，通过网络顶点、边数、密度等指标表征流动网络特征并通过费雪信息指数衡量人与系统交互过程中的流动韧性（Wang et al.，2020）。此外，诸如年龄、性别的个体属性在应对灾害事件的流动性研究也逐渐增多（Zhang and Li，2022）。

　　既有研究从不同角度对流动韧性展开了讨论，然而该领域的研究总体仍处于相对零散化的状态，针对灾害过程尤其是极端灾害过程的流动韧性特征、模式及机理问题并未引起足够的关注。同时，尽管针对大尺度的人类流动过程的应灾模式和韧性特征（如国家尺度、州尺度）已形成了一定成果（Yabe et al.，2022），但总体而言对于城市及微观尺度的流动行为的探讨仍是相对缺乏的，这同时受到灾害复杂性、高分辨率数据的稀缺性限制，导致当前研究中时间分辨率多以天、月为主，难以在高时空分辨率上捕捉由灾害过程引起的流动性变化。此外，多数研究仍以对单次灾害事件的流动韧性瞬时过程研究为主，对于短期过程中不同类型、不同强度的灾害事件下流动韧性的研究仍鲜有可见。因此，为了弥补上述研究不足，本章利用高分辨率的大规模手机信令数据和降雨数据，探讨了不同极端降雨事件中流动韧性的模式和特征水平，并基于流动性视角提出了应对极端降雨事件的韧性策略。本章旨在探索并回答以下问题。①不同极端降雨事件中流动韧性的模式是否存在差异？②如何测度不同极端事件中的流动韧性水平，流动韧性瞬时过程水平与系统的长期属性的关系是什么？③如何从人类流动性视角提升极端降雨事件的适应水平？

10.1.2　区域概况

以武汉市中心城区作为研究范围（图10.1），包括江汉区、江岸区、硚口区、汉阳区、洪山区、武昌区、青山区，共7个市辖区，总面积约966.75 km²。2020年武汉市中心城区七普人口规模为720.55万人，是武汉市人口、经济、信息要素联系最频繁的地区。由于地形平坦、河湖众多，中心城区常面临内涝积水，不同时长、过程的极端降雨事件，严重影响了居民健康、财产安全和社会经济稳定。为细化研究粒度，将武汉市中心城区细分为1 km×1 km的网格单元，在网格尺度上开展研究。

图10.1　武汉市中心城区范围

10.2　研究数据与方法

10.2.1　研究数据

研究数据主要包括手机信令数据和降雨数据。手机信令数据来源于联通智慧足迹公司；降雨数据来源于湖北省千里眼雨水情查询系统。

联通手机信令数据提供了大规模、高时空分辨率的轨迹数据，已被广泛应用于居民流动规律研究（王德 等，2024）。研究选取的信令轨迹数据，时间为2020年7月，包含用户唯一编号、出行开始时间、出行结束时间、出行起始网格编号、出行终止网格编号等信息，武汉市范围内共识别约 416.04 万用户量，约占当年常住人口的 33.75%，基本符合联通信令用户量的占比。研究以小时为单位切分原始出行轨迹数据，并以 1 km 网格为空间单元进行流动量统计。

一般情况下，由于工作、游憩、就医等多样化的流动需求差异，人群流动行为存在工作日、周末、节假日的显著差异，并且工作日通常会呈现出早晚高峰的时段差异（姜宇舟 等，2024）。而日常状态下基本流动水平的差异也可能影响到极端事件下的流动变化过程。因此，为了尽可能全面对比考察极端降雨事件影响下流动变化的普遍性特征，在极端降雨事件选取方面，需尽量纳入不同类型日期、时段下的降雨事件。进一步，极端降雨事件开始、结束前后一定时间段内的流动过程也需尽可能纳入分析范围。鉴于此，综合考虑极端降雨事件的典型性和代表性，选取 2020 年 7 月武汉市的 4 次长历时降雨事件开展小时级的变化研究，作为人群流动韧性测度的真实极端降雨情景。由于侧重于武汉局部区域的小时级降雨过程研究，在此忽略了降雨量在中心城区范围内可能产生的空间异质性问题，统一选取汉口雨量站的小时级降雨数据作为降雨过程表征。同时，考虑不同人群在不同出行方式、意愿偏好下对极端降雨影响的感受阈值不同，统一以极端降雨开始前后作为灾害事件起始和结束的划分，并前后各延长 3 小时作为研究时段，4 次极端降雨事件的基本描述见表 10.1。

表 10.1　选取的极端降雨事件基本概况

事件	研究时段	降雨历时	降雨量	暴雨等级
事件一	7 月 10 日（周五）～7 月 11 日（周六）14:00～4:00	17:00～01:00（9 h）	约 32 mm	暴雨
事件二	7 月 6 日（周一）23:00～18:00	02:00～15:00（14 h）	约 100 mm	大暴雨
事件三	7 月 18 日（周五）～7 月 19 日（周六）17:00～16:00	20:00～13:00（18 h）	约 112 mm	大暴雨
事件四	7 月 5 日（周日）00:00～16:00	03:00～13:00（11 h）	约 82.5 mm	大暴雨

10.2.2　研究方法

1. 流动强度变化表征

通常，对于不同的空间单元，人群流动包括单元内部流动、流出及流入 3 种类型，本研究重点考虑了单元的总流动量。引荐流动强度刻画的相关指标（Hong et al.，2021），将每个单元在对应 1 h 时段内完成的总流动量作为单元流动强度的衡量指标。进一步，以未发生极端降雨时的多日小时级单元流动量的平均值，表征日常状态下稳定的基线流动强度，则极端降雨期间的流动强度变化表示为

$$\text{flc}_i = \frac{f_i - \overline{f_l}}{\overline{f_l}} \times 100\%　　　　（10.1）$$

式中：i 为时刻，$i \in [1, 24]$，表示对应小时时段；flc 为小时级的流动强度变化百分比；

f_i为某时刻的小时流动量；$\overline{f_i}$为某时刻的基线流动强度，同时考虑了日常状态下工作日和周末的小时基线流动性差异，各选取 3 个正常工作日（7 月 1 日、22 日、23 日）、3个周末（7 月 12 日、25 日、26 日）的逐小时总流动量计算均值获得。

2. 基于层次聚类的流动韧性模式划分

韧性过程特征的经典模式是浴缸型（下降-上升）韧性曲线（Gasser et al.，2021；彭翀等，2015）。同时，在不同的流动过程中可能呈现出不同的模式规律。为了探索在单次极端降雨事件中不同单元的流动韧性模式差异，基于小时级的流动强度变化趋势，绘制变化曲线，通过层次聚类法，划分流动韧性模式。层次聚类法通过对一组变量计算彼此距离，就近合并距离最近的点，进行逐层分类迭代，并可利用层次聚类树直观展现分类层次结果（陈晓红等，2012）。层次聚类法使用时需选取变量间距离的度量方法和不同类之间的度量方法，但无须提前指定聚类个数，广泛应用于多变量聚类中。本研究中选取最常用的欧氏距离（euclidean distance）度量变量距离；选取离差平方和算法度量聚类间的距离，该方法以最小化聚类内部的平方和同时最大化不同聚类间的方差，最大化提取不同单元流动过程中的模式差异。

3. 流动韧性综合表征及冷热点分析

借鉴相关研究基础（Tang et al.，2023；Roy et al.，2019），以系统性能曲线为基础开展流动韧性测度。为了尝试将系统在特定灾害事件的动态过程中表现出的"瞬时"流动韧性水平和系统固有的属性状态纳入统一的测度表征框架，在本研究中将针对单一极端事件过程表现出的流动韧性称为瞬时流动韧性，系统应对所有可能的灾害事件且具有长期属性和能力则被称为综合韧性。基于上述两个视角的流动韧性内涵，本研究对流动韧性测度作了两方面的拓展改进：①改进传统系统性能曲线，测度瞬时流动韧性水平；②基于多事件的瞬时流动韧性结果，提出了一个简易的综合流动韧性测度方法。

（1）瞬时流动韧性表征。系统性能曲线已广泛应用于过程韧性的动态测度中（段怡嫣等，2021），作为经典的"浴缸"曲线，通常通过扰动事件过程中随时间变化的系统实际性能水平曲线下方的面积与预期基线性能曲线面积的比值以表征韧性水平[图 10.2（a）]。由于可能发生的暴雨预警、气象预报、疏散安排等行为，短期过程中的流动强度变化往往可能呈现出更剧烈的上升/下降波动而产生多样化的流动模式（Hong et al.，2021）。因此，本研究改进了传统系统性能曲线，以流动强度变化百分比表征系统性能指标构建坐标纵轴，将极端降雨过程中的流动韧性量化为系统性能偏离基线稳定状态的偏移量曲线与坐标横轴围合形成的所有面积之和，面积越大则韧性越低。这意味着，由于极端降雨影响而偏离基线流动强度产生的流动变化量（不管是流动水平的正常下降还是突然的剧烈上升）都视为系统流动状态不稳定性的表现[图 10.2（b）]。基于此，瞬时流动韧性表示为

$$r_k = \frac{1}{S_k} \qquad (10.2)$$

$$S_k = \sum_1^n s_n \tag{10.3}$$

$$s_n = \int_{t_c}^{t_f} \mathrm{AP}(t)\mathrm{d}t \tag{10.4}$$

式中：$k(k=1,2,3,4)$ 为极端事件编号；r_k 为第 k 次极端降雨事件中的瞬时流动韧性；S_k 为单次事件中系统性能曲线与坐标横轴围合面积之和；s_n 为单次事件中系统性能曲线第 n 个围合面积；$\mathrm{AP}(t)$ 为实际流动性能水平。以 1 km 网格为单元对不同对象进行瞬时流动韧性计算后，按照自然间断法将韧性水平划分为"低-较低-中-高"4 个等级。为了对比不同极端降雨事件中的瞬时流动韧性水平差异，研究中不对单次事件中的韧性值进行归一化处理。

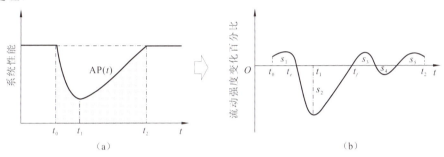

图 10.2 基于系统性能曲线改进的瞬时流动韧性曲线

（2）综合流动韧性表征。通常情况下，基于静态属性视角下的系统综合韧性表征往往从系统固有的韧性特征或子系统属性构成出发构建测度体系，选取相应指标展开测度（彭姗 等，2021；Cutter et al.，2008），这与表征动态过程的韧性水平形成了当前韧性测度中的两类主流区别，并难以在一个框架进行表征对比。然而，动态过程与固有属性是系统韧性外显与内生的一体两面，相同条件下，静态属性水平越高，意味着系统在不同的灾害事件过程中的韧性表现通常更好。换言之，从目标来看，系统在所有灾害事件过程中的韧性表现水平的"累积"最优，即是静态属性视角下的系统综合韧性的结果。因此，可以尝试通过多次灾害事件的过程韧性间接表征综合流动韧性。在这里，综合多次极端降雨事件过程的瞬时流动韧性水平，本研究提出了一个简易的表征综合流动韧性 R 的计算公式：

$$R = \frac{k}{\prod_1^k S_k} \tag{10.5}$$

上式通过对表征瞬时流动韧性水平的系统曲线围合面积之和的累积计算，既确保了所有的单次极端事件中瞬时流动韧性的单调性，也避免了通过均值等方法可能带来的低损高值瞬时流动韧性对于高损低值瞬时流动韧性效应的"中和"。表明在理想状态下，唯有在所有灾害事件中均保持较高的瞬时流动韧性的系统具有最高的综合流动韧性，以此表征系统应对灾害事件时流动性变化中所体现出的系统固有的长期属性水平。因此，当对应灾害事件的数量、类型越多时（k 越大时），理论上 R 对于综合流动韧性的内在静态属性的刻画性越强。

（3）韧性水平冷热点识别。识别流动韧性水平的冷热点空间格局具有重点意义。利用 ArcGIS 中的热点分析工具（Getis-Ord Gi*statistics）（贺淑钰 等，2024）对 4 类极端降雨事件中的瞬时流动韧性及综合流动韧性冷热点格局进行识别，以揭示武汉中心城区网格单元尺度的流动韧性格局特征。

10.3　极端降雨事件下城市流动韧性模式及水平特征

10.3.1　极端降雨特征及人群日常流动特征

1. 极端降雨特征：单、双峰型雨型为主，小时最大降雨集中

选取的 4 次极端降雨事件囊括了白天、夜晚、早晚高峰等不同时段的降雨过程（图 10.3），实际降雨历时在 9～18 h 不等，最大小时降雨量为 13.5～43.5 mm。事件一为历年常发的暴雨事件，作为相对高频的降雨事件对照；事件二、三、四则为多年一遇的强降雨事件，是 2020 年武汉市整个梅雨期内 8 轮强降雨中的典型单次极端降雨事件。根据不同极端降雨事件对比来看，事件一、二的最大小时雨量接近，事件二的实际降雨时长接近事件一的 3 倍。事件二、三降雨总量接近，降雨总时长、小时降雨量分布、最大小时降雨量各不相同，但总体而言事件三的降雨规模略大于事件二。与事件二、三相比，事件四尽管在降雨总量和实际降雨时长上略小，但在最大小时降雨量上接近事件二的 3 倍、事件三的 2 倍，表现出了更高的降雨强度。

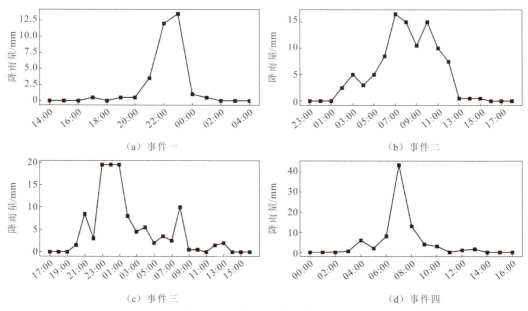

（a）事件一　　　　　　　　　　（b）事件二

（c）事件三　　　　　　　　　　（d）事件四

图 10.3　不同极端降雨事件特征

同时，4 次极端降雨事件表现出不同的雨型特征。一般来说，降雨事件根据雨型特征可分为 3 大类 7 小类，包括单峰型、均匀型及双峰型雨型（岑国平 等，1998）。事件一、四为典型的单峰型雨型，事件一的雨峰位于中间偏后部，为单峰 II 型降雨；事件四的雨峰位于降雨中部，为单峰III型降雨。事件二、三则为双峰型雨型，其中事件二两个雨峰相隔较近；事件三则表现出明显的主次雨峰，主要雨峰持续了近 3 h，随后小时降雨量经历了缓慢下降而又小幅上升的双峰特征。

2. 日常流动特征：工、休早晚高峰差异显著，呈块状+点状辐射递减

武汉中心城区各单元小时基线流动强度如图 10.4 所示。一方面，从小时流动特征来看，总体呈现出"逐渐降低—迅猛激增—趋减平缓—小幅激增—再次降低"的趋势。小时流动强度区间为 1.88～41.98 万人次，其中 1:00～6:00 为一天中流动强度最低的时段，小时流动强度降低至 2 万人次左右，城市流动活力在凌晨后天亮前达到最低。除早晚高峰外，白天正常时段小时流动强度均维持在 20～25 万人次。另一方面，从周末和工作日的差异来看，两者单天平均流动强度指标表明平均小时流动差距不大，分别约为 16.85 万人次和 18.41 万人次。早晚高峰工作日流动强度显著高于周末，其他时段周末流动强度则均略高于工作日。其中，由于通勤流动激增，工作日从 6:00～10:00 期间流动出现激增，并在 9:00 左右流动强度达到一天中的顶峰；17:00～19:00 期间也出现了类似趋势但幅度更趋平缓，表明下班通勤通常相对早高峰更为分散化，存在更多样化的下班通勤时间和流动目的。周末小时流动在 12:00～17:00 期间略高于工作日，可能来源为非通勤流动的休闲性活动增加，并在 19:00 左右达到一天中的最大小时流动强度，约 29.39 万人次。

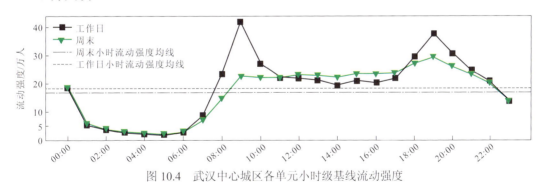

图 10.4　武汉中心城区各单元小时级基线流动强度

进一步，不同单元日常小时流动强度空间分布表现出显著差异（图 10.5）。武汉中心城区总体呈现出长江以西地区以汉口江汉路、中山大道片区为核心向外围地区梯度递减的日常流动格局特征；在长江以东则呈现出沿江南北辐射、东西沿雄楚大道、武珞路轴向延伸的"T"形扩散格局。其中，除夜间、早晚高峰时段外，高流动强度以汉口地区形成块状集聚，是武汉市最主要的商业服务活动集聚地区；在关山大道则形成了轴向集聚，主要是以高新技术产业生产活动为主的东湖高新产业园区。其余流动以点状零星集聚为主，如中南路梅苑小区、武商梦时代、湖北省妇幼保健院、黄鹤楼及粮道街、武汉

创意天地、龙阳购物广场、沙湖东南侧楚河汉街、徐家棚地铁站、青山武钢地区、武汉站等将近 10 个点状集聚地区。不同单元的流动强度集中在 100～1 200 人次，工作日和周末的单元小时最大流动强度基本相同。其中，工作日的单元小时最大流动为 4 401 人次，出现在早上 9 点的汉口前进街道地区，主要流动目的以通勤为主；周末的单元小时流动强度 4 417 人次，出现在 19:00 的沙湖南侧的汉街地区，主要流动目的以休闲娱乐、餐饮、购物为主。

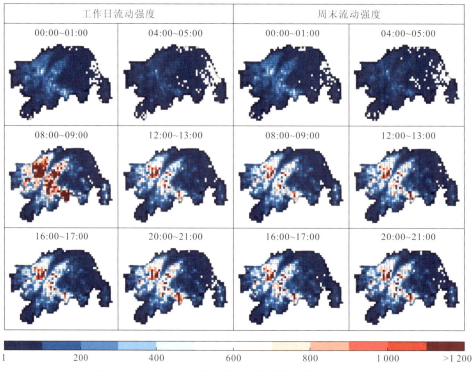

图 10.5　不同单元典型小时时段基线流动强度（h/人次）

10.3.2　极端降雨事件下的流动韧性模式

1. 总体特征：受雨强主导呈现浴缸型韧性过程特征

4 次极端降雨事件中降雨强度成为流动强度差异的主导因素，武汉中心城区的流动强度变化基本呈现出浴缸型韧性曲线特征（图 10.6），变化区间为-35.9%～7.1%，其中，事件一变化幅度最小（-12.7%～7.1%），事件四的变化幅度最大（-35.9%～5.3%）。

首先，降雨开始前，事件一、三、四整体处于平稳状态，且流动强度略高于基线水平，并随降雨临近出现小幅波动，可能因为暴雨预警、防范通知使人群提前做出响应，并开始在小范围内偏离基线流动强度。事件二在降雨开始前流动强度呈现出由较低逐渐回升的状态，主要是受前一天极端降雨事件的滞后性影响，尽管该降雨开始前的几个小时无降雨，但流动强度仍未恢复到基线状态附近并处于恢复过程中。其次，在降雨过程

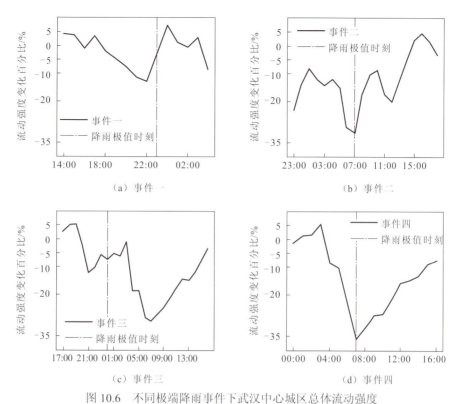

图 10.6　不同极端降雨事件下武汉中心城区总体流动强度

中，随着雨量增大流动强度开始剧烈下降，不同事件中小时降雨极值与流动强度降幅极值存在重合或错位关系。事件二、四的流动强度降幅极值与小时降雨极值重合[图 10.6（b）、（d）]，表明小时降雨量最大流动强度最低。事件一的流动强度降幅极值则出现在小时降雨极值前 1 h，并且随着雨量增大，流动强度提前开始迅速回升，表明事件一的雨强和雨量对于武汉中心城区的总体流动性影响相对不大，城市系统在流动减少后开始迅速恢复并适应调整。与事件一、二、四不同，事件三的流动强度降幅极值则出现在小时降雨极值（第一个雨强主峰）后约 6 h，即第二个雨强次峰前 1 h，表明雨强主、次峰分明的双峰型降雨对流动强度的变化存在显著的累积效应，第一次降雨极值并未产生最大影响，尽管主峰过后降雨量逐渐缩小到正常范围内，流动强度出现了缓慢回升的趋势，然而随着降雨过程的累积，流动强度开始出现剧烈降低达到了第一次降幅低点的 2.5 倍左右——由-12%降低至-29.3%左右。最后，在降雨逐渐停止后，4 次事件中流动强度均开始了不同程度的恢复。事件一、二的流动强度回升都超过了降雨前的水平，其中，事件一流动增幅超过降雨前时状态之后又下降至-7%左右，出现了异常的事后波动；事件二快速回升后逐渐回到基线水平附近并超过了事件前的流动强度，可能因为本次降雨结束后的流动增加不仅来自本次过程的影响，也受到了前一天降雨影响的延续；事件三、四是流动强度均恢复到事件前的基线水平，是韧性曲线的典型响应模式——在遭遇极端事件后的短期内，流动强度通常不会完全恢复到基线水平。此外，对比 4 次事件发生的日期及时间情况，尽管工作日或周末的日常流动强度存在差异，然而在 4 次极端降雨事件中，并未发现由于工作日或周末的基线流动强度不同而产生流动强度变化的显著差异。

综合对比 4 次极端降雨事件的雨量、雨型、持续时长的影响来看，事件一作为发生频率相对最高、降雨总量最小的暴雨事件，对武汉中心城区影响相对较小，城市系统在表现出下降波动后迅速调整回升。尽管事件二、三降雨总量、降雨时长相差不大，但是事件三中流动变化显著大于事件二，主要由于小时最大降雨量、雨型差异导致——事件三小时最大降雨量、双峰型雨型的雨量积累效应均大于事件二。事件四与事件二、三相比尽管总降雨量和降雨时长均更小，然而小时最大降雨量最大，对武汉中心城区流动产生了最大影响，表明了最大小时降雨强度在极端降雨事件中的关键影响。

2. 单元历时特征：流动韧性模式多样，不同事件表现趋同化

根据层次聚类法对不同单元在不同极端降雨事件中的变化过程进行计算，为避免基线流动强度过小的误差，排除了在极端降雨事件中任何小时段流动强度小于 10 人次的单元，重点对筛选后的 532 个 1 km 网格单元展开模式识别。通过对比流动强度变化特征和层次聚类树的结构，选择合适聚类阈值确定分类数量，最终确定 4 次事件中聚类层次结构统一划分至第二层。在此基础上，绘制每类流动韧性模式中每个单元的流动强度随时间变化曲线、小时流动强度变化均值及上下一个标准差区间（图 10.7）。结果显示，4次极端降雨事件中流动韧性模式呈现出多样性，不同单元的流动强度变化过程呈现出剧烈差异，在浴缸型韧性曲线模式的基础上，出现了其他各种异常模式，但在不同极端降雨过程中各类韧性流动模式表现出相似性。总体而言，每次极端降雨事件中主要有 3 种显著差异的流动韧性模式，本研究将其归纳为传统浴缸型、波动浴缸型、反弹浴缸型 3类（表 10.2）。

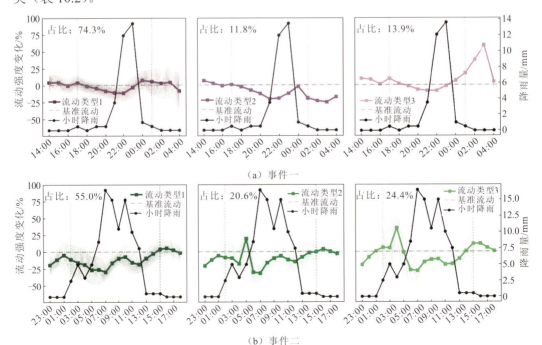

（a）事件一

（b）事件二

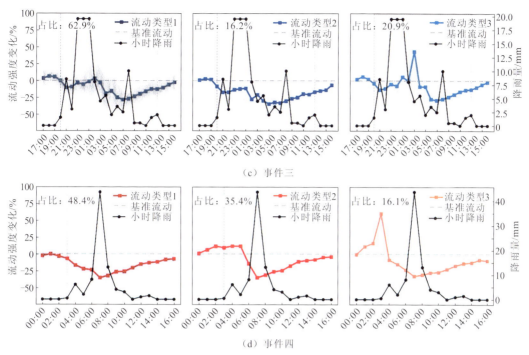

（c）事件三

（d）事件四

图 10.7 不同事件下随时间变化的流动韧性模式聚类

表 10.2 短期过程中极端降雨事件下的三种韧性流动模式

类型	模式	主要特征
类型 1	传统浴缸型	事前稳定，事中下降，事后逐渐恢复
类型 2	波动浴缸型	事前波动，事中下降，事后差异化恢复
类型 3	反弹浴缸型	事前/中/后异常激增，事中下降，事后差异化恢复

其中，传统浴缸型曲线即是经典韧性曲线的变化过程，该模式意味着系统单元在遇到极端事件前，一直保持基线稳定状态，随着极端事件开始，系统性能通常会经历先下降后回升的过程——可能高于、等于或低于基线状态。约 1/2～3/4 的样本单元在 4 次极端降雨事件中呈现出传统浴缸型韧性模式，并成为三种模式中的主要响应模式。波动浴缸型的变化过程比传统浴缸型韧性模式更加复杂，典型特征是事前阶段系统性能开始出现不规则波动并影响了事中的性能下降和事后的恢复变化过程，波动浴缸型韧性模式代表了短期极端事件过程中系统单元的灵敏性，表现出了提前响应的变化。约 1/10～1/3 的样本单元在 4 次极端降雨事件中呈现出波动浴缸型韧性模式，反映了该类系统单元中人群提前根据降雨预报预警等相关讯息在短时间内调整、改变了原有的流动模式和习惯，并主动/被动地影响了事中、事后的流动行为。反弹浴缸型曲线代表了应对极端事件时变化最剧烈的系统行为，在事件前、中或后的某个短暂时段内，系统性能表现出显著剧烈增加，随后呈现出随极端事件下降或回到基线水平的趋势。约 1/8～1/4 的样本单元在 4 次极端降雨事件中呈现出反弹浴缸型韧性模式，分别出现了均值约 57%、33%、48%、

65%左右的流动强度短期剧烈上升，以适应流动需求在不同时段的重新调整和补充分配，并且在不同的事件中短暂反弹的阶段也各不相同。

对比不同韧性模式的单元流动强度发现，传统浴缸型的单元流动强度集中在 10～1 500 人次/h，波动浴缸型的单元流动强度集中在10～800 人次/h，反弹浴缸型的单元流动强度多分布在10～5 000 人次/h，在 4 次事件中 3 类模式的样本分布近似呈现出长尾幂律分布（图10.8），一定程度上表明 3 种韧性流动模式的分布及切换与单元的流动强度并无绝对线性关系，3 种模式在不同流动强度的单元呈现出普遍性。例如，事件一中，汉口火车站附近的单元属于高流动强度的单元，在事件中表现出反弹浴缸型特征，通过事后流动强度的"超额反弹"，延后完成了事中必要性流动减少的干扰。进一步，就不同极端降雨事件下的韧性模式对比来看，随着降雨强度逐渐增大，传统浴缸型韧性模式的比例逐渐降低，波动浴缸和反弹浴缸型韧性模式的比例开始逐渐升高。同时，结合总体流动强度变化特征，可发现武汉中心城区事中、事后的小幅异常波动现象主要是由波动浴缸型、反弹浴缸型的韧性模式产生。

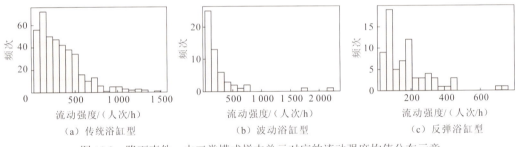

图 10.8　降雨事件一中三类模式样本单元对应的流动强度均值分布示意

3. 单元分布特征：空间辐散化，异常模式多呈边缘点状分布

从不同空间单元的各类韧性流动模式可见（图10.9），传统浴缸型的单元分布最广，呈现出块状分布、辐射扩散的特征，波动浴缸型和反弹浴缸型韧性模式总体呈现出外围点状分布为主、局部轴向分布的特征，并随着极端降雨事件的升级逐渐扩散。

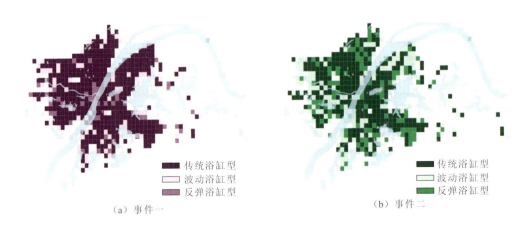

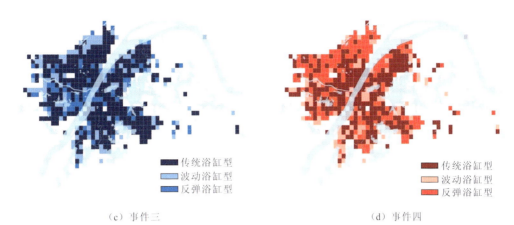

（c）事件三 　　　　　　　　　　　　　　　　（d）事件四

图 10.9 　不同极端降雨事件中的韧性流动模式空间分布

其中，就异常模式而言，事件一中波动浴缸型呈散点式＋局部集聚分布为主，中心城区外围零星分布如汉阳区龙阳街道、青山区武钢地区。反弹浴缸型呈散点式分布为主，集中在湖北工业大学、华中科技大学、中国地质大学南区、粮道街、水果湖南侧汉街地区、汉口江汉关地区及汉阳龟山等地区。事件二中，异常韧性流动模式占比增加至 1.5～2 倍，其中波动浴缸型增加区域主要呈轴向分布于在东湖高新产业园区、新村街道、后湖街道、永清街道，湖北工业大学、解放公园等地区。反弹浴缸型增加区域集中在武昌白沙洲街道、青山区和平大道沿线、杨春湖地区，汉阳区西南侧，其中，按区县分析以青山区、汉阳区增加较多。由于雨型的差异，事件三中异常韧性流动模式的样本比例反而低于事件二，波动浴缸型仅在汉阳墨水湖地区及龟山地区局部集聚。反弹浴缸型在外围地区增加显著，例如后湖街道、易家街道、永丰街道、青菱街道等地区；在核心地区则呈散点分布，高流动单元反而较多呈现出传统浴缸型特征，一定程度上表明高流动强度的核心单元对于双峰雨型的适应性可能高于中低流动强度的外围单元。而在事件四中，波动浴缸型的样本单元比例迅速增加至 35.4%，出现了最高比例的事前波动变化，由于流入量的增加，在青山区和平大道、汉口站及其周边、光谷天地、华中科技大学等地区形成了局部块状集聚，并出现了大量的零星分布单元。同时，反弹浴缸型比例也超 15%，进一步表明在 4 次极端降雨事件中，雨强等级最强的事件四导致了数量最多的异常模式。反弹浴缸型在事前出现了剧烈的流动强度变化——增加了接近 60% 流动量，主要来源于流入量和流出量的同时增加。

同时，不同功能区均出现了一定比例的异常流动模式，例如交通场站功能区如汉口站、武汉站站前区域；居住功能区如硚口区长源社区、军航社区、洪山区棠园社区、天兴洲绿岛小区等；休闲娱乐功能区如汉阳黄鹤楼酒文化博物馆附近，工业生产功能如易家街道附近，教育功能区如华中师范大学（南湖校区）、中国地质大学、华中科技大学等。从流动强度来看，异常模式基本呈现出低流动强度单元外围分散分布、中高流动单元局部集聚的特征，其中教育区、商业区的流动在面对极端降雨事件时往往表现更敏感而频繁呈现出波动浴缸型的韧性模式。

10.3.3　极端降雨事件下的流动韧性水平

1. 瞬时流动韧性：圈层"三明治"＋轴向递减，随雨强增大呈剧烈下降

根据改进的系统性能曲线计算不同事件中的瞬时流动韧性水平，结果如图10.10所示。武汉中心城区瞬时流动韧性总体呈现出圈层式递减＋轴向扩散的特征，并呈现出高值、低值混杂的"三明治"结构。随着极端降雨事件强度增加，韧性水平的混杂辐散化程度越高，高、中值区域逐渐减小。从韧性水平的绝对值差异对比看，相比于强度最小的事件一，事件二、三、四中所有单元的瞬时流动韧性均出现了剧烈的降低，韧性最高值仅为事件一的1/3～1/4，降低了将近70%，表明了在经历事件二、三、四的切换过程中流动功能分别出现了显著的损失。对比事件二、三、四3次降雨总量相差不大但具有不同雨型、降雨强度的事件中，事件三各单元的瞬时流动韧性水平相对较低，韧性水平中、低值最多，表明从动态过程来看，双峰型雨型对瞬时流动韧性水平的影响效应相对最大。

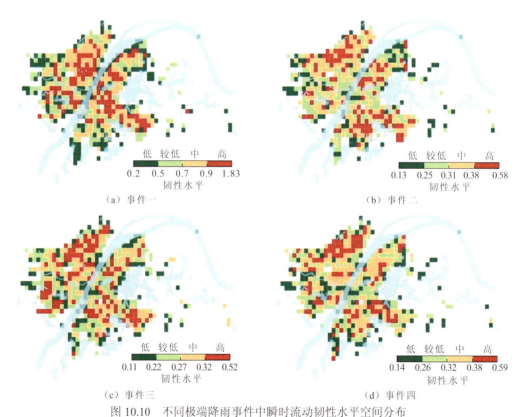

图10.10　不同极端降雨事件中瞬时流动韧性水平空间分布

从4次极端降雨事件中单元瞬时流动韧性水平的冷热点分布可看出（图10.11），高韧性区域形成显著的团块状集聚；低韧性区域总体呈分散态势，局部形成冷点集聚。其中，热点区域主要集中在江汉区、硚口区、江岸区、武昌区及洪山区；冷点地区分布在

洪山区东南侧、青山区、汉阳区西侧、青山区与洪山区交界等地区。从不同事件的冷热点区域对比来看，4 次极端降雨事件过程中热点区域呈依次显著减少趋势，冷点地区呈局部波动缓慢减少趋势。其中，事件一中，热点区域即韧性高值集聚区分布最广，形成了长江以西块状集聚+长江以东"T"轴集聚的格局，基本与日常流动中高流动地区分布特征重合，范围包括了大半个汉口地区，汉阳北部、武昌区中北部及洪山区中部的区域。而在事件二～四不同雨型、雨强事件中，长江以西的高值集聚区不断减少，在事件四中仅剩汉口地区，表明在区域层面相较武昌地区，汉口地区的流动韧性呈现出更高的稳定性。冷点地区主要局部集中分布在永丰街道、黄家湖周边、武钢地区、东湖北侧，在历次事件中也呈现出不断减少的趋势，表明随着降雨事件的强度和复杂程度增大，不同单元流动变化水平的混沌性逐渐提高。

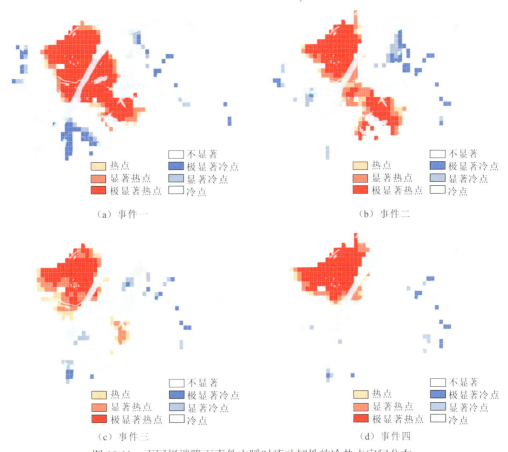

图 10.11　不同极端降雨事件中瞬时流动韧性的冷热点空间分布

　　进一步,比较极端降雨事件中不同韧性模式对应的瞬时流动韧性水平分布(图 10.12)发现，不同韧性模式下单元的瞬时流动韧性水平存在显著差异，但不存在具有绝对高值韧性水平的模式。流动韧性模式是不同系统单元在极端降雨事件中主动或被动的应激响应过程，不同过程可以表现出不同的韧性水平。在所有事件中，传统浴缸型模式的单元瞬时流动韧性水平分布均匀，基本上呈现出低-较低-中-高值各占 1/4 左右动态波动的均衡分布态势，表明传统浴缸型模式类型的不同单元内部存在显著的韧性水平差异。波动浴缸型模式的单元瞬时流动韧性水平在 4 次极端降雨事件中表现出不稳定的波动状态。其中，在事件一和事件三中，多数波动浴缸型模式的单元表现出较低的韧性水平，而在事件二和事件四中则相反，一定程度上表明了针对极端降雨事件响应较为敏感的单元，在不同事件中可能表现出不同的韧性水平。反弹浴缸型模式的单元韧性水平在事件一、三、四中均普遍呈现出较低的韧性水平，而在事件二中呈现出中低韧性水平，表明反弹浴缸型的异常模式多数情况下是应对极端事件的被动应激响应，尽管通过不同阶段流动量的反弹激增调整，但是均对单元稳步回到正常流动状态的过程造成"放量"的异常影响。例如，武汉火车站周围地区通常出现"反弹"浴缸型的放量波动，在过程中的某个阶段通常会对交通造成放量的压力。

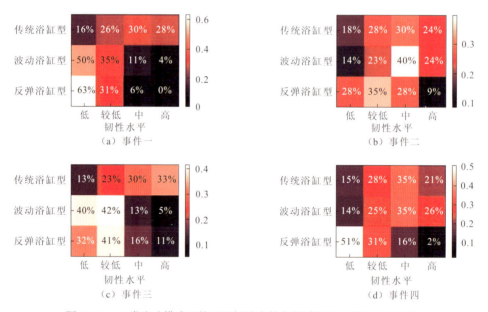

图 10.12　三类流动模式下的不同极端事件中的瞬时流动韧性水平占比

2. 综合流动韧性：核心塌陷、中间层东西轴向辐散，外围梯度下降

根据多次极端降雨事件中的瞬时流动韧性水平，计算综合流动韧性，利用自然间断法分为 4 类，结果（图 10.13）如下。总体来看，考虑多次不同极端降雨事件在内，综合流动韧性水平分布呈现出中心地区局部塌陷、中间层东西向轴线辐射扩散，依次向外围梯度下降的韧性格局。韧性水平为低、较低、中、高值的单元占比分别为 38.5%、29.3%、24.4%、7.7%，总体以中低韧性为主，其中低韧性单元和较低韧性单元占比分别为 38.5%、29.3%，高韧性水平的单元仅占 7.7%，表明在某次极端降雨事件中表现出高流动韧性的单元未必会在多数极端降雨事件中均具备较好的韧性，即从系统静态属性来看，多数单元仍在应对多类型灾害事件方面缺乏较稳定的内在韧性能力。从综合流动韧性空间分布

来看，汉阳北部龟山地区、汉口江滩地区、汉阳龙阳湖公园形成了中心地区的韧性最低值点，反映出在极端降雨事件中，休闲空间及旅游景区地区流动受到了显著的影响。韧性高值区呈零星点状分布，从分布地区来看，主要包括关山大道保利广场、杨家湾地铁站附近、武汉理工大学马房山校区、武汉儿童医院汉阳院区、南泥湾社区、汉口站附近等区域，韧性中值区域形成了热点区域沿汉口地区块状辐散，并沿着武珞路、丁字桥路、中北路、和平大道、江城大道等形成了中值区域的轴向辐射；外围地区则呈现出由较低、低值逐渐梯度下降的特征。

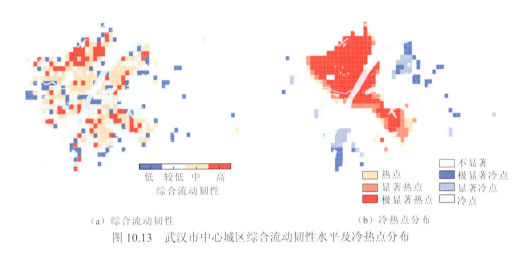

（a）综合流动韧性　　　　　　　　　　（b）冷热点分布

图 10.13　武汉市中心城区综合流动韧性水平及冷热点分布

10.4　流动性视角下应对极端降雨的韧性策略

近年来极端降雨事件的灾害影响效应与日俱增，通过精细测度极端降雨事件中人类的流动韧性模式及水平特征，对于从人的行为视角分析城市流动空间结构动态变化及规划响应具有现实意义。本研究以武汉市中心城区为例，选取了 2020 年 7 月间 4 次典型的长历时极端降雨事件，利用大规模的联通手机信令数据，通过事件前、中、后小时级的流动指标刻画，在网格尺度上识别了极端降雨事件中的流动韧性模式并测度了流动韧性水平。总体来说，本研究发现几个主要的结论。第一，不同极端降雨事件对人类流动过程造成了显著影响，4 次选择的事件中最大降雨强度呈现出主导驱动作用，同时受到降雨时长、雨型类型、降雨前的初始气候状态、降雨总量等因素的综合影响，综合流动韧性模式及瞬时流动韧性随降雨综合影响呈现出动态变化。第二，本研究初步揭示了在短期过程的小时级极端降雨事件中的三种流动韧性模式，分别为传统浴缸型、波动浴缸型、反弹浴缸型，三种韧性模式在不同事件中表现出一定的普遍性。这与相关研究（Tang et al.，2023；Hong et al.，2021）在日分辨率下发现的韧性异常模式存在一定的差异性，进一步表明了随着时间分辨率的提高，人类流动模式可能呈现出细微但有差别的普遍特征。第三，武汉中心城区在不同极端降雨事件中的瞬时流动韧性表现出显著的空间异质性，总体呈现出圈层"三明治"+轴向递减的特征，并随降雨综合影响的增大呈剧烈下降，表明了风险强度与瞬时流动韧性之间的显著负向关系。第四，武汉市综合流动韧性呈现出核心塌陷、中间层东西轴向辐散，外围梯度下降的总体特征，并且只有少数网格单元在四次事件中均获得了相对较高的韧性水平，进一步说明了多数地区应对多类型灾害事件内在韧性能力仍有待提升。进一步，下文从流动性视角出发，尝试围绕"雨-人-地"三方面提出了应对极端降雨事件的韧性规划策略。

10.4.1 深化极端降雨规律认知，响应极端降雨影响效应差异

降雨事件、过程、机理研究在水文、气候领域一直是研究重点和热点，然而在空间规划过程中，响应低频、高损的极端降雨及其影响效应的规划手段一直相对欠缺，从流动性视角考虑极端降雨过程应对的规划策略更是甚少。针对极端降雨和人群流动的动态性，需要从两者关联过程深入探讨影响效应。首先，需要在空间规划现状风险评估中进一步加强对极端降雨事件的规律解析，探索不同类型、不同强度的极端降雨过程对流空间的影响。其次，根据不同时空分辨率的极端降雨影响效应差异，提出全周期优化策略。

1. 加强极端降雨模式解析，识别雨强影响阈值

不同的极端降雨模式产生的影响千差万别，在防灾规划及韧性规划中需要进一步加强极端降雨规律识别，从人群流动视角强化极端降雨风险影响的动态分析。第一，分类研究不同类型极端降雨模式的空间影响。根据不同气候区、不同地区的降雨特征展开历时降雨资料统计比对，针对长短期过程的降雨历时差异，围绕该地区降雨风险的主要特征，开展不同分辨率的模式归纳。例如，针对短期过程，在适配人群流动数据颗粒度的情况下，时间分辨率尺度可达到 1 h、30 min、10 min、5 min 甚至 1 min；针对长期过程，时间分辨率尺度可以为日、月、年。尤其需要关注不同模式降雨的影响危害差异，短历时、长历时、持续性及周期性的不同降雨事件，即使降雨量相同，也会造成截然不同的影响。第二，加强极端降雨雨型研究。雨型不同导致的极端降雨流动性影响差异显著并产生不同的累积效应。单峰型降雨过程相对简单，与人群流动过程往往呈现出负相关关系。双峰型降雨则根据双峰的位置、主次差异与人群流动模式呈现出非线型的复杂关系。持续性的极端降雨往往呈现出多个单次极端降雨模式的组合，在典型梅雨期间往往表现出更复杂的流动性影响过程，并对相邻降雨事件产生滞后性影响。因此，需要针对不同极端降雨雨型，同时结合流动大数据开展多类型分析，提炼不同雨型和流动模式关系，对比不同历时和雨量雨型的流动风险累积效应。第三，识别极端降雨中最大降雨强度影响阈值。最大降雨强度是极端降雨事件最主要的影响指标之一，在雨量雨型相同的情况下，最大降雨强度的事件往往带来流动强度的剧烈变化，需要根据不同分辨率的最大降雨强度差异识别导致流动过程的转折阈值，例如小时最大降雨强度影响、日最大降雨强度影响。

2. 探索极端降雨时空间差异，优化全周期动态响应过程

降雨的时空异质性为极端事件的流动性应对带来巨大挑战。不仅在城市区域尺度上，在局地尺度上也会带来差异。尽管在本研究的案例中忽略了中心城区的小时降雨异质性差异，但是降雨空间异质性往往会带来更精细尺度上的流动差异影响。在空间异质性方面，极端降雨不仅会导致本地流动过程产生影响，也会对关联地域的流动过程产生显著影响，尤其是城市群、都市圈等跨域性高频联系及流动地区。因此细化降雨时空差异研究，不仅需要首先关注极端降雨在不同地形、地表径流强度作用下所造成的洪涝淹没程度，还需进一步针对非淹没地区的网络联系中断和受阻过程展开关键影响要素识别及风险区控制，以促进极端降雨空间影响效应的精细化识别。在时间异质性方面，不同极端降雨所造成的事前、事中、事后的流动性下降、回升时点各不相同，最大流动降幅可能会提前或滞后于极端降雨事件雨强极值，需进一步优化极端降雨的全周期响应过程。例如，一方面加强小时级降雨时空规律和流动过程解析，捕捉短历时过程中的极端降雨强度的敏感变化，尤其需要关注出现异常流动单元的流动变化过程和成灾影响状况。另一方面，加强流动风险区的长期优化引导，保障人群日常流动安全有序。

10.4.2　优化多情景时空流动格局，兼顾人群适灾异质性

城市空间中人群流动特征及格局是人地关系交互的重要表现，精准识别极端降雨事件中的人群流动格局的动态变化，捕捉事件过程中的人群响应的普遍规律模式对于应对极端降雨事件的空间规划响应尤其重要。同时，针对不同极端降雨情景模式特征，分析不同人群属性的出行偏好及建成环境影响，提出因地制宜、因人制宜的规划手段，对于建设以人民为中心的城市具有重要意义。

1. 探索人群流动普遍应灾模式，优化动态时空流动格局

极端降雨过程中通常会带来流动性的降低，然而，在事件过程中也存在群体性流动的共性规律。通过关注极端降雨过程中人与空间之间的相互作用关系，探索人群流动中应对灾害的普遍模式和规律，对于流动空间格局优化具有重要意义。一方面，探索多情景多时段下人群流动差异，包括常态时如工作日早晚高峰、周末高峰期叠加不同极端降雨情景的流动特征，以及重大事件或多突发事件叠加时的流动性影响和结构性改变，识别影响人群时空流动的要素关系。通过极端降雨事件中流动结构优化，适应平日、特殊时期稳定切换并迅速恢复，以适应流动性风险面临的负向效应。另一方面，探索将应对极端降雨事件的流动性监测纳入国土空间规划实施监测模块。通过将实时的手机信令数据、LBS 大数据与城市空间要素数据进行智慧交互平台整合，在极端降雨过程中形成不同尺度的流动性实时监测信号，通过识别分析异常流动信号以辅助应急管理或交通管理；通过长期数据迭代辅助空间优化过程。对于超大特大城市，定期监测中心城区、市域及城际人员流动变化，分析不同尺度单元流动行为，如流入行为、流出行为和内部流动行

为的差异性过程，以促进人群时空流动格局动态优化。

2. 关注人群流动个体特性，促进流动韧性差异化提升

人群流动行为及其时空格局是个体属性、流动方式选择等个体特征与降雨过程、建成环境、土地利用等要素综合作用的结果，在关注人群流动共性特征的情况下，需进一步关注个体类型流动差异，包括人群属性异质性、人群流动模式异质性，从而促进流动韧性差异化提升。其一，加强基于人本视角的人口属性时空特征评估，解析人群空间分布异质性。根据不同人群在极端降雨过程中的暴露情况，加强针对性的应急通信预警和行动指引，重点针对脆弱群体流动过程加强保障措施，如老年人等敏感群体的流动安全，以保障人群差异化的流动广度。其二，针对具有固定流动模式约束的群体，如上班群体、学生群体，受到工作地/上学地点和家庭地址的路径依赖，需要尽量减少对于降雨极值的暴露，做好错峰流动。其三，考虑出行目的，对极端降雨中的不同流动过程的刚弹性差异，保障必要性流动安全、减少非必要性流动。通常情况下，生产运输、医疗救援等过程的流动刚性较大，需要重点做好应急保障过程。

10.4.3　提升场所-功能支撑耦合，优化适灾设施及用地多样性

流动空间和场所空间关联影响是当前城市空间运行的主要表现形式，随着各类要素流在空间中交互作用复杂化，针对如武汉市等超大城市的国土空间优化，需要进一步从流动空间的功能关系和场所空间的支撑关系出发，全面提升应对极端降雨的城市功能和结构韧性，围绕结构支撑、功能维持，促进资源配置及设施要素、用地布局优化，以提升超特大城市空间结构在应对极端不确定性降雨事件时的流动稳定性，从而保障关键安全性功能不出现崩溃以及必要功能服务维持在合理运行效率内。

1. 加强关键要素支撑，及时保障多元流动过程

加强关键基础设施要素动态支撑，实现流动变化合理波动调控。第一，加强交通骨架结构安全承载能力，保障关键交通设施及路段应灾水平，提高极限适灾能力。通过提高区域性交通骨架结构的承载水平，确保极端降雨事件中区域性主要交通干道、市级轴向交通通道不受影响，地区性关键地段主干道功能快速恢复。第二，考虑步行、骑行、公路出行、轨道交通出行受到极端降雨事件过程的差异性，在交通运维和管制过程中也需充分考虑流量变化，减少因极端降雨事件带来的交通干扰和事故情况。第三，保障交通场站地区流动过程有序增减，实现快速恢复响应。由于交通场站地区（如汉口站）往往具有较高的日常流动量，防范在不同雨强的极端降雨过程中出现异常的大规模流动受阻或波动提前，确保场站周围地区道路设施服务顺畅，实现降雨前、中、后流量激增/突减的变化预判，以促进人群流动的快速恢复。第四，减少流动依赖性关键基础设施潜在风险点，评估不同极端降雨雨强下城市排水系统、医疗设施、公共服务设施的影响点位，增强关键影响区域和敏感点的保障支撑能力，例如增强高流动关键低洼路段的排水

恢复能力、保障关键医疗设施点位不受极端降雨造成的内涝积水淹没等。

2. 促进场所–功能交互，提升综合服务保障水平

在场所及功能空间优化中进一步考虑融入流动性带来的影响，以加强应对极端降雨事件导致的城市结构和功能的突发不稳定性。通过场所空间优化，响应流动功能需求，提高综合服务水平保障能力。其一，优化土地利用布局，分类提升功能韧性。探索平急功能复合的韧性城市规划与土地利用布局模式，保障不同层级尺度功能的多样性。通过适当增加土地利用混合度和各类设施冗余性，促进极端降雨过程中城市各类功能的动态调整和及时优化，实现因主要功能区临时响应不足的替代切换。例如，引导居住空间与商业用地的适度混合，以满足短期或长期极端降雨过程中的商业功能需求。在社区层面鼓励建设具备平急功能复合的绿地与开敞空间，以补充优化极端降雨期间大型公园绿地可达性及使用性意愿下降的功能需求。其二，优化供需匹配，精准响应事前、事中、事后的流动异常模式，保障重点功能区流动顺畅。针对不同流动强度的单元差异，对于高流动强度、必要性功能的重点地区，尤其关注功能水平的稳定保障和合理响应，例如必要工业生产活动、教育功能及医疗设施保障功能，避免出现波动过度异常反弹流动模式。在满足生命安全底线的情况下，优先保障高流动、必要性流动的重点功能区的交通设施及关键设施畅通。

第 11 章　城市更新中的微气候韧性研究

随着全球气候变化复杂性上升，城市面临的一系列气候引起的风险问题如飓风、高温热浪、环境污染进一步加剧。微气候韧性旨在提升城市面对气候变化与极端天气下的适应和恢复能力，与单纯的微气候环境研究不同，微气候韧性强调在不同环境压力下的系统适应性与稳定性，不仅包含对城市空间环境微气候现状的分析预测，而且关注城市空间在未来气候变化下的可持续性和抵御能力。当前，城市更新成为存量时代城市空间优化的重要手段。在城市更新过程中，如何应对城市可能面临的气候风险，增强微气候韧性是提升人居环境品质和增强居民生活幸福感的重要内容之一。本章引入城市更新中的微气候韧性研究案例，以南方某大城市城市更新地块为例，旨在探讨微气候环境综合韧性提升路径，通过运用微气候环境模拟测度方法得到现状及不同方案下的微气候环境结果，对关键指标和因素进行调控，从而为城市更新中微气候环境品质优化提供策略指引。

11.1　研究背景及区域概况

11.1.1　研究背景

城市更新旨在通过改造和升级，提升城区的居住质量、经济活力和社会环境，同时重视生态与环境的可持续性。本研究在考虑城市更新中社会、功能、经济和环境 4 个重点维度的基础上，突出微气候环境的改善，以实现人与自然和谐共生的城市空间。微气候韧性的提升不仅改善城市居住环境，还对增强城市应对气候变化的能力至关重要。其中，社会层面上要求通过增加公共绿地和改善居住环境提升城市的生活舒适度和居民的健康水平，直接反映微气候改善的社会价值；功能改进重点放在推动混合用途开发和交通系统的优化上，通过增加绿色出行方式和优化建筑布局改善城市的空气流通和温度调节，从而增强微气候的韧性；在经济方面则关注可持续发展和经济活力的提升，微气候的优化不仅吸引更多的投资，还能通过降低能耗和提高环境质量，带来长期的经济效益；而环境层面则特别要求城市绿化和建筑的节能设计，增加城市绿地和采用环保建材直接关系到微气候调节的效果，如改善空气质量、降低城市热岛效应等。

提升微气候韧性是本章探讨的核心内容，其重要意义体现在三个方面：首先，增加城市的透风性和阴凉区，直接提升居住和工作环境的舒适度；其次，调整和优化建筑布局及其材料使用，能有效降低能耗，增强环境可持续性；最后，随着全球气候变化的影响加剧，提升城市的微气候韧性可以增强其对极端天气事件的适应能力，保障城市运行的连续性和安全性。本章将围绕以下内容展开：①介绍用地现状、气候条件和规划设计要求；②采用 CFD 和多孔介质模拟方法对基地现状进行微气候模拟，得到基地现状风环境、热环境和空气污染的空间分布，分析风、热、污染三者相互作用存在复杂的耦合关系；③对风、热、污染进行综合考量并给出多个优选设计方案，并运用相同模拟流程对若干待选方案进行模拟，一方面比较规划方案相较现状在微气候环境上的变化，另一方面比较不同空间布局方案在微气候环境上的差异；④从微气候韧性提升角度探讨规划设计优化策略，为城市空间微气候环境多目标优化提供借鉴。

11.1.2　区域概况

本案例基地位于南方某大城市老火车站站北片区，该火车站为城市重要交通枢纽，多条地铁线路接入，毗邻客运站，密集的人流为基地商业服务业开发提供了坚实基础，近年来逐步形成了独特的"车站经济"和与之匹配的空间格局（图 11.1）。该城市处于亚热带季风气候区，冬季温暖，夏季炎热，高温期较长。其中，4 至 9 月为夏季，高温多雨，最高温度达到 38℃以上，5～6 月月均降雨量达到峰值，常出现对流天气，主要风向是南风和东南风，整体风力不强，6～9 月常受台风侵扰。

图 11.1　基地现状环境

本案例基地面积约 43 hm^2，现状容积率约 1.7，建筑密度约 45.7%，包括城中村、遗址、新建小区、仓库及批发市场等多种功能类型，多为行列式建筑布局，整体空间质量较差。以基地边界向外扩展一定范围作为研究区，面积约 100 hm^2，如图 11.2 所示，基地东南侧为高品质住宅小区，西北侧以大型批发市场和物流仓库、工厂为主，北侧为城中村，建筑密度高，建设条件一般，空间品质较差。

基地现状主要由居住用地、商业设施用地和物流仓储用地构成，包含少量文物古迹用地、教育科研用地以及文化设施用地，其中北侧是建设密度较高的城中村，同时聚集了大量批发市场，主要经营服装、鞋帽、钟表和皮具等商品。居住、商业和物流仓储等功能区相互交错，呈现出复杂的用地格局。研究区内部路网分布不均衡（图 11.3），其中中部的道路网络密度相对较高，基本呈网格状结构，易形成风道体系。相比之下，南部及外围区域路网密度较低，道路分级不明确，在一定程度上影响了研究区通风流畅性。

图 11.2　基地与研究区范围

图 11.3　研究区路网

11.2　研究区微气候现状特征

11.2.1　微气候模拟流程

使用 CFD 模拟软件 ANSYS Fluent 对研究区进行模拟，具体包括：①建立空间形态几何模型并进行网格划分；②选择合适的数学模型并设置边界条件；③计算求解。

1. 模型建立及其网格划分

在确定研究对象的结构和范围后，使用 CAD 和 SketchUp 建模软件对其进行几何建模并建立计算域，然后导入 ICEM 软件对模型进行网格划分及边界条件设置。具体步骤如下。首先基于研究区建筑空间形态建立三维模型，基地内部采用标准建筑建模，外围建筑群则采用多孔介质方式建模。然后建立计算域，基于广州夏季主导风向设置计算域方向，使速度入口与来流风平行，计算域尺度如图 11.4 所示，研究区最高建筑为 H，计算域入口距离研究区 $5H$，出口距离研究区域 $15H$，左右两侧和计算域顶部距离研究区域的距离都为 $5H$。之后设置边界条件，计算域入口设为速度入口（velocity inlet），出口设置为自由出流（outflow），左右两侧和计算域顶部设置为对称边界条件（symmetry），地面和建筑物表面设为固体边界（wall），多孔介质的表面设置为虚面（interior）。

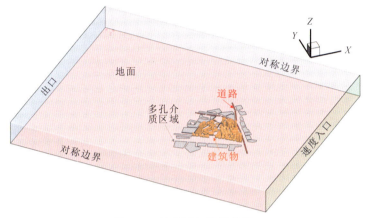

图 11.4　计算域与边界条件

多孔介质流域的网格划分与微观 CFD 建模在两个方面存在显著差异，包括几何划分方面对外部大气及建筑群的划分差异，几何定义方面对建筑群整体及体块的界定差异（王鹤婷，2021）。本研究采用多孔介质方法处理研究区存在的大量复杂建筑结构，网格划分则采用相对较为灵活的非结构化网格。计算域总体的最大网格尺寸为 30 m，在目标区域和建筑表面、道路等区域进行了网格加密，建筑表面和道路的最小网格尺寸为 1 m，网格划分如图 11.5 所示。

2. 数学模型选取

建筑群阵列中的气流可以被视为一种不可压缩、等温的湍流。采用多孔湍流模型对这种气流进行了宏观湍流模拟。

通常用表面平均 ψ^{v} 及体积平均 ψ^{f} 描述多孔介质特征，Whitaker（1996）定义了两个表示多孔介质概念中的平均值：表面平均值 $\overline{\psi^{\mathrm{v}}}$ 和内部平均值 $\overline{\psi^{\mathrm{f}}}$。多孔介质流动的宏观时间平均量可由体积平均法在代表性基本体积上的微观时间平均量获得。宏观时间平均量可由下式计算：

$$\overline{\psi^{\mathrm{v}}} = \frac{1}{\Delta V_{\mathrm{v}}} \int_{\Delta V_{\mathrm{v}}} \overline{\psi} \mathrm{d}V \tag{11.1}$$

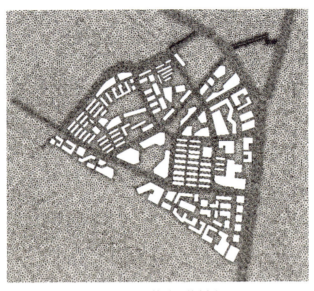

图 11.5　计算域网格划分

$$\overline{\psi^{\mathrm{f}}} = \frac{1}{\Delta V_{\mathrm{f}}} \int_{\Delta V_{\mathrm{f}}} \overline{\psi} \mathrm{d}V \tag{11.2}$$

$$\overline{\psi^{\mathrm{v}}} = \varphi \overline{\psi^{\mathrm{f}}} \tag{11.3}$$

式中：ΔV_{v} 为平均体积的总体积；ΔV_{f} 为平均体积内的流体体积。简化 $\overline{\psi^{\mathrm{v}}}$ 与 $\overline{\psi^{\mathrm{f}}}$ 为 ψ^{v} 及 ψ^{f}，孔隙率 φ 代表了流体的体积分数：

$$\varphi = \frac{\psi^{\mathrm{f}}}{\psi^{\mathrm{v}}} \tag{11.4}$$

　　基于 Antohe 等（1997）提出的宏观层面的 $k\text{-}\varepsilon$ 多孔介质模型，Hang 等（2010）提出单值域方法，该方法较好地预测流体流经建筑群时速度的减小量。假设除了浮升力有关的密度变化之外，空气的热物性保持一致，忽略由地球自转产生的科里奥利力，因而明确城市多孔介质模型的运输方程。

　　建筑高度下的流动区域通常被定义为城市冠层，而最大的建筑高度通常小于 200 m，因而在城市冠层中，空气可压缩流动通常被忽略。

　　因而城市冠层内部不可压缩流动的连续性方程为

$$\frac{\partial (\rho \varphi u_i^{\mathrm{f}})}{\partial x_i} = 0 \tag{11.5}$$

动量方程：

$$\frac{\rho \partial (\varphi u_i^{\mathrm{f}} u_j^{\mathrm{f}})}{\partial x_j} = \frac{\partial}{\partial x_j} \left[(\mu J + \mu_{\mathrm{t}}) \frac{\partial \varphi u_i^{\mathrm{f}}}{\partial x_j} \right] - \left(\frac{\partial \varphi p^{\mathrm{f}}}{\partial x_i} + \frac{2}{3} \rho \frac{\partial \varphi k^{\mathrm{f}}}{\partial x_i} \right)$$
$$- \overbrace{\varphi \frac{\mu}{K} \varphi u_i^{\mathrm{f}}}^{\text{udarcy}} - \overbrace{\varphi \frac{\rho C_{\mathrm{F}}}{\sqrt{K}} \varphi Q^{\mathrm{f}} \varphi u_i^{\mathrm{f}}}^{\text{uForch}} + \delta_{i3} \rho [\beta (T - T_{in}) - 1] \tag{11.6}$$

湍动能方程：

$$\frac{\partial(\rho\varphi u_i^f k^f)}{\partial x_j} = \frac{\partial}{\partial x_j}\left[\left(\mu J + \frac{\mu_t}{\sigma_k}\right)\frac{\partial \varphi k^f}{\partial x_j}\right] - \rho\varphi\varepsilon^f + \overbrace{\varphi G_k}^{TKEgen}$$

$$\underbrace{-2\varphi\frac{\mu_l}{K}\varphi k^f}_{TKEdarcy} \underbrace{-\frac{8}{3}\varphi^2\rho\frac{C_F}{\sqrt{K}}Q^f\varphi k^f}_{TKEForch} + \underbrace{2\varphi\varphi^2\rho\frac{C_F}{\sqrt{K}}F_k}_{TKEFK} \tag{11.7}$$

湍能耗散方程：

$$\frac{\partial(\rho\varphi u_i^f \varepsilon^f)}{\partial x_j} = \frac{\partial}{\partial x_j}\left[\left(\mu J + \frac{\mu_t}{\sigma_\varepsilon}\right)\frac{\partial \varphi\varepsilon^f}{\partial x_j}\right] - C_{\varepsilon 1}\varphi\frac{\varepsilon^f}{k^f}G_k - J\rho C_{\varepsilon 2}\varphi\frac{\varepsilon^f}{k^f}\varepsilon^f$$

$$\underbrace{-2\varphi\frac{\mu_l}{K}\varphi\varepsilon^f}_{EDdarcy} \underbrace{-\frac{8}{3}\varphi^3\rho\frac{C_F}{\sqrt{K}}Q^f\varepsilon^f}_{EDForch1} \underbrace{-\frac{8\mu}{3}\varphi\varphi^2\frac{C_F}{\sqrt{K}}\frac{\partial k^f}{\partial x_r}\frac{\partial Q^f}{\partial x_r}}_{EDForch2}$$

$$\overbrace{+2\varphi^2\varphi\frac{C_F}{\sqrt{K}}\left[\mu v_t\frac{\partial}{\partial x_r}\left(\frac{u_j^f u_i^f}{Q^f}\right)\frac{\partial^2 u_i^f}{\partial x_r \partial x_j} + 2\mu v_t\frac{u_j^f u_i^f}{Q^f}\frac{\partial^2}{\partial x_r^2}\left(\frac{\partial u_i^f}{\partial x_j}\right)\right]}^{EDForch3} \tag{11.8}$$

$$F_k = \mu_t\frac{u_i^f u_j^f}{Q^f}\frac{\partial \varphi u_j^f}{\partial x_i} \tag{11.9}$$

$$G_k = \mu_t\frac{\partial u_i^f}{\partial x_j}\left(\frac{\partial u_i^f}{\partial x_j} + \frac{\partial u_j^f}{\partial x_j}\right) \tag{11.10}$$

$$Q = \sqrt{u_i u_i} \tag{11.11}$$

$$\mu_t = C_\mu\rho\frac{(k^f)^2}{\varepsilon^f} \tag{11.12}$$

式中：ρ 为流体密度，u_i^f、Q^f、p^f、k^f 和 ε^f 分别为流体速度、本征平均速度、压力、湍动能及湍流耗散；μ 和 μ_t 为动力黏度和湍流黏度；J 为湍流黏性比，在多孔介质中多假设为 1；σ_k、σ_ε、C_μ 分别表示常量 1.0、1.3 及 0.09；K 为渗透率；C_F 为 Forchheimer 系数，可用下式计算：

$$K = \frac{\varphi^3 h^2}{150(1-\varphi)^2} \tag{11.13}$$

$$C_F = \frac{1.75\beta'}{\sqrt{150\varphi^3}} \tag{11.14}$$

式中：h 为多孔介质中固体颗粒的特征尺寸；β' 为一个参数，在原始的 Ergun 方程中为 1，在本研究中假设为 1。

城市建筑会将人为热源和太阳辐射热量释放至大气中，因此无法使用局部热平衡来描述建筑与空气的换热情况。需要分别用两个方程来描述固相和流动相的能量。然而，对于城市热岛效应的研究，重点关注外部流场的空气温度。因此，本研究只考虑流动相的能量方程，并将建筑向空气的传热视为施加于空气区域的能量源项。

能量方程：

$$\frac{\partial(\rho c_p \varphi u_j T)}{\partial x_j} = \frac{\partial}{\partial x_j}\left(\lambda \varphi \frac{\partial T}{\partial x_j}\right) + (1-\varphi)q \tag{11.15}$$

城市热源主要包括建筑物产生的热量和地表附近的热量，通过分配地表热流来表示地表附近的热源。对于建筑热源，建筑单位体积的释放强度 q 通过式（11.16）和式（11.17）计算。其中 q 为单位建筑体积的热源强度（W/m³），可由单位地表面积的建筑热源强度 Q_b（W/m²）与体表面积比 V_b 求得

$$q = \frac{Q_b}{V_b} \tag{11.16}$$

式中：V_b 为与孔隙率有关的体表面积比。

$$V_b = \int_0^H (1-\varphi)\mathrm{d}z \tag{11.17}$$

式中：H 为建筑高度。本节将孔隙率在不同多孔介质区均视为常数，因此影响城市热岛的因素有很多种，例如环境风速、大气的环境风方向、温度和地球表面接收的太阳辐射等。

在污染物计算方面，为简化研究，本研究选择机动车尾气中占比高同时化学性质相对较为稳定的 CO 作为示踪污染物，污染物浓度在计算前进行无量纲处理，以分析其分布扩散规律（赵振，2020），表达式如下：

$$K = \frac{\rho_{air} C U_{ref} H}{S_c A_c} \tag{11.18}$$

式中：ρ_{air} 为空气密度；C 为通过 Fluent 模拟获得的污染物质量分数；U_{ref} 为参照高度风速；H 为建筑物高度；S_c 为污染物源的总散发强度；A_c 表示污染物控制面积。

3. 边界条件设定及求解计算

风速的垂直特性除了受天气系统的影响，还受地形作用和下垫面性质不同引起的热力作用的影响，因此风速经常会随高度发生变化而以梯度风的形式出现。对于入口边界条件，可以采用指数律或对数律来表示风速剖面（Leung et al.，2012；Rajapaksha et al.，2003）。因此，采用指数律来表示风速剖面，速度入口设定为使用广泛的梯度风，计算如下：

$$u_{in} = u_{ref}\left(\frac{z}{z_{ref}}\right)^{0.16} \tag{11.19}$$

计算域进口处的湍动能及其耗散率如下：

$$k_{in} = 0.01u_{ref}^2 \tag{11.20}$$

$$\varepsilon_{in} = C_\mu^{3/4} k_{in}^{3/2} / (\kappa z)$$

式中：u_{ref} 为参考高度 z_{ref} 的特征速度，其中 z_{ref} 设定为 20 m；z 为距离地面高度；κ 为冯卡门常数，取 0.4；经验常数 $C_\mu = 0.09$。

入口温度沿高度分布如下：

$$T_{\text{in}} = T_0 - \gamma z \tag{11.21}$$

式中：γ 为垂直温度减小率。

入口压力沿高度分布如下：

$$p_{\text{in}} = p_0 - \rho g z \tag{11.22}$$

式中：p_0 为入口处压力；ρ 为流体密度。

城市建筑区与透明流体区采用单域方法将交界面设为 interior，整个计算区域都认为是多孔介质区，认为透明流体区域中的孔隙率为 1，这时方程中的达西项和渗透定律项自动消失，方程变为常规的标准控制方程。

考虑出口流动状态充分发展，定义出口边界条件，采用自由出流边界条件（outflow），可较好适用于出流边界上压力或速度未知的情况，如大气在建筑群中的流动；顶部和两侧边界：使用对称边界条件（symmetry），适合具有镜像对称特性的流场；地面边界条件（wall）。由于建筑物表面和地面是固定的，采用无滑移壁面条件（no-sliping wall）（王鹤婷，2021）。模型导入 Fluent 后，选择数学模型，设置边界条件及多孔介质参数，最终进行计算求解。

11.2.2　现状模拟结果

截取研究区人行高度处（$Z=1.5$ m）风速、温度、污染浓度分布云图，如图 11.6 所示。从图 11.6（a）可以看到铁路区域空间走向顺应来流风向且空间较为开敞，风速最高，现状一路在走向上与来流风向存在一定夹角，但两侧建筑形成连续的通风廊道，使得引入的气流保持了良好的流通速度，因此铁道区域和现状一路成为基地内部两大气流来源。基地内部建筑平均高度在 20 m 左右，建筑密度较高的区域风速较低，背风面往往出现大面积静风区，而建筑密度较低的区域，由于建筑间隔较大，湍流效应较小，风速得以保持在较高水平。对照图 11.6（b）可以看到，温度与风速具有较高的相关性，风速越高温度越低，反之亦然，因为较高的风速可以带动不同温度层的空气混合，这种混合可能将外部更冷的空气带至基地内部，降低温度，同时高风速增加了表面水分的蒸发，蒸发过程消耗热量，也会导致人行高度出现温度下降。从图 11.6（c）可以看到，城市道路汽车尾气作为污染物主要来源，距离道路越近污染浓度越高，其中现状一路和现状二路道路等级较高（图 11.3），车流量大，污染尤为严重。道路下风向的建筑布局对基地内部污染物扩散影响较大，贴线率越高对污染物的阻挡作用越强，反之污染物更容易通过气流输运到基地内部，造成污染物滞留。

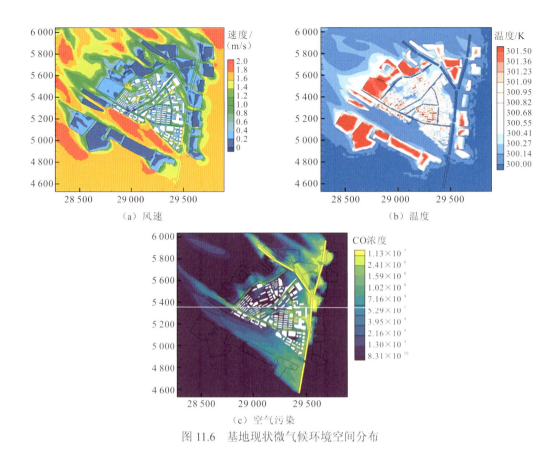

（a）风速　　　　　　　　　　　　　　　　　（b）温度

（c）空气污染

图 11.6　基地现状微气候环境空间分布

11.3　规划多方案的微气候模拟

11.3.1　规划方案比选

经过多方比选，得到 3 个符合规划设计要求的待选规划方案，各待选方案在设计思路上各有侧重。其中 X1 方案充分考虑民生诉求，整体以微更新为主，保留了基地内大量原有社区，站前轴线虽作为集合文、旅、商多元功能的重点区域，但未沿用以往站前高强度的建设方式，而是采用低强度建设方式，保持低矮的建筑高度，拟利用 AR、5G+河图等数字媒体技术在虚拟空间中增设文化体验空间，拓展空间的使用边界，方案整体形成中轴低、两边高的空间形态；X2 方案与 X1 方案建设强度基本一致，区别在于 X2 方案站前轴线延续传统设计思路，充分利用土地资源、挖掘商业潜能，采取高强度建设方式，形成中轴高、两边低的空间形态；X3 方案与 X2 方案相比，站前轴线同样采取高强度建设方式，形成中轴高、两边低的空间形态，并通过提升建筑密度的方式进一步提升建设强度。各待选方案主要建设指标见表 11.1。

表 11.1 待选方案经济技术指标

指标	待选方案		
	X1	X2	X3
几何模型	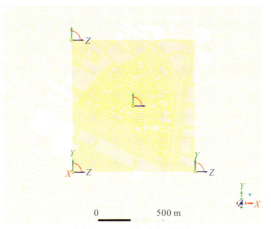		
容积率	2.1	2.1	2.8
建筑面积/m²	792 000	792 000	1 008 000
建筑密度/%	30	30	40
绿地率/%	20	20	20
建筑高度（平均/最高）/m	21/65	21/65	21/65
空间形态	中轴低，两边高	中轴高，两边低	中轴高，两边低

下面将围绕上述 3 个待选方案可能形成的微气候环境展开讨论。首先基于 CFD 方法对上述 3 个待选规划方案进行微气候模拟，规划方案的模拟流程及背景环境设定与现状模拟一致，然后基于模拟结果比较不同方案风环境、热环境和空气污染浓度水平和空间分布差异，分析不同建设强度和空间形态对微气候环境的影响，进而为规划方案的微气候环境韧性提升提供依据。

11.3.2 方案模拟结果

1. 整体统计特征

首先比较 3 个规划方案和现状微气候环境水平差异，测度范围如图 11.7 所示，测度高度为 1.5 m 人行高度，选取风速、温度和污染物浓度 3 个主要指标表征，统计结果如图 11.8 所示。

0 　　　 500 m

图 11.7 测度空间范围

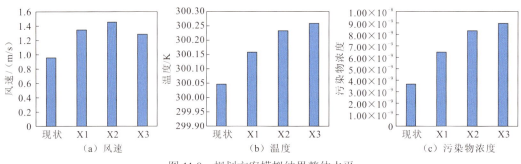

图 11.8　规划方案模拟结果整体水平

风速方面，从图 11.8（a）可以看到，规划方案对基地内建筑进行了空间梳理和重新组织，使研究区整体风速得到明显提升，特别是 X2 方案风速提升最为显著。与 X2 方案相比，虽然 X1 方案和 X3 方案区域的风速也有所提升，但相对较弱，表明在该组对比实验中，建筑高度的提高对风速的提升起到了积极作用，而建筑密度的增加则在一定程度上削弱了这一效果。因为建筑高度的提高有助于形成更为有效的风道，允许空气在建筑之间上升和流动，从而增强了风速。高层建筑能够引导和加速上升的气流，有时甚至能够形成小型的风口效应，这有助于增强局部风速。此外，较高的建筑还可以减少地面附近的风速阻塞，使得风能更自由地在建筑群中穿梭。然而，建筑密度的增加可能会产生相反的影响。当建筑物过于密集时，建筑之间的空间缩小会限制风的流动路径，从而减少了风速，密集的建筑布局也可能导致风流被阻断，形成湍流，这不仅降低了风速，还可能导致空气滞留，影响整体通风效果。

温度方面，尽管期望通过增加风速来降低温度，但图 11.8（b）数据显示，规划方案的平均温度远高于现状，这表明建设强度的提升对温度升高的影响超过了通风加强所带来的降温效果。一方面，建设强度的增加涉及更多建筑物的建造和更大面积的硬质地表，这不仅减少了绿地面积，也增加了地表吸热的能力。另一方面，建筑密集的环境还会阻碍空气流动，即使通风条件得到一定程度的改善，增加的建筑物也可能形成风的障碍，限制了风速的提升和冷空气的引入，减少了大气对流的效率，从而降低了降温的潜力。

污染扩散方面，图 11.8（c）可以看到 X2 方案的平均污染浓度最低，这与该方案较高的整体风速密切相关，高风速有助于快速分散污染物，降低其在空气中的停留时间和累积程度，风力加强了污染物的水平和垂直运输，使得污染物能够在更大范围内扩散，减少了在特定区域的污染浓度。此外，高风速还促进了大气层的混合效应，这意味着地面附近的污染物可以与上层较干净的空气混合，进一步稀释污染物的浓度。因此，在风速较高的情况下，即使地面源的污染释放量相同，污染物也不易在地表附近积累，从而有效减少了污染物对人体健康和环境的潜在危害。

2. 整体空间特征

表 11.2 为微气候环境的空间分布，反映风速、温度和污染物浓度等多个关键微气

候指标的空间异质性，该表可以直观地看到哪些区域的空气流通性较好，哪些区域受到较高温度的影响，以及污染物浓度的高低，进而揭示特定城市空间形态对微气候的具体影响。

表 11.2　规划方案模拟结果空间分布

项目	风环境	热环境	空气污染
图例	风速/（m/s） 0.00　0.40　0.80　1.20　1.60　2.00	温度/K 300.00　300.19　300.50　301.50	空气污染物浓度 8.31×10^{10}　3.29×10^{9}　1.11×10^{8}　1.13×10^{7}
X1			
X2			
X3			

从研究区外围来看，与现状基本一致，由于火车站铁路区域空间开敞且与来流风方向一致，风速依然最高，空气的快速流通使得该区域形成了最大规模的低温区，此外，现状一路区域也形成了较大规模的低温区，与火车站铁路区域一同作为研究区的冷空气

主要来源。从风速云图上看，现状一路区域风道不及火车站铁路区域明显，一方面现状一路走向与来流风向存在一定夹角，另一方面现状一路东侧的建筑群阻挡了大量来流风，但整体上风速较高，且在入风口处形成了几处明显的高风速区，因此现状一路区域整体温度较低。污染物扩散方面，风是影响污染物扩散的主要因素之一，高风速能够将污染物更快地吹散并稀释，而风向决定了污染物的主要传播方向，由于道路是主要污染源，道路下风向相比上风向污染浓度更高，同时车流量越大的道路释放污染越多，因此现状一路西侧为研究区内污染最严重区域。

从研究区内部来看，高风速区零散分布于站前中轴区域，静风区则主要集中于保留社区等建筑密集区域或建筑围合的背风面，当风速增加时，空气中的热对流也会增强，因此可以看到静风区温度相对较高。稳定的风可以形成持续的污染物传播路径，整体上研究区东部靠近主要污染源现状一路，污染程度明显高于西部，而变化的风向和风速也会导致污染物分布更加复杂和不均匀，因此研究区东部保留社区密集的建筑阻挡了污染物进入，形成了一定规模的低污染区。

3. 局部空间特征

1）站前轴线

火车站独特的地理位置和作为交通枢纽的重要地位，将吸引大量人流进入研究区。3个规划方案均将站前轴线作为集合文、旅、商多元功能的核心区域重点打造。鉴于高密度的人口和复杂的功能需求，创造一个宜人的门户空间至关重要，而优良的微气候环境是提升公共空间舒适度和可持续性的关键因素之一，因此有必要特别关注站前空间的微气候环境。基于不同的设计理念，3个规划方案站前轴线的空间形态存在较大差异，其中 X1 站前轴线采用低强度建设方式，与周围建筑形成中轴低、两边高的空间形态，X2 和 X3 则采取高强度建设方式，与周围建筑形成中轴高、两边低的空间形态，X3 的建筑密度略高于 X2。站前轴线从火车站起依次划分为站前广场、轴线中段和轴线尾段 3 部分。由表 11.3 可以看到，X1 站前广场在低矮建筑背风区形成涡流，整体风速较低，X2 和 X3 由于较高建筑阻挡形成绕流，使空气快速从铁路区域进入站前广场。从云图上看，受涡流影响，X1 站前广场聚集了大量污染物不易扩散，污染浓度明显高于 X2、X3。到了轴线中段，受不同高度建筑布局影响气流轨迹存在显著差异，其中 X2、X3 高层建筑之间狭窄的缝隙产生狭管效应，来流风快速穿过到达下风向，未进入轴向中段，因此轴线内部以涡流为主，而 X1 轴线中段的入风口空间开敞且两侧建筑低矮，来流风进入后受建筑阻挡风向顺应轴线，因此 X1 风速高于 X2、X3。X3 轴线尾段的风速最低，因为高层建筑林立形成了大量静风区，空气流通不畅，相应地，X3 区域平均温度也明显高于X1、X2。

表 11.3　站前轴线风环境

项目	风速平面流线、云图	风速三维流线
图例	风速/(m/s)　0.00　0.40　0.80　1.20　1.60　2.00	
X1		
X2		
X3		

2）保留社区

为促进社区可持续发展，保留地方特色，改造更新过程中保留了 2 处相对完整的社区单元。其中，保留社区 A 位于站前广场东侧，保留社区 B 位于站前广场西侧，研究区内其他区域均进行了不同程度的拆除重建，周围空间形态的改变对保留社区微气候环境将造成怎样的影响也是值得关注的问题。

其中，社区 A 主要受到其上风向，即南侧建筑群影响，现状为低矮的建筑群，X1 与 X3 调整了南侧建筑群空间形态，建设强度与现状基本一致，X2 与 X1、X3 区别在于降低了建筑高度。由表 11.4 可以看到，与现状相比 3 个规划方案南侧建筑群调整对保留社区 A 的微气候环境影响不大，静风区主要由于社区本身较高的建筑密度形成。相应地，温度和空气污染状况也与现状基本一致。社区 B 则主要受到站前轴线空间形态影响，站前轴线为重点改造区域，规划方案均对站前轴线的建筑体量和高度做出较大调整，因此与现状相比保留社区 B 的风环境与现状存在较大差异。从风速上看，平均风速有所提升，尤其是南部静风区面积大幅减小，东北部空气流通速度加快；从气流轨迹上看，社区现状没有明显入风口，而规划方案则形成了 3 个入风口，一是社区南侧站前广场的空间打开形成了一条明显的风道，使铁路区域气流进入社区，二是站前广场与轴线中线之间，高层建筑形成的狭管效应使来流风穿过站前轴线进入社区，三是社区东北部部分建筑拆除形成了新的入风口。进一步比较 3 个方案之间差异，X2、X3 站前广场建筑高度提升对位于其下风向的社区南侧静风区消减作用明显，X1 有大量气流是经过第二个入风口进入社区内部，并形成了连续流畅的风道，而 X2、X3 气流经过第二入风口后风速迅速下降，主要因为空气流过狭管后，出口处截面积突然增大，根据流体力学的连续性方程，流速和截面积成反比，因此即便通过第二入风口的风速较高，但对社区内部未产生明显连续性影响。相应地，X1 社区中部由于通风条件良好出现了明显低温区。

表 11.4 保留社区风环境

项目	保留社区 A	保留社区 B
图例	风速 /（m/s） 0.00 0.40 0.80 1.20 1.60 2.00	
现状		

项目	保留社区 A	保留社区 B

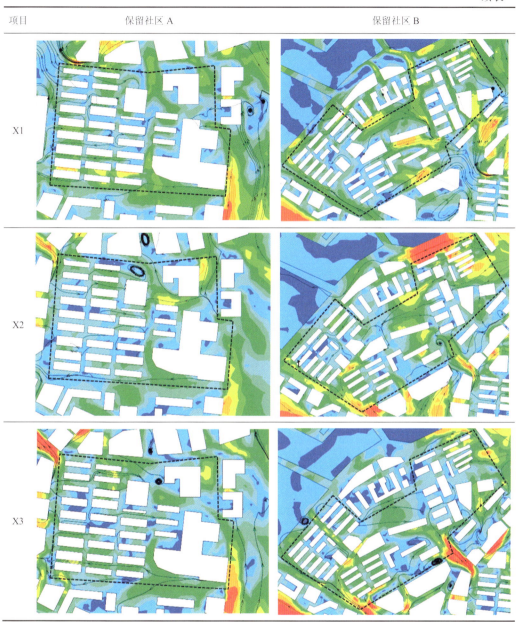

11.3.3　方案优化策略

首先，融合不同方案优势，调整建筑实体空间布局。基于模拟结果分析，各方案建筑空间形态在微气候环境表现上各有优劣。在确定最终规划方案时，可以根据微气候环境综合表现优先选定一个主方案，考虑将其他方案中表现较好的做法与主方案进行融合，充分利用各个方案的优点，弥补单一方案中的不足，从而制定出更加全面和高效的方案优化策略。具体而言，X2 方案在风速提升方面表现最佳，温度与污染的综合表现较为均衡，可作为主方案。适当的建筑高度有助于形成有效的风道，因此应保持 X2 方案适中的建筑高度，特别是在站前轴线区域，通过设计高低错落的建筑群，增强风的导向性和穿透性，这种布局可以有效减少涡流的形成，提升区域内的整体通风效果，避免静风区的产生。在保留社区周边和一些易受热岛效应影响的地带，引入 X1 方案的低密度建设特点。低密度的建筑布局能够有效减少热量积聚，增强空气流动，尤其是在靠近绿地和开放空间的区域，这种布局有助于形成局部的冷空气源，降低周围温度。在经济和商业活动集中的区域，可以适当引入 X3 方案的高密度建设特点，以提升区域的经济活力和土地使用效率，同时通过合理设计建筑间距，确保足够的通风效果。

然后，基于确定的建筑实体空间整体形态，增加绿地和开放空间。前文提到，建筑密集和硬质地表的增加会导致温度上升。因此，应在高建筑密度区域增加垂直绿化和屋顶绿地，同时在低密度区域扩大地面绿地的面积。尤其是在站前广场等人流密集区域，可以通过增加绿色景观和水景来降低温度，改善热环境。开放空间的设计应结合主导风向，形成自然的风道。例如，站前轴线中段和尾段可以设计成开放式的广场和走廊，确保风从铁路区域顺利进入并贯穿整个站前区域，改善局部空气流通。

最后，在建成环境实体空间的运营上，加强数字化技术应用。前文提到，X1 方案考虑利用 AR、5G 等数字媒体技术在虚拟空间中增设文化体验空间，具有较好的可持续性。优化策略应鼓励在规划区域内广泛应用此类技术，尽可能减少对实体建筑的依赖。通过数字化平台，可以实现远程文化体验和互动，减轻大规模实体建设对环境造成的负面影响，提升区域的微气候环境。此外，利用智能监测系统实时跟踪风速、温度和污染物浓度变化，动态调整建筑物的开闭状态和能源消耗，也可进一步提高微气候环境的适应性和韧性。

另外，规划方案微气候模拟和动态调整的方法流程未来还应进一步改进。前文使用 CFD 方法对规划方案进行了微气候模拟，为优化策略提供了科学依据。应在此基础上，建立一个长期的微气候监测和模拟机制。通过对不同季节和天气条件下的微气候变化进行模拟和分析，综合调整建筑布局、绿地配置和开放空间的设计，确保规划方案能够最大程度上适应外部环境的变化。例如，针对不同季节的风向变化，可以调整开放空间的布局和绿地的分布，形成季节性风道，确保全年都有良好的通风效果。同时，通过调整建筑物的朝向和立面设计，最大程度地利用不同时间段的自然通风和采光，减少能耗和环境负担。利用这些优化策略，规划方案将更具弹性和可持续性，有效提升区域的微气候韧性，同时为居民提供更宜居的生活环境。

参 考 文 献

安士伟, 万三敏, 李小建, 2017. 城市脆弱性的评估与风险控制: 以河南省为例. 经济地理, 37(5): 81-86.

白立敏, 2019. 基于景观格局视角的长春市城市生态韧性评价与优化研究. 沈阳: 东北师范大学.

白立敏, 修春亮, 冯兴华, 等, 2019. 中国城市韧性综合评估及其时空分异特征. 世界地理研究, 28: 77-87.

薄坤, 杨正, 赖雄飞, 等, 2022. 暴雨内涝下城市公交线网应急点识别方法. 交通运输工程与信息学报, 20(3): 57-67.

蔡建明, 郭华, 汪德根, 2012. 国外弹性城市研究述评. 地理科学进展, 31: 1245-1255.

岑国平, 沈晋, 范荣生, 1998. 城市设计暴雨雨型研究. 水科学进展, 9(1): 41-46.

陈碧琳, 李颖龙, 2023. 洪涝韧性导向下高密度沿海城市适应性转型规划评估: 以深圳红树湾片区为例. 城市规划学刊(4): 77-86.

陈浩然, 2022. 应对突发公共卫生事件的社区韧性评估与差异化提升策略. 武汉: 华中科技大学.

陈浩然, 彭翀, 林樱子, 2023. 应对突发公共卫生事件的社区韧性评估与差异化提升策略: 基于武汉市4个新旧社区的考察. 上海城市规划, 1(1): 25-32.

陈静, 左翔, 彭建松, 等, 2020. 基于MSPA与景观连通性分析的城市生态网络构建: 以保山市隆阳区为例. 西部林业科学, 49: 118-123, 141.

陈梦远, 2017. 国际区域经济韧性研究进展: 基于演化论的理论分析框架介绍. 地理科学进展, 36: 1435-1444.

陈伟珂, 张欣, 2017. 危化品储运火灾爆炸事故多因素耦合动力学关系. 中国安全科学学报, 27: 49-54.

陈晓红, 王玉娟, 万鲁河, 等, 2012. 基于层次聚类分析东北地区生态农业区划研究. 经济地理, 32(1): 137-140.

崔鹏, 李德智, 陈红霞, 等, 2018. 社区韧性研究述评与展望: 概念、维度和评价. 现代城市研究, 33(11): 119-125.

邓诗琪, 2018. 气候变化背景下城市社区雨涝灾害韧性测度研究. 南京: 南京工业大学.

邓真平, 2019. 考虑拥堵传播特性的路网交通系统脆弱性研究. 重庆: 重庆交通大学.

丁亮, 钮心毅, 施澄, 2021. 多中心空间结构的通勤效率: 上海和杭州的实证研究. 地理科学, 41: 1578-1586.

段怡嫣, 翟国方, 李文静, 2021. 城市韧性测度的国际研究进展. 国际城市规划, 36: 79-85.

范维澄, 刘奕, 翁文国, 2009. 公共安全科技的"三角形"框架与"4+1"方法学. 科技导报, 27(6): 3.

方创琳, 关兴良, 2011. 中国城市群投入产出效率的综合测度与空间分异. 地理学报, 66: 1011-1022.

冯浩, 张方, 戴慎志, 2017. 综合防灾规划灾害风险评估方法体系研究. 现代城市研究(8): 93-98.

付娉娉, 吴冲, 2014. 非常规突发事件应急决策机理研究. 哈尔滨工业大学学报(社会科学版), 16(4): 112-117.

盖程程, 翁文国, 袁宏永, 2011. 基于GIS的多灾种耦合综合风险评估. 清华大学学报(自然科学版), 51(5): 627-631.

干靓, 2018. 人与自然叠合视角下城市多重生境分类初探. 中国城市林业, 16: 1-5.

哈斯，张继权，郭恩亮，等，2016. 基于贝叶斯网络的草原干旱雪灾灾害链推理模型研究. 自然灾害学报，25(4): 20-29.

何姗，2023. 国土空间规划背景下的山体生态修复规划研究：以南宁市为例. 环境工程技术学报，13: 1234-1241.

何继新，孟依浩，郑沛琪，2022. 中国城市韧性治理研究进展与趋势(2000—2021)：基于 CiteSpace V 的可视化分析. 灾害学，37(3): 148-154.

何锦屏，李双双，2021. 多灾种时空耦合网络构建：从多维网到单顶点网. 地理研究，40: 2314-2330.

何龙斌，凌自苇，齐光文，等，2021. 多目标生态安全格局构建方法与规划应用：以珠海市为例. 城市发展研究，28: 19-23.

何舟，宋杰洁，孙斌栋，2014. 城市通勤时耗的空间结构影响因素：基于文献的研究与启示. 城市规划学刊(1): 65-70.

贺淑钰，王玲，陈俊辰，等，2024. 农业主产区生态系统服务供需格局及影响因素分析：以湖北省四湖流域为例. 长江流域资源与环境，33: 810-821.

黄国如，罗海婉，卢鑫祥，等，2020. 城市洪涝灾害风险分析与区划方法综述. 水资源保护，36(6): 1-6, 17.

黄弘，范维澄，2024. 构建"安全韧性城市"：概念、理论与实施路径. 北京行政学院学报(2): 1-9.

黄勇，魏猛，万丹，等，2020. 西南山地多灾区域道路网络可靠性规律分析. 同济大学学报(自然科学版)，48: 526-535.

稽涛，姚炎宏，黄鲜，等，2023. 城市交通韧性研究进展及未来发展趋势. 地理科学进展，42: 1012-1024.

姜宇舟，雷鸣涛，顾名祥，等，2024. 基于手机信令数据的典型日出行 OD 矩阵分析. 综合运输，46: 123-129.

孔锋，2024. 灾害系统视角下的灾害耦合效应探讨. 灾害学，39: 1-5.

寇世浩，姚尧，郑泓，等，2021. 基于路网数据和复杂图论的中国城市交通布局评价. 地球信息科学学报，23: 812-824.

李成兵，郝羽成，王文颖，2017. 城市群复合交通网络可靠性研究. 系统仿真学报，29: 565-571, 580.

李峰清，赵民，吴梦笛，等，2017. 论大城市"多中心"空间结构的"空间绩效"机理：基于厦门 LBS 画像数据和常规普查数据的研究. 城市规划学刊(5): 21-32.

李灵芝，袁竞峰，张磊，2020. 城市大型公共服务设施运营韧性的理论阐释与案例解析. 土木工程与管理学报，37: 93-100, 105.

李睿，王军，李梦雅，2022. 暴雨内涝情景下城市消防服务可达性的精细化评估. 地理科学进展，41(1): 143-156.

李树清，颜智，段瑜，2010. 风险矩阵法在危险有害因素分级中的应用. 中国安全科学学报，20: 83-87.

李思宇，梁达，韦燕芳，等，2023. 基于贝叶斯网络的干旱-森林火灾灾害链定量建模研究. 自然灾害学报，32: 38-46.

李彤玥，牛品一，顾朝林，2014. 弹性城市研究框架综述. 城市规划学刊(5): 23-31.

李亚，翟国方，2017. 我国城市灾害韧性评估及其提升策略研究. 规划师，33: 5-11.

李彦瑾，2020. 突发事件下城市道路网脆弱性识别方法与应用研究. 成都：西南交通大学.

李彦萍，王涛，王玺伟，等，2022. 层次分析法支持下的道路洪涝灾害风险评价：以武夷山地区为例. 测绘通报(3): 166-170.

李杨帆, 朱晓东, 孙翔, 等, 2008. 快速城市化地区景观生态规划研究: 以江苏连云港港湾地区为例. 重庆建筑大学学报, 30(4): 53-57.

李永祥, 2011. 什么是灾害? 灾害的人类学研究核心概念辨析. 西南民族大学学报(人文社会科学版), 32: 12-20.

李勇建, 王循庆, 乔晓娇, 2014. 基于随机 Petri 网的震后次生灾害演化模型研究. 运筹与管理, 23: 264-273.

李云飞, 许才顺, 池招招, 等, 2022. 基于多灾害耦合叠加模型的区域地震风险评估. 安全与环境学报, 22: 1477-1485.

林展鹏, 2008. 高密度城市防灾公园绿地规划研究: 以香港作为研究分析对象. 中国园林, 24(9): 37-42.

刘洁, 张丽佳, 石振武, 等, 2020. 交通运输系统韧性研究综述. 科技和产业, 20(2): 47-52.

刘娟, 2022. 韧性城市交通评价指标体系构建及提升策略研究//2021/2022 年中国城市交通规划年会, 上海.

刘樑, 许欢, 李仕明, 2013. 非常规突发事件应急管理中的情景及情景-应对理论综述研究. 电子科技大学学报(社科版), 15: 20-24.

刘有军, 田聪, 2013. 不同路网形态下城市交通拥堵特性分析. 中国公路学报, 26: 163-169, 190.

龙少波, 张军, 2014. 外贸依存度、外资依存度对中国经济增长影响: 基于 ARDL-ECM 边限协整方法. 现代管理科学(9): 42-44.

龙小强, 谭云龙, 2011. 基于模糊综合评价的城市道路交通拥堵评价研究. 交通标准化(11): 114-117.

卢颖, 郭良杰, 侯云玥, 等, 2015a. 多灾种耦合综合风险评估方法在城市用地规划中的应用. 浙江大学学报(工学版), 49: 538-546.

卢颖, 侯云玥, 郭良杰, 等, 2015b. 沿海城市多灾种耦合危险性评估的初步研究: 以福建泉州为例. 灾害学, 30: 211-216.

鲁钰雯, 翟国方, 2022. 城市空间韧性理论及实践的研究进展与展望. 上海城市规划, 6(6): 1-7.

骆沁宇, 张梦园, 李晓璐, 等, 2024. 北京城市绿地不同生境自生植物多样性特征及其功能性状组成. 生态学报, 44: 4744-4757.

骆晓强, 梁权琦, 杨晓光, 2017. 当前中国经济的"灰犀牛"和"黑天鹅". 中国科学院院刊, 32(12): 1356-1370.

吕悦风, 项铭涛, 王梦婧, 等, 2021. 从安全防灾到韧性建设: 国土空间治理背景下韧性规划的探索与展望. 自然资源学报, 36(9): 2281-2293.

毛华松, 张立立, 罗评, 2019. 基于灾害链理论的山地城市雨洪适灾空间建构: 以巫山县早阳新区城市设计为例. 风景园林, 26: 96-100.

孟海星, 沈清基, 2021. 超大城市韧性的概念、特点及其优化的国际经验解析. 城市发展研究, 28: 75-83.

明晓东, 徐伟, 刘宝印, 等, 2013. 多灾种风险评估研究进展. 灾害学, 28: 126-132, 145.

穆光宗, 侯梦舜, 郭超, 等, 2023. 论人口规模巨大的中国式现代化: 机遇、优势、风险与挑战. 中国农业大学学报(社会科学版), 40: 5-22.

倪盼盼, 张翔, 夏军, 等, 2017. 水生态文明评价指标体系比较及济南市指标体系构建. 中国农村水利水电(7): 85-88.

倪晓娇, 南颖, 朱卫红, 等, 2014. 基于多灾种自然灾害风险的长白山地区生态安全综合评价. 地理研究, 33: 1348-1360.

倪长健, 王杰, 2012. 再论自然灾害风险的定义. 灾害学, 27: 1-5.

牛彦合, 焦胜, 操婷婷, 等, 2022. 基于PSR模型的城市多灾种风险评估及规划响应. 城市发展研究, 29: 39-48.

彭翀, 郭祖源, 彭仲仁, 2017. 国外社区韧性的理论与实践进展. 国际城市规划, 32: 60-66.

彭翀, 林樱子, 吴宇彤, 等, 2021. 基于"成本-能力-能效"的长江经济带城市韧性评估. 长江流域资源与环境, 30: 1795-1808.

彭翀, 袁敏航, 顾朝林, 等, 2015. 区域弹性的理论与实践研究进展. 城市规划学刊(1), 84-92.

彭翀, 左沛文, 李月雯, 等, 2024. 城市空间多风险耦合及规划韧性应对. 城市规划学刊(5), 88-97.

饶文利, 罗年学, 2020. 台风风暴潮情景构建与时空推演. 地球信息科学学报, 22: 187-197.

邵亦文, 徐江, 2015. 城市韧性: 基于国际文献综述的概念解析. 国际城市规划, 30: 48-54.

申佳可, 王云才, 2021. 基于多重生态系统服务能力指数的生态空间优先级识别. 中国园林, 37: 99-104.

史培军, 1996. 再论灾害研究的理论与实践. 自然灾害学报, 5(4): 8-19.

史培军, 2005. 四论灾害系统研究的理论与实践. 自然灾害学报, 14(6): 1-7.

史培军, 2009. 五论灾害系统研究的理论与实践. 自然灾害学报, 18(5): 1-9.

史培军, 吕丽莉, 汪明, 等, 2014. 灾害系统: 灾害群、灾害链、灾害遭遇. 自然灾害学报, 23: 1-12.

孙鸿鹄, 甄峰, 2019. 居民活动视角的城市雾霾灾害韧性评估: 以南京市主城区为例. 地理科学, 39: 788-796.

孙立, 孙雪谱, 周苡帆, 等, 2023. 突发公共卫生事件下城市社区社会韧性评估指标体系研究. 北京规划建设(3): 97-100.

唐海萍, 陈姣, 薛海丽, 2015. 生态阈值: 概念、方法与研究展望. 植物生态学报, 39: 932-940.

唐少虎, 朱伟, 程光, 等, 2022. 暴雨内涝下城市道路交通系统安全韧性评估. 中国安全科学学报, 32: 143-150.

唐彦东, 张青霞, 于汐, 2023. 国外社区韧性评估维度和方法综述. 灾害学, 38: 141-147.

唐源琦, 赵红红, 2020. 空间联动发展和城市"升维"规划管治研究: 对城市突发公共卫生事件的规划思考与应对. 规划师, 36: 44-49.

陶骞, 2021. 城市居住社区震后功能恢复过程模拟与韧性评估. 大连: 大连理工大学.

陶钇希, 夏登友, 朱毅, 2019. 基于随机Petri网的石油化工火灾情景推演. 消防科学与技术, 38(11): 1624-1628.

王德, 韩滨鹏, 张天然, 等, 2024. 手机信令数据的出行测度准确性分析: 基于与居民出行调查数据的比较. 地理科学进展, 43: 854-869.

王飞, 尹占娥, 温家洪, 2009. 基于多智能体的自然灾害动态风险评估模型. 地理与地理信息科学, 25: 85-88.

王国明, 2012. 城市群道路网络特性及演化研究. 长沙: 中南大学.

王鹤婷, 2021. 城市风环境的多孔介质模拟方法及规划适用性研究. 武汉: 华中科技大学.

王家栋, 2021. 面向事件链的台风风暴潮情景推演方法研究与实现. 武汉: 武汉大学.

王明振, 高霖, 2021. 道路网络抗震韧性评价模型及其应用研究. 自然灾害学报, 30: 110-116.

王庆国, 张昆仑, 2019. 复杂网络理论的武汉市路网结构特征. 测绘科学, 44: 66-71.

王威, 夏陈红, 马东辉, 等, 2019. 耦合激励机制下多灾种综合风险评估方法. 中国安全科学学报, 29: 161-167.

王雨婷, 田兵伟, 左齐, 2024. 城市道路交通网络韧性研究进展. 城市与减灾(3): 11-15.

王云才, 盛硕, 2020. 基于生态梯度分析的山地城市生态空间保护与协调智慧: 以湖北省十堰市为例. 风景园林, 27: 62-68.

韦佳伶, 赵丽元, 2020. 城市路网脆弱性评估及改善对策研究: 以武汉市主城区为例. 现代城市研究(11): 10-15.

魏家星, 宋轶, 王云才, 等, 2019. 基于空间优先级的快速城市化地区绿色基础设施网络构建: 以南京市浦口区为例. 生态学报, 39: 1178-1188.

魏玖长, 2019. 风险耦合与级联: 社会新兴风险演化态势的复杂性成因. 学海(4): 125-134.

吴九兴, 黄征学, 2023. 新阶段中国都市圈的人口规模与经济发展状况比较研究. 经济研究参考(2): 88-110.

项英辉, 欧阳文静, 2013. 我国城市道路交通设施的安全评价. 建筑经济, 112-114.

肖华斌, 安淇, 盛硕, 等, 2020. 基于生态风险空间识别的城市山体生态修复与分类保护策略研究: 以济南市西部新城为例. 中国园林, 36: 43-47.

辛儒鸿, 曾坚, 李凯, 等, 2022. 城市内涝调节服务供需关键区识别与优先级划分. 生态学报, 42: 500-512.

徐海洋, 于丙辰, 陈刚, 等, 2019. 基于 OpenStreetMap 数据的城市街区提取与精度评价. 地理空间信息, 17: 71-74, 10.

徐昔保, 马晓武, 杨桂山, 2020. 基于生态系统完整性与连通性的生态保护红线优化探讨: 以长三角为例. 中国土地科学, 34: 94-103.

许峰, 尹海伟, 孔繁花, 等, 2015. 基于 MSPA 与最小路径方法的巴中西部新城生态网络构建. 生态学报, 35: 6425-6434.

薛晔, 陈报章, 黄崇福, 等, 2012. 多灾种综合风险评估软层次模型. 地理科学进展, 31: 353-360.

薛晔, 刘耀龙, 张涛涛, 2013. 耦合灾害风险的形成机理研究. 自然灾害学报, 22: 44-50.

闫世春, 安莹, 等, 2013. 风险矩阵法在传染病类突发公共卫生事件风险评估中的应用. 中国公共卫生管理, 29: 787-788.

闫文彩, 张玉林, 赵茂先, 等, 2011. 基于复杂网络的城市路网可靠性分析. 山东科学, 24: 65-70.

颜文涛, 卢江林, 李子豪, 等, 2021. 城市街道网络的韧性测度与空间解析: 五大全球城市比较研究. 国际城市规划, 36: 1-12, 137.

颜文涛, 任婕, 张尚武, 等, 2022. 上海韧性城市规划: 关键议题、总体框架和规划策略. 城市规划学刊(3): 19-28.

颜兆林, 龚时雨, 周经伦, 2001. 概率风险评价系统. 计算机应用研究, 18(2): 40-42.

杨毕红, 2021. 突发公共卫生事件下城市社区韧性测度及其影响因素研究: 基于西安市的实证. 西安: 西北大学.

杨海峰, 翟国方, 2021. 灾害风险视角下的城市安全评估及其驱动机制分析: 以滁州市中心城区为例. 自然资源学报, 36: 2368-2381.

杨天人, 金鹰, 方舟, 2021. 多源数据背景下的城市规划与设计决策: 城市系统模型与人工智能技术应用. 国际城市规划, 36: 1-6.

易丹, 梁源, 2019. 武汉市道路交通事故成因分析及预防对策. 交通企业管理, 34: 99-102.

于洋, 吴茸茸, 谭新, 等, 2020. 平疫结合的城市韧性社区建设与规划应对. 规划师, 36: 94-97.

曾坚, 左长安, 2010. CBD 空间规划设计中的防灾减灾策略探析. 建筑学报(11): 75-79.

曾穗平, 王琦琦, 田健, 2023. 应对气候变化的韧性国土空间规划理论框架与规划响应研究. 规划师, 39(2): 21-29.

詹庆明, 李荣, 詹萌, 等, 2022. 开发政策视角下武汉 1973—2018 年湖泊时空演变研究. 测绘地理信息, 47: 1-6.

张岸, 顾康康, 2019. 基于 GIS 的采煤塌陷区生态恢复优先级评价: 以安徽省淮南市区为例. 地域研究与开发, 38: 6.

张广亮, 2021. 基于复杂网络的城市路网韧性提升策略研究. 哈尔滨: 哈尔滨工业大学.

张伟, 王璇, 孙慧超, 等, 2024. 多重数据精度下的城市极端降雨时间演变特征. 水资源保护, 1-15 [2025-03-18].

张喜平, 李永树, 刘刚, 2015. 基于对偶拓扑结构的路网路段重要性评估方法. 测绘工程, 24: 1-5, 10.

张骁, 张雪辉, 白云, 2017. 基于贝叶斯网络-风险矩阵法的地下工程风险管理: 既有建筑物地下空间开发工程中的动态风险管理. 安全与环境工程, 24: 176-183.

张岩, 戚巍, 魏玖长, 等, 2012. 经济发展方式转变与区域弹性构建: 基于 DEA 理论的评估方法研究. 中国科技论坛(1): 81-88.

张正涛, 崔鹏, 李宁, 等, 2020. 武汉市 "2016.07.06" 暴雨洪涝灾害跨区域经济波及效应评估研究. 气候变化研究进展, 16: 433-441.

张志琛, 2022. 基于多情景模拟的武汉城市道路网络韧性评估与规划响应. 武汉: 华中科技大学.

赵玲, 邓敏, 王佳, 等, 2010. 基于复杂网络理论的城市路网结构特性分析. 地理与地理信息科学, 26: 11-15.

赵瑞东, 方创琳, 刘海猛, 2020. 城市韧性研究进展与展望. 地理科学进展, 39: 1717-1731.

赵振, 2020. 异形街谷空间内污染物传播特性研究. 武汉: 武汉理工大学.

郑艳, 翟建青, 武占云, 等, 2018. 基于适应性周期的韧性城市分类评价: 以我国海绵城市与气候适应型城市试点为例. 中国人口·资源与环境, 28: 31-38.

周利敏, 2016. 韧性城市: 风险治理及指标建构: 兼论国际案例. 北京行政学院学报(2): 13-20.

周荣义, 钟岸, 任竞舟, 等, 2014. 安全系统安全完整性等级确定方法比较研究. 中国安全生产科学技术, 10: 67-73.

周姝天, 翟国方, 施益军, 等, 2020. 城市自然灾害风险评估研究综述. 灾害学, 35: 180-186.

周姝雯, 唐荣莉, 张育新, 等, 2017. 城市街道空气污染物扩散模型综述. 应用生态学报, 28: 1039-1048.

周晓琳, 罗炜红, 施生旭, 2023. 基于 ESEF-TOPSIS 模型的韧性城市建设评价及实证研究. 城市(1): 24-36.

朱诗尧, 2021. 城市抗涝韧性的度量与提升策略研究: 以长三角区域城市为例. 南京: 东南大学.

祝锦霞, 潘艺, 张艳彬, 等, 2022. 种植类型变化对耕地系统韧性影响的关键阈值研究. 中国土地科学, 36: 49-58.

卓海华, 湛若云, 王瑞琳, 等, 2019. 长江流域片水资源质量评价与趋势分析. 人民长江, 50: 122-129, 206.

Acemoglu D, Ozdaglar A, Tahbaz-Salehi A, 2015. Systemic risk and stability in financial networks. American EconomicReview, 105: 564-608.

Adger W N, 2000. Social and ecological resilience: Are they related?. Progress in Human Geography, 24: 347-364.

Adger W N, 2003. Building resilience to promote sustainability. IHDP Update, 2: 1-3.

Aerts J C, Botzen W J, Emanuel K, et al., 2014. Climate adaptation: Evaluating flood resilience strategies for coastal megacities. Science, 344(6183): 473-475.

Ahmed R, Seedat M, van Niekerk A, et al., 2004. Discerning community resilience in disadvantaged communities in the context of violence and injury prevention. South African Journal of Psychology, 34: 386-408.

Aiginger K, 2009. Strengthening the resilience of an economy: Enlarging the menu of stabilisation policy to prevent another crisis. Intereconomics, 44: 309-316.

Albert R, Jeong H, Barabasi A L, 2000. Error and attack tolerance of complex networks. Nature, 406(6794): 378-382.

Alberti M, Marzluff J M, 2004. Ecological resilience in urban ecosystems: Linking urban patterns to human and ecological functions. Urban Ecosystems, 7(3): 241-265.

Alberti M, Marzluff J M, Shulenberger E, et al., 2003. Integrating humans into ecology: Opportunities and challenges for studying urban ecosystems. BioScience, 53(12): 1169-1179.

Allan P, Bryant M, 2011. Resilience as a framework for urbanism and recovery. Journal of Landscape Architecture, 6: 34-45.

Allen C R, Angeler D G, Cumming G S, et al., 2016. Quantifying spatial resilience. Journal of Applied Ecology, 53: 625-635.

Almenar J B, Bolowich A, Elliot T, et al., 2019. Assessing habitat loss, fragmentation and ecological connectivity in Luxembourg to support spatial planning. Landscape and Urban Planning, 189: 335-351.

Ali Alshehri S, Rezgui Y, Li H J, 2015. Disaster community resilience assessment method: A consensus-based Delphi and AHP approach. Natural Hazards, 78(1): 395-416.

Angus S, Hansom J D, 2021. Enhancing the resilience of high-vulnerability, low-elevation coastal zones. Ocean and Coastal Management, 200: 105414.

Antohe B V, Lage J L, 1997. A general two-equation macroscopic turbulence model for incompressible flow in porous media. International Journal of Heat and Mass Transfer, 40(13): 3013-3024.

Arbon P, 2014. Developing a model and tool to measure community disaster resilience. Australian Journal of Emergency Management, 29: 12-16.

Asadzadeh A, Kötter T, Salehi P, et al., 2017. Operationalizing a concept: The systematic review of composite indicator building for measuring community disaster resilience. International Journal of Disaster Risk Reduction, 25: 147-162.

Aven T, 2016. Risk assessment and risk management: Review of recent advances on their foundation.

European Journal of Operational Research, 253(1): 1-13.

Beccari B, 2016. A comparative analysis of disaster risk, vulnerability and resilience composite indicators. PLoS Currents, DOI: 10.1371/8: ecurrents. dis. 453df025e34b682e9737f95070f9b970.

Boeing G, 2017. OSMnx: New methods for acquiring, constructing, analyzing, and visualizing complex street networks. Computers, Environment and Urban Systems, 65: 126-139.

Bolin B, Kurtz L C, 2018. Race, class, ethnicity, and disaster vulnerability//Rodríguez H, Donner W, Trainor E J. Handbook of Disaster Research. New York: Springer: 181-203.

Breiman L, 2001. Random forests. Machine Learning, 45: 5-32.

Briguglio L, Galea W, 2003. Updating and augmenting the economic vulnerability index. Malta: Islands and Small States Institute of the University of Malta.

Brody S D，Zahran S, Maghelal P, et al., 2007. The rising costs of floods: Examining the impact of planning and development decisions on property damage in Florida. Journal of the American Planning Association, 73: 330-345.

Brown A, Dayal A，Rumbaitis Del Rio C, 2012. From practice to theory: Emerging lessons from Asia for building urban climate change resilience. Environment and Urbanization, 24: 531-556.

Bruneau M, Chang S E, Eguchi R T, et al., 2003. A framework to quantitatively assess and enhance the seismic resilience of communities. Earthquake Spectra, 19: 733-752.

Bujones A K, Jaskiewicz K, Linakis L, et al., 2013. A framework for analyzing resilience in fragile and conflict-affected situations. Columbia/SIPA: Economic and Political Development.

Bush J, Doyon A, 2019. Building urban resilience with nature-based solutions: How can urban planning contribute?. Cities, 95: 102483.

Butsch C, Etzold B, Sakdapolrak P, 2009. The megacity resilience framework. Bonn, Germany: UNU-EHS.

Carpignano A, Golia E, di Mauro C, et al., 2009. A methodological approach for the definition of multi-risk maps at regional level: First application. Journal of Risk Research, 12: 513-534.

Cénat J M, Dalexis R D, Derivois D, et al., 2021. The transcultural community resilience scale: Psychometric properties and multinational validity in the context of the COVID-19 pandemic. Frontiers in Psychology, 12: 713477.

Cermak J E, Takeda K, 1985. Physical modeling of urban air-pollutant transport. Journal of Wind Engineering and Industrial Aerodynamics, 21(1): 51-67.

Chen Z, Yang Y, Zhou L, et al., 2022. Ecological restoration in mining areas in the context of the Belt and Road initiative: Capability and challenges. Environmental Impact Assessment Review, 95: 106767.

Chiu C R, Liou J L, Wu P I, et al., 2012. Decomposition of the environmental inefficiency of the meta-frontier with undesirable output. Energy Economics, 34(5): 1392-1399.

Chung J, Gulcehre C, Cho K, et al., 2014. Empirical evaluation of gated recurrent neural networks on sequence modeling. 1412. 3555. https: //arxiv. org/abs/1412. 3555v1[2014-12-11].

Cimellaro G P, Reinhorn A M, Bruneau M, 2010. Framework for analytical quantification of disaster resilience. Engineering Structures, 32(11): 3639-3649.

Cox R S, Hamlen M, 2015. Community disaster resilience and the rural resilience index. American Behavioral

Scientist, 59: 220-237.

Cutini V, Pezzica C, 2020. Street network resilience put to the test: The dramatic crash of Genoa and Bologna bridges. Sustainability, 12: 4706.

Cutter S L, 2016. The landscape of disaster resilience indicators in the USA. Natural Hazards, 80(2): 741-758.

Cutter S L, Ash K D, Emrich C T, 2014. The geographies of community disaster resilience. Global Environmental Change, 29: 65-77.

Cutter S L, Barnes L, Berry M, et al., 2008. A place-based model for understanding community resilience to natural disasters. Global Environmental Change, 18(4): 598-606.

Cutter S L, Burton C G, Emrich C T, 2010. Disaster resilience indicators for benchmarking baseline conditions. Journal of Homeland Security and Emergency Management, 7(1): 1-25.

Dahlberg R, Rubin O, Vendelø M T, 2015. Disaster research: Multidisciplinary and international perspectives. London: Routledge.

Davies S, 2011. Regional resilience in the 2008–2010 downturn: Comparative evidence from European countries. Cambridge Journal of Regions, Economy and Society, 4(3): 369-382.

de Ruiter M C, Couasnon A, van Den Homberg M J, et al., 2020. Why we can no longer ignore consecutive disasters?. Earth's Future, 8: e2019EF001425.

Della S L, 2019. Multidimensional assessment for "culture-led" and "community-driven" urban regeneration as driver for trigger economic vitality in urban historic centers. Sustainability, 11: 7237.

Desouza K C, Flanery T H, 2013. Designing, planning, and managing resilient cities: A conceptual framework. Cities, 35: 89-99.

Dong Z, Bian Z, Jin W, et al., 2024. An integrated approach to prioritizing ecological restoration of abandoned mine lands based on cost-benefit analysis. Science of the Total Environment, 924: 171579.

Elmqvist T, Andersson E, Frantzeskaki N, et al., 2019. Sustainability and resilience for transformation in the urban century. Nature Sustainability, 2: 267-273.

Emmanuel R, Krüger E, 2012. Urban heat island and its impact on climate change resilience in a shrinking city: The case of Glasgow, UK. Building and Environment, 53: 137-149.

Ernstson H, van der Leeuw S E, Redman C L, et al., 2010. Urban transitions: On urban resilience and human-dominated ecosystems. AMBIO, 39(8): 531-545.

Fan C, Myint S, 2014. A comparison of spatial autocorrelation indices and landscape metrics in measuring urban landscape fragmentation. Landscape and Urban Planning, 121: 117-128.

Fleischhauer M, 2008. The role of spatial planning in strengthening urban resilience//Resilience of Cities to Terrorist and other Threats (NATO Science for Peace and Security Series Series: Environmental Security). Dordrecht: Springer.

Folke C, Carpenter S, Walker B, et al., 2004. Regime shifts, resilience, and biodiversity in ecosystem management. Annual Review of Ecology, Evolution, and Systematics, 35: 557-581.

Fontana V, Radtke A, Bossi Fedrigotti V, et al., 2013. Comparing land-use alternatives: Using the ecosystem services concept to define a multi-criteria decision analysis. Ecological Economics, 93: 128-136.

Fothergill A, Peek L A, 2004. Poverty and disasters in the United States: A review of recent sociological findings. Natural Hazards, 32(1): 89-110.

Fox-Lent C, Bates M E, Linkov I, 2015. A matrix approach to community resilience assessment: An illustrative case at rockaway peninsula. Environment Systems and Decisions, 35(2): 209-218.

Freckleton D, Heaslip K, Louisell W, et al., 2012. Evaluation of resiliency of transportation networks after disasters. Transportation Research Record, 2284: 109-116.

Gallina V, Torresan S, Critto A, et al., 2016. A review of multi-risk methodologies for natural hazards: Consequences and challenges for a climate change impact assessment. Journal of Environmental Management, 168: 123-132.

Gasser P, Lustenberger P, Cinelli M, et al., 2021. A review on resilience assessment of energy systems. Sustainable and Resilient Infrastructure, 6: 273-299.

Gerges F, Nassif H, Geng X, et al., 2022. GIS-based approach for evaluating a community intrinsic resilience index. Natural Hazards, 111(2): 1271-1299.

Godschalk D R, 2003. Urban hazard mitigation: Creating resilient cities. Natural Hazards Review, 4: 136-143.

Gunderson L H, 2000. Ecological resilience: In theory and application. Annual Review of Ecology and Systematics, 31: 425-439.

Han B, Sun D, Yu X, et al., 2020. Classification of urban street networks based on tree-like network features. Sustainability, 12: 628.

Hang J, Li Y, 2010. Wind conditions in idealized building clusters: Macroscopic simulations using a porous turbulence model. Boundary-layer Meteorology, 136: 129-159.

Hao Z C, 2022. Compound events and associated impacts in China. iScience, 25(8): 104689.

Hammad A W A , Haddad A, 2021. Infrastructure resilience: Assessment, challenges and insights//Industry, Innovation and Infrastructure Encyclopedia of the UN Sustainable Development Goals. Cham：Springer.

Heinimann H R, Hatfield K, 2017. Infrastructure resilience assessment, management and governance-state and perspectives//Resilience and Risk: Methods and Application in Environment, Cyber and Social Domains. Springer Netherlands: 147-187.

Helderop E, Grubesic T H, 2019. Streets, storm surge, and the frailty of urban transport systems: A grid-based approach for identifying informal street network connections to facilitate mobility. Transportation Research Part D: Transport and Environment, 77: 337-351.

Highfield W E, Brody S D, 2006. Price of permits: Measuring the economic impacts of wetland development on flood damages in Florida. Natural Hazards Review, 7: 123-130.

Hill E, Wial H, Wolman H, 2008. Exploring regional economic resilience. Berkeley: Institue for Urban and Regional Development, University of California Berkeley.

Hong B, Bonczak B J, Gupta A, et al., 2021. Measuring inequality in community resilience to natural disasters using large-scale mobility data. Nature Communications, 12(1): 1870.

Huang J, Xia J, Yu Y, et al., 2018. Composite eco-efficiency indicators for China based on data envelopment analysis. Ecological Indicators, 85: 674-697.

Hughes K, Bushell H, 2013. A multidimensional approach to measuring resilience. Oxford: OXford Policy and Practice.

Ignatius M, Wong N, Jusuf S K, 2015. Urban microclimate analysis with consideration of local ambient temperature, external heat gain, urban ventilation, and outdoor thermal comfort in the tropics. Sustainable Cities and Society, 19: 121-135.

Jabareen Y, 2013. Planning the resilient city: Concepts and strategies for coping with climate change and environmental risk. Cities, 31: 220-229.

Jellinek S, Wilson K A, Hagger V, et al., 2019. Integrating diverse social and ecological motivations to achieve landscape restoration. Journal of Applied Ecology, 56: 246-252.

Jennings M K, Haeuser E, Foote D, et al., 2020. Planning for dynamic connectivity: Operationalizing robust decision-making and prioritization across landscapes experiencing climate and land-use change. Land, 9: 341.

Jha A K, Miner T W, Stanton-Geddes Z, 2013. Building urban resilience: Principles, tools and practice. Herndon: The World Bank.

Joerin J, Shaw R, Takeuchi Y, et al., 2014. The adoption of a climate disaster resilience index in Chennai, India. Disasters, 38(3): 540-561.

Kappes M S, Keiler M, von Elverfeldt K, et al., 2012. Challenges of analyzing multi-hazard risk: A review. Natural Hazards, 64(2): 1925-1958.

Klein J, Jarva J, Frank-Kamenetsky D, et al., 2013. Integrated geological risk mapping: A qualitative methodology applied in St. Petersburg, Russia. Environmental Earth Sciences, 70(4): 1629-1645.

Komendantova N, Mrzyglocki R, Mignan A, et al., 2014. Multi-hazard and multi-risk decision-support tools as a part of participatory risk governance: Feedback from civil protection stakeholders. International Journal of Disaster Risk Reduction, 8: 50-67.

Kondo T, Lizarralde G, 2021. Maladaptation, fragmentation, and other secondary effects of centralized post-disaster urban planning: The case of the 2011 "cascading" disaster in Japan. International Journal of Disaster Risk Reduction, 58: 102219.

Kontokosta C E, Malik A, 2018. The resilience to emergencies and disasters index: Applying big data to benchmark and validate neighborhood resilience capacity. Sustainable Cities and Society, 36: 272-285.

Leichenko R, 2011. Climate change and urban resilience. Current Opinion in Environmental Sustainability, 3(3): 164-168.

Leung K K, Liu C-H, Wong C C, et al., 2012. On the study of ventilation and pollutant removal over idealized two-dimensional urban street canyons. Building Simulation, 5: 359-369.

Li C, Wu Y, Gao B, et al., 2023a. Construction of ecological security pattern of national ecological barriers for ecosystem health maintenance. Ecological Indicators, 146: 109801.

Li S, Zhao Z, Xie M, et al., 2010. Investigating spatial non-stationary and scale-dependent relationships between urban surface temperature and environmental factors using geographically weighted regression. Environmental Modelling and Software, 25(12): 1789-1800.

Li W, Jiang R, Wu H, et al., 2023b. A system dynamics model of urban rainstorm and flood resilience to achieve the sustainable development goals. Sustainable Cities and Society, 96: 104631.

Liao K H, 2012. A theory on urban resilience to floods: A basis for alternative planning practices. Ecology and

Society, 17(4): 388-395.

Links J M, Schwartz B S, Lin S, et al., 2018. COPEWELL: A conceptual framework and system dynamics model for predicting community functioning and resilience after disasters. Disaster Medicine and Public Health Preparedness, 12(1): 127-137.

Liu D, Fan Z, Fu Q, et al., 2020. Random forest regression evaluation model of regional flood disaster resilience based on the whale optimization algorithm. Journal of Cleaner Production, 250: 119468.

Liu D, Li M, Ji Y, et al., 2021. Spatial-temporal characteristics analysis of water resource system resilience in irrigation areas based on a support vector machine model optimized by the modified gray wolf algorithm. Journal of Hydrology, 597: 125758.

Liu H, Wang J, Liu J, et al., 2023a. Combined and delayed impacts of epidemics and extreme weather on urban mobility recovery. Sustainable Cities and Society, 99: 104872.

Liu Y, Liu W, Lin Y, et al., 2023b. Urban waterlogging resilience assessment and postdisaster recovery monitoring using NPP-VIIRS nighttime light data: A case study of the 'July 20, 2021' heavy rainstorm in Zhengzhou City, China. International Journal of Disaster Risk Reduction, 90: 103649.

Longstaff P H, Armstrong N J, Perrin K, et al., 2010. Building resilient communities: A preliminary framework for assessment. Homeland Security Affairs, 6: 1-23.

Lovell S T, Taylor J R, 2013. Supplying urban ecosystem services through multifunctional green infrastructure in the United States. Landscape Ecology, 28(8): 1447-1463.

Luo N, Luo X, Mortezazadeh M, et al., 2022. A data schema for exchanging information between urban building energy models and urban microclimate models in coupled simulations. Journal of Building Performance Simulation, 11: 1-18.

Magsino S L, 2009. Applications of social network analysis for building community disaster resilience. Washington D.C.: National Academy of Sciences.

Mahmoud H, Chulahwat A, 2018. Spatial and temporal quantification of community resilience: Gotham City under attack. Computer-Aided Civil and Infrastructure Engineering, 33: 353-372.

Manyena S B, 2006. The concept of resilience revisited. Disasters, 30(4): 433-450.

Martin R, 2012. Regional economic resilience, hysteresis and recessionary shocks. Journal of Economic Geography, 12: 1-32.

Martin R, Sunley P, 2015. On the notion of regional economic resilience: Conceptualization and explanation. Journal of Economic Geography, 15(1): 1-42.

Marzocchi W, Garcia-Aristizabal A, Gasparini P, et al., 2012. Basic principles of multi-risk assessment: A case study in Italy. Natural Hazards, 62(2): 551-573.

McDaniels T, Chang S, Cole D, et al., 2008. Fostering resilience to extreme events within infrastructure systems: Characterizing decision contexts for mitigation and adaptation. Global Environmental Change, 18(2): 310-318.

Meerow S, Newell J P, 2017. Spatial planning for multifunctional green infrastructure: Growing resilience in Detroit. Landscape and Urban Planning, 159: 62-75.

Meerow S, Newell J P, Stults M, 2016. Defining urban resilience: A review. Landscape and Urban Planning,

147: 38-49.

Mesa-Arango R, Hasan S, Ukkusuri S V, et al., 2013. Household-level model for hurricane evacuation destination type choice using hurricane Ivan data. Natural Hazards Review, 14: 11-20.

Miguez M G, Veról A P, 2017. A catchment scale integrated flood resilience index to support decision making in urban flood control design. Environment and Planning B: Urban Analytics and City Science, 44: 925-946.

Mileti D S, 1999. Disasters by design: A reassessment of natural hazards in the United States. Washington D. C. : Joseph Henry Press.

Mirzaee S, Wang Q, 2020. Urban mobility and resilience: Exploring Boston's urban mobility network through twitter data. Applied Network Science, 5: 75.

Morelli A B, Cunha A L, 2021. Measuring urban road network vulnerability to extreme events: An application for urban floods. Transportation Research Part D: Transport and Environment, 93: 102770.

Moreno J, Lara A, Torres M, 2019. Community resilience in response to the 2010 tsunami in Chile: The survival of a small-scale fishing community. International Journal of Disaster Risk Reduction, 33: 376-384.

Morley P, Russell-Smith J, Sangha K K, et al., 2018. Evaluating resilience in two remote Australian communities. Procedia Engineering, 212: 1257-1264.

Moser S, Meerow S, Arnott J, et al., 2019. The turbulent world of resilience: Interpretations and themes for transdisciplinary dialogue. Climatic Change, 153(1): 21-40.

Mou Y, Luo Y Y, Su Z R, et al., 2021. Evaluating the dynamic sustainability and resilience of a hybrid urban system: Case of Chengdu, China. Journal of Cleaner Production, 291: 125719.

Ndetei D, Mutiso V, Maraj A, et al., 2019. Towards understanding the relationship between psychosocial factors and ego resilience among primary school children in a Kenyan setting: A pilot feasibility study. Community Mental Health Journal, 55(6): 1038-1046.

Norris F H, Friedman M J, Watson P J, et al., 2002. 60 000 disaster victims speak: Part I. An empirical review of the empirical literature, 1981-2001. Psychiatry, 65(3): 207-239.

Norris F H, Stevens S P, Pfefferbaum B, et al., 2008. Community resilience as a metaphor, theory, set of capacities, and strategy for disaster readiness. American Journal of Community Psychology, 41(1): 127-150.

Nyström M, Folke C, 2001. Spatial resilience of coral reefs. Ecosystems, 4(5): 406-417.

Nyström M, Jouffray J B, Norström A V, et al., 2019. Anatomy and resilience of the global production ecosystem. Nature, 575(7781): 98-108.

O'Connell D, Walker B, Abel N, et al., 2015. The resilience, adaptation and transformation assessment framework: From theory to application. Camberra: CSIRO.

O'Keeffe J, Pluchinotta I, de Stercke S, et al., 2022. Evaluating natural capital performance of urban development through system dynamics: A case study from London. Science of the Total Environment, 824: 153673.

Oh D H, 2010. A metafrontier approach for measuring an environmentally sensitive productivity growth index. Energy Economics, 32(1): 146-157.

Olofsson P, Eklundh L, Lagergren F, et al., 2007. Estimating net primary production for Scandinavian forests using data from Terra/MODIS. Advances in Space Research, 39(1): 125-130.

Orencio P M, Fujii M, 2013. A localized disaster-resilience index to assess coastal communities based on an analytic hierarchy process (AHP). International Journal of Disaster Risk Reduction, 3: 62-75.

Ouyang M, Dueñas-Osorio L, 2014. Multi-dimensional hurricane resilience assessment of electric power systems. Structural Safety, 48: 15-24.

Ouyang M, Dueñas-Osorio L, Xing M, 2012. A three-stage resilience analysis framework for urban infrastructure systems. Structural Safety, 36: 23-31.

Parsons M, Morley P, Marshall G, et al., 2016. The Australian natural disaster resilience index: Conceptual framework and indicator approach(2016-02-01)[2024-09-08]. https: //www. naturalhazards. com.au/ crc-site-migration.

Pascual-Hortal L, Saura S, 2007. Impact of spatial scale on the identification of critical habitat patches for the maintenance of landscape connectivity. Landscape and Urban Planning, 83(2/3): 176-186.

Patel S S, Rogers M B, Amlôt R, et al., 2017. What do we mean by 'community resilience'? A systematic literature review of how it is defined in the literature. PLoS Currents. DOI: 10.1371/currents. dis. db775aff25efc5ac4f0660ad9c9f7db2.

Peacock W G, Brody S D, Seitz W A, et al., 2010. Advancing resilience of coastal localities: Developing, implementing, and sustaining the use of coastal resilience indicators: A final report. Hazard Reduction and Recovery Center, College of Architecture, Texas A&M University.

Pendall R, Foster K A, Cowell M, 2010. Resilience and regions: Building understanding of the metaphor. Cambridge Journal of Regions, Economy and Society, 3(1): 71-84.

Petri C A, 1962. Kommunikation mit automaten. Bonn: Institut für Instrumentelle Mathematik an der Universität Bonn.

Pescaroli G, Alexander D, 2018. Understanding compound, interconnected, interacting, and cascading risks: A holistic framework. Risk Analysis, 38(11): 2245-2257.

Petsas P, Almpanidou V, Mazaris A D, 2021. Landscape connectivity analysis: New metrics that account for patch quality, neighbors' attributes and robust connections. Landscape Ecology, 36: 3153-3168.

Pettorelli N, Vik J O, Mysterud A, et al., 2005. Using the satellite-derived NDVI to assess ecological responses to environmental change. Trends in Ecology and Evolution, 20(9): 503-510.

Pfefferbaum R L, Pfefferbaum B, van Horn R L, et al., 2013. The communities advancing resilience toolkit (CART): An intervention to build community resilience to disasters. Journal of Public Health Management and Practice, 19(3): 250-258.

Pickett S T A, Cadenasso M L, Grove J M, 2004. Resilient cities: Meaning, models, and metaphor for integrating the ecological, socio-economic, and planning realms. Landscape and Urban Planning, 69(4): 369-384.

Pickett S T, Mcgrath B, Cadenasso M L, et al., 2014. Ecological resilience and resilient cities. Building Research and Information, 42: 143-157.

Prince S D, 1991. A model of regional primary production for use with coarse resolution satellite data.

International Journal of Remote Sensing, 12(6): 1313-1330.

Qasim S, Qasim M, Shrestha R P, et al., 2016. Community resilience to flood hazards in Khyber Pukhthunkhwa province of Pakistan. International Journal of Disaster Risk Reduction, 18: 100-106.

Rajapaksha I, Nagai H, Okumiya M, 2003. A ventilated courtyard as a passive cooling strategy in the warm humid tropics. Renewable Energy, 28(11): 1755-1778.

Rajput A A, Nayak S, Dong S J, et al., 2023. Anatomy of perturbed traffic networks during urban flooding. Sustainable Cities and Society, 97: 104693.

Reggiani A, De Graaff T, Nijkamp P, 2002. Resilience: An evolutionary approach to spatial economic systems. Networks and Spatial Economics, 2: 211-229.

Ren S G, Li X L, Yuan B L, et al., 2018. The effects of three types of environmental regulation on eco-efficiency: A cross-region analysis in China. Journal of Cleaner Production, 173: 245-255.

Renschler C S, Frazier A, Arendt L, et al., 2010a. Developing the 'PEOPLES' resilience framework for defining and measuring disaster resilience at the community scale//Proceedings of the 9th US National and 10th Canadian Conference on Earthquake Engineering. Canada Toronto.

Renschler C S, Frazier A E, Arendt L A, et al., 2010b. A framework for defining and measuring resilience at the community scale: The PEOPLES resilience framework. Buffalo: MCEER.

Resilience Alliance R, 2007. Urban resilience research prospectus. Canberra, Australia: CSIRO.

Ribeiro P J G, Pena Jardim Gonçalves L A, 2019. Urban resilience: A conceptual framework. Sustainable Cities and Society, 50: 101625.

Roca E, Villares M, 2008. Public perceptions for evaluating beach quality in urban and semi-natural environments. Ocean and Coastal Management, 51(4): 314-329.

Roy K C, Cebrian M, Hasan S, 2019. Quantifying human mobility resilience to extreme events using geolocated social media data. EPJ Data Science, 8: 1-15.

Saarinen T F, Hewitt K, Burton I, 1973. The hazardousness of a place: A regional ecology of damaging events. Geographical Review, 63(1): 134.

Salingaros N, Bilsen A V, 2005. Principles of urban structure. Henderson: Techne Press.

Sayles J S, Mancilla Garcia M, Hamilton M, et al., 2019. Social-ecological network analysis for sustainability sciences: A systematic review and innovative research agenda for the future. Environmental Research Letters, 14(9): 1-18.

Schmidhuber J, Hochreiter S, 1997. Long short-term memory. Neural Computation, 9(8): 1735-1780.

Shah A A, Gong Z, Ali M, et al., 2020. Measuring education sector resilience in the face of flood disasters in Pakistan: An index-based approach. Environmental Science and Pollution Research, 27(35): 44106-44122.

Sharifi A, 2016. A critical review of selected tools for assessing community resilience. Ecological Indicators, 69: 629-647.

Sharifi A, 2019a. Resilient urban forms: A macro-scale analysis. Cities, 85: 1-14.

Sharifi A, 2019b. Resilient urban forms: A review of literature on streets and street networks. Building and Environment, 147: 171-187.

Sharifi A, Yamagata Y, 2016. On the suitability of assessment tools for guiding communities towards disaster resilience. International Journal of Disaster Risk Reduction, 18: 115-124.

Sharma A P, Fu X, Kattel G R, 2024. Shannon entropy-based quantitative method for measuring risk-integrated resilience (RiR) index on flood disaster in West Rapti basin of Nepal Himalaya. Natural Hazards, 120(1): 477-510.

Shaw R, Team I, 2009. Climate disaster resilience: Focus on coastal urban cites in Asia. Asian Journal of Environment and Disaster Management, 1(1): 101-116.

Sherrieb K, Norris F H, Galea S, 2010. Measuring capacities for community resilience. Social Indicators Research, 99(2): 227-247.

Simmie J, Martin R, 2010. The economic resilience of regions: Towards an evolutionary approach. Cambridge Journal of Regions, Economy and Society, 3: 27-43.

Simonovic S P, Peck A, 2013. Dynamic resilience to climate change caused natural disasters in coastal megacities quantification framework. British Journal of Environment and Climate Change, 3: 378-401.

Singh-Peterson L, Salmon P, Goode N, et al., 2014. Translation and evaluation of the baseline resilience indicators for communities on the sunshine coast, Queensland Australia. International Journal of Disaster Risk Reduction, 10: 116-126.

Spaans M, Waterhout B, 2017. Building up resilience in cities worldwide-Rotterdam as participant in the 100 Resilient Cities Programme. Cities, 61: 109-116.

Stewart T J, Durbach I, 2016. Dealing with uncertainties in MCDA//Greco S, Ehrgott M, Figueira J R. Multiple Criteria Decision Analysis: State of the Art Surveys. Dordrecht: Springer: 467-496.

Stone B, Hess J J, Frumkin H, 2010. Urban form and extreme heat events: Are sprawling cities more vulnerable to climate change than compact cities?. Environ Health Perspect, 118(10): 1425-1428.

Sun H, Cheng X, Dai M, 2016. Regional flood disaster resilience evaluation based on analytic network process: A case study of the Chaohu Lake Basin, Anhui Province, China. Natural Hazards, 82(1): 39-58.

Sun R R, Shi S H, Reheman Y, et al., 2022. Measurement of urban flood resilience using a quantitative model based on the correlation of vulnerability and resilience. International Journal of Disaster Risk Reduction, 82: 103344.

Sussmann Jr T R, Stark T D, Wilk S T, et al., 2017. Track support measurements for improved resiliency of railway infrastructure. Transportation Research Record, 2607: 54-61.

Sylliris N，Papagiannakis A，Vartholomaios A, 2023. Improving the climate resilience of urban road networks: A simulation of microclimate and nair quality interventions in a typology of streets in thessaloniki historic centre. Land, 12: 414.

Tang J, Zhao P, Gong Z, et al., 2023. Resilience patterns of human mobility in response to extreme urban floods. National Science Review, 10(8): 97.

Terzi S, Torresan S, Schneiderbauer S, et al., 2019. Multi-risk assessment in mountain regions: A review of modelling approaches for climate change adaptation. Journal of Environmental Management, 232: 759-771.

Tierney K, 2009. Disaster response: Research findings and their implications for resilience measures. Boulder, CO: Department of Sociology and Institute of Behavioral Science, Natural Hazards Center, University of Colorado at Boulder.

Tong Z, Luo Y, Zhou J, 2021. Mapping the urban natural ventilation potential by hydrological simulation. Building Simulation, 14: 351-364.

UNDPDDC, 2014. Understanding community resilience: findings from community-based resilience analysis (CoBRA) assessments. [2023-05-01]. https: //www. undp. org/sites/g/files /zskgke326/files/ publications/ CoBRA_Assessments_Report. pdf.

USIOTWSP, 2007. How resilient is your coastal community? A guide for evaluating coastal community resilience to tsunamis and other hazards. [2023-05-01]. https: //library. sprep. org/sites/default/files/335_0. pdf.

Wang J, 2015. Resilience of self-organised and top-down planned cities: A case study on London and Beijing street networks. PLoS One, 10(12): e0141736.

Wang M, Zhao X, Gong Q, et al., 2019. Measurement of regional green economy sustainable development ability based on entropy weight-topsis-coupling coordination degree: A case study in Shandong Province, China. Sustainability, 11: 280.

Wang Q, Taylor J E, 2014. Quantifying human mobility perturbation and resilience in Hurricane Sandy. PLoS One, 9(11): e112608.

Wang Q, Taylor J E, 2016. Patterns and limitations of urban human mobility resilience under the influence of multiple types of natural disaster. PLoS One, 11(1): e0147299.

Wang Y, Taylor J E, Garvin M J, 2020. Measuring resilience of human-spatial systems to disasters: Framework combining spatial-network analysis and fisher information. Journal of Management in Engineering, 36: 04020019.

Ward P J, Daniell J, Duncan M, et al., 2022. Invited perspectives: A research agenda towards disaster risk management pathways in multi-(hazard-) risk assessment. Natural Hazards and Earth System Sciences, 22: 1487-1497.

Whitaker S, 1996. The Forchheimer equation: A theoretical development. Transport in Porous Media, 25(1): 27-61.

White R K, Edwards W C, Farrar A, et al., 2015. A practical approach to building resilience in America's communities. American Behavioral Scientist, 59: 200-219.

Wildavsky A B, 1988. Searching for safety. New Jersey: Transaction Publishers.

Wilson G A, 2015. Community resilience and social memory. Environmental Values, 24: 227-257.

Wong N, He Y, Nguyen N S, et al., 2021. An integrated multiscale urban microclimate model for the urban thermal environment. Urban Climate, 35: 100730.

Wu D, 2020. Spatially and temporally varying relationships between ecological footprint and influencing factors in China's provinces using geographically weighted regression (GWR). Journal of Cleaner Production, 261: 121089.

Xiao J, Yuizono T, 2022. Climate-adaptive landscape design: Microclimate and thermal comfort regulation of station square in the Hokuriku Region, Japan. Building and Environment, 212: 108813.

Xie W, Sun C, Lin Z J, 2023. Spatial-temporal evolution of urban form resilience to climate disturbance in adaptive cycle: A case study of Changchun City. Urban Climate, 49: 101461.

Xiu N, Ignatieva M, van den Bosch C K, et al., 2017. A socio-ecological perspective of urban green networks: The Stockholm case. Urban Ecosystems, 20(4): 729-742.

Yabe T, Rao P S C, Ukkusuri S V, et al., 2022.Toward data-driven, dynamical complex systems approaches to disaster resilience. Proceedings of the National Academy of Sciences, 119(8): e2111997119.

Yang J, Huang X, 2021. The 30m annual land cover and its dynamics in China from 1990 to 2019. Earth System Science Data, 13(8): 3907-3925.

Yang L, Yang H, Zhao X, et al., 2022. Study on urban resilience from the perspective of the complex adaptive system theory: A case study of the Lanzhou-Xining urban agglomeration. International Journal of Environment Research and Public Health, 19(20): 13667.

Yang Y, Guo H, Wang D, et al., 2021. Flood vulnerability and resilience assessment in China based on super-efficiency DEA and SBM-DEA methods. Journal of Hydrology, 600: 126470.

Yoon D K, Kang J E, Brody S D, 2016. A measurement of community disaster resilience in Korea. Journal of Environmental Planning and Management, 59: 436-460.

Yu J, Baroud H, 2019. Quantifying community resilience using hierarchical Bayesian kernel methods: A case study on recovery from power outages. Risk Analysis, 39(9): 1930-1948.

Yuan F, Li M, Liu R, et al., 2021. Social media for enhanced understanding of disaster resilience during Hurricane Florence. International Journal of Information Management, 57: 102289.

Yuan Z, Li W, Wang Y, et al., 2022. Ecosystem health evaluation and ecological security patterns construction based on VORSD and circuit theory: A case study in the Three Gorges Reservoir Region in Chongqing, China. International Journal of Environmental Research and Public Health, 20(1): 320.

Zhang B, Li X, Wang S, 2015. A novel case adaptation method based on an improved integrated genetic algorithm for power grid wind disaster emergencies. Expert Systems with Applications, 42(21): 7812-7824.

Zhang X, Li N, 2022. Characterizing individual mobility perturbations in cities during extreme weather events. International Journal of Disaster Risk Reduction, 72: 102849.

Zhong S, Zhou L, Wang Z, 2011. Software for environmental impact assessment of air pollution dispersion based on ArcGIS. Procedia Environmental Sciences, 10: 2792-2797.

Zhou C, Shi C, Wang S, et al., 2018. Estimation of eco-efficiency and its influencing factors in Guangdong Province based on Super-SBM and panel regression models. Ecological Indicators, 86: 67-80.

Zscheischler J, Martius O, Westra S, et al., 2020. A typology of compound weather and climate events. Nature Reviews Earth and Environment, 1: 333-347.

Zscheischler J, Westra S, van den Hurk B J J M, et al., 2018. Future climate risk from compound events. Nature Climate Change, 8(8): 750.